国家出版基金项目
NATIONAL PUBLICATION FOUNDATION

生态文明建设文库

陈宗兴　总主编

U0120914

# 绿色生活

柯水发　等　编著

中国林业出版社

**图书在版编目（CIP）数据**

绿色生活／柯水发等编著 .－北京：中国林业出版社，2020.7
（生态文明建设文库／陈宗兴总主编）
ISBN 978-7-5038-9921-8

Ⅰ.①绿… Ⅱ.①柯… Ⅲ.①环境保护－普及读物 Ⅳ.① X-49

中国版本图书馆 CIP 数据核字 (2018) 第 291562 号

| | |
|---|---|
| 出 版 人 | 刘东黎 |
| 总 策 划 | 徐小英 |
| 策划编辑 | 沈登峰　于界芬　何　鹏　李　伟 |
| 责任编辑 | 何　鹏 |
| 美术编辑 | 赵　芳 |
| 责任校对 | 梁翔云 |

◆ ················································································

| | |
|---|---|
| 出版发行 | 中国林业出版社（100009　北京西城区刘海胡同 7 号） |
| | http://www.forestry.gov.cn/lycb.html |
| | E-mail:forestbook@163.com　电话：(010)83143523、83143543 |
| 设计制作 | 北京涅斯托尔信息技术有限公司 |
| 印刷装订 | 北京中科印刷有限公司 |
| 版　　次 | 2020 年 7 月第 1 版 |
| 印　　次 | 2020 年 7 月第 1 次 |
| 开　　本 | 787mm×1092mm　1/16 |
| 字　　数 | 351 千字 |
| 印　　张 | 17.5 |
| 定　　价 | 60.00 元 |

# 总 序

　　生态文明建设是关系中华民族永续发展的根本大计。党的十八大以来，以习近平同志为核心的党中央大力推进生态文明建设，谋划开展了一系列根本性、开创性、长远性工作，推动我国生态文明建设和生态环境保护发生了历史性、转折性、全局性变化。在"五位一体"总体布局中生态文明建设是其中一位，在新时代坚持和发展中国特色社会主义基本方略中坚持人与自然和谐共生是其中一条基本方略，在新发展理念中绿色是其中一大理念，在三大攻坚战中污染防治是其中一大攻坚战。这"四个一"充分体现了生态文明建设在新时代党和国家事业发展中的重要地位。2018 年召开的全国生态环境保护大会正式确立了习近平生态文明思想。习近平生态文明思想传承中华民族优秀传统文化、顺应时代潮流和人民意愿，站在坚持和发展中国特色社会主义、实现中华民族伟大复兴中国梦的战略高度，深刻回答了为什么建设生态文明、建设什么样的生态文明、怎样建设生态文明等重大理论和实践问题，是推进新时代生态文明建设的根本遵循。

　　近年来，生态文明建设实践不断取得新的成效，各有关部门、科研院所、高等院校、社会组织和社会各界深入学习、广泛传播习近平生态文明思想，积极开展生态文明理论与实践研究，在生态文明理论与政策创新、生态文明建设实践经验总结、生态文明国际交流等方面取得了一大批有重要影响力的研究成果，为新时代生态文明建设提供了重要智力支持。"生态文明建设文库"融思想性、科学性、知识性、实践性、可读性于一体，汇集了近年来学术理论界生态文明研究的系列成果以及科学阐释推进绿色发展、实现全面小康的研究著作，既有宣传普及党和国家大力推进生态文明建设的战略举措的知识读本以及关于绿色生活、美丽中国的科普读物，也有关于生态经济、生态哲学、生态文化和生态保护修复等方面的专业图书，从一个侧面反映了生态文明建设的时代背景、思想脉络和发展路径，形成了一个较为系统的生态文明理论和实践专题图书体系。

中国林业出版社秉承"传播绿色文化、弘扬生态文明"的出版理念，把出版生态文明专业图书作为自己的战略发展方向。在国家林业和草原局的支持和中国生态文明研究与促进会的指导下，"生态文明建设文库"聚集不同学科背景、具有良好理论素养的专家学者，共同围绕推进生态文明建设与绿色发展贡献力量。文库的编写出版，是我们认真学习贯彻习近平生态文明思想，把生态文明建设不断推向前进，以优异成绩庆祝新中国成立 70 周年的实际行动。文库付梓之际，谨此为序。

十一届全国政协副主席
中国生态文明研究与促进会会长　陈宗兴

2019 年 9 月

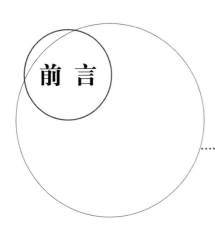

# 前 言

当前，绿色生活已成为一种潮流和时尚，同时也是一种态度和责任。2015 年 3 月 24 日，中共中央政治局召开会议，审议通过《关于加快推进生态文明建设的意见》，明确提出"绿色化"概念。"绿色化"包括生活方式的绿色化，要求提高全民生态文明意识，培育绿色生活方式，推动全民在衣、食、住、行、游等方面加快向勤俭节约、绿色低碳、文明健康的方式转变，坚决抵制和反对各种形式的奢侈浪费、不合理消费。

2015 年 11 月 23 日，在以"马克思主义政治经济学基本原理和方法论"为主题的中共中央政治局第二十八次集体学习上，习近平总书记明确提出关于树立和落实创新、协调、绿色、开放、共享的发展理念的理论。2017 年 5 月 26 日，中共中央政治局以"推动形成绿色发展方式和生活方式"为主题进行第四十一次集体学习，习近平总书记强调推动形成绿色发展方式和生活方式是贯彻新发展理念的必然要求，必须把生态文明建设摆在全局工作的突出地位，为人民群众创造良好生产生活环境。2017 年 10 月 18 日，习近平总书记在党的十九大报告中强调，中国特色社会主义进入新时代，我国社会主要矛盾已经转化为人民日益增长的美好生活需要和不平衡不充分的发展之间的矛盾。因此，在新时代背景下探讨绿色生活具有重要的现实意义。

绿色生活内涵广泛。绿色生活首先应是健康生活和安全生活，重点在于低碳生活和环保生活，最终实现文明生活和快乐生活。绿色生活核心内容是生活方式的绿色化。推动生活方式绿色化，是生态文明建设融入经济、政治、文化和社会建设的重要举措。

为了更加系统地总结和提出绿色生活的理论与实践体系，中国人民大学农业与农村发展学院柯水发副教授策划并组织编写了本书。本书共分 16 章，第 1～2 章为基础理论篇，主要介绍了绿色生活原理，绿色市场与绿色消费。第 3～11 章为绿色生活实践篇，主要介绍了绿色服饰、绿色餐饮、绿色家居、绿色出行、绿色心境、绿色交际、绿色工作、绿色健身、绿色文化等。第 12～16 章为国外绿色生活篇，主要介绍了英国、美国、日本、德国和澳大利亚的绿色生活实践体系。

　　本书的编写具有如下几个特点：①系统性。本书较为系统构建起绿色生活的理论体系和实践体系。②创新性。本书对绿色生活概念进行了界定，并构建了绿色生活的理论体系。③实践性。本书尝试构建了绿色生活的实践体系，特别是重点梳理介绍了几个典型国家的绿色生活状况，可供实践决策参考。此外，本书还具有篇章结构清晰、信息量大，注重编写规范性、可读性较好等特点，可作为绿色生活课程的教学参考书，也可作为面向社会公众的绿色休闲读物。

　　本书编写过程中，搜集、查阅和整理了大量文献资料，一些本科生和研究生参与了文献资料的整理和分析工作。在此对学界前辈、同仁和所有参加此书编写工作的人员致以衷心的感谢！

　　由于编者能力有限，编写时间较为仓促，书中难免有错漏之处，还请广大读者给予理解和不吝指教！

编著者

2019 年 12 月 10 日

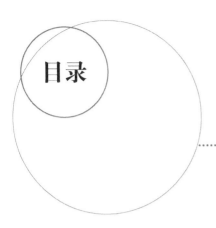

# 目录

## 下篇　国外绿色生活实践

上 篇

# 绿色生活基础理论

# 第一章

## 绿色生活原理

# 第一节 绿色生活概述

## 一、关于绿色

在传统文化中,绿色是有生命的含义,也是春季的象征,它充满着生机和力量,代表着无公害、健康与环保,也代表着年轻人积极向上的风貌与热情。近年来,绿色渐渐成为一种文化乃至思想,引领着时代和潮流,绿色理念已经渗入了生活的方方面面。

人们喜爱绿色是由于它能使人联想起勃勃生机的绿色植物,然而,近几个世纪以来,大自然的绿色正随着生态环境的破坏日益减少,以至威胁着人类的生存。"绿色就是生命",人类从来没有像今天这样清醒地意识到这一点。首先在西方兴起的绿色运动就是在这一背景下形成的,进而引发世界范围的绿色浪潮。人们渴望绿色,呼唤绿色,绿色成为当今时代的主旋律。受绿色运动的影响,现代汉语中产生了一些绿色新词语,透过这些新词语我们可以感受到我国环保意识在不断加强,同时也可以看到我们对"绿色"的理解和认识是一个由浅入深的过程。"绿色"一词产生了许多新的文化含义,即绿色等于环境保护或无污染;绿色也象征着善意、宽容、友爱、和平与美好。

黄志斌(2003)认为当今世界所显示出的绿色趋势和生态觉悟,已使"绿色"成为科技、经济、文化、社会等领域及其有关学科广泛使用的概念和限定词,作者立足于马克思主义哲学认识论,运用系统辩证的方法,从感性直观、知性分析、理性综合三个方面辨析"绿色"的含义,以裨益于绿色技术和绿色技术创新及其他相关学科的深入发展。

20世纪70年代掀起的"绿色运动",使绿色科技应运而生,迄今已初步形成以生态科学为理论依据,涵盖绿色设计、绿色工艺与农艺、绿色产品诸环节的绿色科技体系。1995

年,我国著名科学家周光召先生就曾撰文,提出要顺应绿色大趋势和可持续发展的时代潮流,将"绿色科技纳入我国科技发展总体规划中"。从认识论角度看,科学技术的中心任务就是对感性对象进行知性分析,否定"生动的表象"之外部、次要、派生的属性和联系,抓住其内部、主要、基本的属性和联系,提取出"抽象的规定",形成知性概念或规律性认识,并在实践中予以应用和确证。相应地,绿色科技在本质上就是要分析出感性直观中"绿色"之"抽象的规定",揭示"绿色"的本质和规律,并付诸实践。综观以生态科学为理论依据,涵盖绿色设计、绿色工艺或农艺、绿色产品诸环节的绿色科技,其中各学科尽管研究领域不同,研究方法、手段各异,但在本质上却有着内在的一致性。它们都基于"绿色"的生动直观,把"环境属性"置于优先考虑和分析的地位,形成了三大"抽象的规定",并加以应用,这就是节约(reduce)、回用(reuse)、循环(recycle)。

"绿色"首先是节约的。节约有两层意思,一是省料,二是节能。从绿色的生命、生态系统原型本身分析,它们经过亿万年的演进,其结构及要素之于相应的功能往往是非常"经济"的。特别要指出的是生物多样性的"多"不是多余,而正是"节约",这个"多"是维持生态系统特定功能的需要,正因为这个"多"的存在,才使生态系统中的一切事物都有去向,显现出充分的"经济性",由一种有机物排泄出来的被当做废物的东西都会被另一种有机物当做食物而吸收。因此破坏这种多样性,就会降低甚至会瓦解生态系统特定的优异功能。从技术发展角度分析,绿色技术属节约型技术,它与生命、生态系统一样,具有充分利用物能、节省资源的功能,因此也可以说是仿生型技术,其成果主要是生命、生态系统模型的实现。

"绿色"的第二个规定是回用或重新使用。回用即对资源的再利用。生命、生态系统的这种特性是非常突出的,其客观依据在于自然系统层次结合度的递减原理。在资源紧缺的今天,技术品须具有"绿色"的回用规定性,进而要求技术品遵循自然系统包括生命、生态系统的结合度递减原理,满足技术品回用所需要的可拆卸性(类似生态系统中的降解)前提。

"绿色"的第三个规定是循环。生态科学分析表明,循环就是生态系统中某些物质形态和能量形式的重复出现和周期性变化。老子说,"周行而不殆,可以为天下母",意思是说,不停地循环进行,可算作天下万物的根本,生态系统就是一个周而复始的开放的闭路循环系统,其中的自养者、草食者、肉食者、腐生者正好构成了一个"生产—消费—复原"的闭合链条,实现着生态系统物质能量的高效循环利用。而人类近现代工业社会形成的生产模式却是"原料—产品—废料"的断裂链条。人类生产投放的物能只有一部分(而且常常是很少一部分)转化为产品,其他部分则作为"三废"投向自然环境,造成污染。所以,人类应该师法自然生态系统,按照循环原理,补上"废料—原料"这段链条,形成"原料—产品—废料—原料"的闭合链条,从而节能降耗,减少污染,将生产和生活系统整合到生态系统大循环之中。因此,绿色科技的另一重要思路和要求就是把生产和生活系统融入生态系统这一闭环,形成周而复始的良性循环,这也正是人们将绿色科技叫做循环科技,把绿色经济叫做循环经济的原因所在。从方法角度讲,这实际上是绿色科技必不可少的生态模拟法。生态模拟法可视为生态系统层次的仿生,它显然有别于前述生物个体层次的仿生。

"绿色"的哲学意蕴必须在突破知性分析后的理性综合中才能真正理解。从横向方面看,必须进行外延突破,将"绿色"的意义从生态拓展到人态和心态。广义的生态系统是包括人在内的,人自身内在诸心理因素之间、个人与个人之间、个人与组织之间、组织与组织之间也当形成合理结构,显现优异功能。生态所及主要是人与自然的关系,人态所及主要是人与人、人与社会的关系,心态所及主要是人自身的关系,在哲学的层面上,这三大关系乃是一个有机的整体,必须一以贯之,统一研究,对"绿色"必须做生态、人态、心态的全面理解。从纵向上看,必须进行意义的提炼、升华与贯通,形成"辩证概念"。辩证概念是直接性与间接性、抽象性与具体性、存在性与过程性的统一,是多种规定性相统一的"思维中的具体",是对"抽象的规定"的否定和对"生动的表象"的否定之否定。于此,"绿色"的三大规定有机关联,并与其视觉、联觉、象征意义相融通,昭示出"绿色"之深层本质和辩证本性:生生、协变、臻善。

本书所讨论的绿色最初起源于西方的绿色运动,绿色最基本的含义是生命、自然与和谐。从这个意义上来说,它们是向往人与自然、人与人以及人自身的三大和谐的。在政治上,第一就是维护生态平衡,强调人与自然的和谐。第二是社会正义,这有三层意思:一是要求改变现有人与人之间的不平等的关系;二是主张在人与人之间,人与环境之间实行自主的、创造性的交往;三是反对利己主义,强调集体利益,强调社会责任感,实际上也突出了"和谐"。第三是基层民主,它们认为,现行的议会民主"歪曲了人民的意志",是一种假民主,实际上,各种权力仍然控制在少数人手里;真正的民主应像民权运动、女权运动那样到基层去寻找,认为只有这种民主才能使人心情舒畅,各抒己见,达到寻求真理的目的。第四是非暴力,这也有两层含义,一是反对统治阶级使用暴力,二是自己也不实行暴力,主张以"宽容对待不宽容",提倡"人民的不服从"和"非暴力对抗"。"民主"也罢,"非暴力"也罢,实际上也是为"三大和谐"服务的。在经济上,第一个基本内容是批判传统的经济思想,认为目前社会上现存党派的经济和财政政策既不关心生态因素,又不考虑人民的长远利益,唯一关注的是如何促进破坏性经济的增长;提出经济学的首要任务"不是研究经济成长速度",不是考察货币供应,也不是玩弄各种各样的抽象的宏观经济概念,而是"研究经济发展的社会和环境成本"。第二个基本内容是主张建立一个"可以承受"的社会,它的经济发展应是自然环境以及人类自身都可以承受的，因此，它既不应由于盲目追求发展而造成社会和生态危机，也不应因自然资源耗竭而"无法维持下去"。第三个基本内容是提倡"绿色工作道德"，要求一切工作均符合绿色运动所要求的道德规范，这些规范涉及的面很广，但主要是两点，一是环境道德：反对发展那些旨在使资本家牟利而损害人类的科学技术，要求在使用一项新技术和进行某项经济投资之前，应首先考虑环境保护、节省能源和原料，主张从生产的一开始就强调产品的耐用、简便、易修和便于回收的特点，使回到环境中的废物尽可能减少。二是劳动道德：认为没有愉快的劳动(工作)就没有生活的欢乐，劳动(工作)是人类生存的"一个不可缺少的条件"，但资本主义条件下的劳动是为了工资的谋生手段，应反对这样的劳动，"缩小雇佣劳动的范围"，使劳动"重新成为一种自由和自主的活动"，把劳动、闲暇变成"同一过程的相互补充"的两个方面，为人们创造"自我实现"的机会。第四个基本内容是大力发展"供选择项目"。所谓"供选择项目"，实际上就是按他们所主张的"绿色工作道德"开办由家庭或街道办的小型"非正规经济"，以进行社会实验，试图找到一条既能创造出满足人们真正需要的财富，又不至于破坏易于受损害的生物圈，既能使人与自然和谐，又能使人与人和谐以及自身和谐的有效途径。

综上所述，随着经济全球化、环保意识以及民主自由思想的不断发展壮大与深入人心，绿色的核心含义不仅包括了环保和可持续，也包含了安全、健康、快乐、低碳、公平和包容等。

# 二、关于生活方式

生活方式是一个内容丰富、层次复杂、形式多样、内在联系密切的科学研究领域，是历史唯物主义的重要范畴。马克思、恩格斯在他们的著作中曾多次使用过生活方式的概念。列宁、斯大林也曾使用过生活方式的概念。马克思、恩格斯是在《德意志意识形态》一书中最早使用生活方式概念的。马克思、恩格斯在这部著作中，以及马克思在《哲学的贫困》一书中通过研究社会生活，先后提出过"社会形式""社会机体"的概念，把社会理解为"一切关系在其中同时存在而又互相依存的社会机体"，提出了社会机体发展分层次的理论。马克思在《经济学手稿》中进一步指出："'机械发明'，它引起'生产方式上的改变'，并且由此引起生产关系上的改变，后引起社会关系上的改变，'并且归根到底'引起'工人的生活方式上'的改变。"这就从唯物史观的高度，把社会发展理解为先由生产力发展，而后依次引起生产关系、社会关系、生活方式变化的过程，明确提出了生活方式变化是上述层次变化的结果。19世纪50年代末，马克思在著名的《<政治经济学批判>序言》一书中，通过对社会生活的多年研究，精确地提出"社会经济形态""社会经济结构"科学概念。纵观马克思、恩格斯社会生活思想的发展过程,它包含了社会生活,社会生活方式是"社会机体"外观、"社会经济结构"即一定生产关系总和是"社会机体"骨架的思想。

关于生活方式,马克思、恩格斯指出"人们用以生产自己必需的生活资料的方式,首先取决于他们得到的现成的和需要再生产的生活资料本身的特性。这种生产方式不仅应当从它是个人肉体存在的再生产这方面来加以考察。它在更大程度上是这些个人的一定的活动方式,表现他们生活的一定形式、他们的一定的生活方式。个人怎样表现自己的生活,他们自己也就怎样。因此,他们是什么样的,这同他们的生产是一致的——既和他们生产什么一致,又和他们怎样生产一致。因而,个人是什么样的,这取决于他们进行生产的物质条件"。从马克思、恩格斯的这段论述中可看出,生活方式就是生产方式的表现,是人的"一定的活动方式""生活的一定形式"。有什么样的生产就有什么样的生活方式,生产方式决定生活方式。"物质生活的生产方式制约着整个社会生活、政治生活和精神生活的过程"。生活方式和物质生活的生产条件总是统一的。

根据马克思、恩格斯的思想,我们可以将生活方式定义为和物质生活的生产条件相统一的人们生活活动的稳定的或固定的形式。它应该具备以下基本特征:

第一,任何生活方式都有其主体。生活方式是人的活动方式。作为生活活动主体的人,可以是个人,也可以是社会群体(部落、氏族、民族、阶级、阶层、职业团体、宗教团体),还可以是整个社会或整个国家。

第二,任何生活方式都是其主体在特定目的指导下,通过生活活动内容体现出来的活动形式。人们的生活活动有许多内容,若按活动领域划分,可分为劳动生活、政治生活、物质消费生活、精神生活(科学、艺术、宗教、伦理关系)、家庭生活、闲暇时间生活等。每个领域又有许多具体的内容。生活方式的"方式"就是通过这些内容体现出来的。不过,生活方式的选择除受经济条件的制约外,还受人生目的的制约。不同的人生目的会选择不同的生活内容。同样的生活内容,也由于生活目的不同而体现出不同的生活方式。

第三,任何生活方式都是其主体作用于受体(活动对象)的活动形成的固定生活形式。人们为了生存、享受和发展,要从事各种生活活动,主要是吃、穿、住、用、行、文化娱乐,民主管理,劳动和工作,等等。这些活动多是主观见之于客观,主体作用于受体的活动。如果活动的效果有利主体生存、享受和发展,那么其行为形式就会固定下来,而且效果越大,就越巩固。如果活动的效果对主体无益,那么此行为形式就会遭到否定。人们经过长期的选择,最终形成固定的活动形式即生活方式。

第四,任何生活方式都是与社会条件相统一的生活方式。任何生活方式都有社会的从属性。人类的生活活动受多种因素的制约,主要有生产方式、民族习惯、宗教信仰、政治法律制度、哲学意识形态、外民族影响、科技发展等社会因素,以及地质条件、地理条件、气象条件等自然界因素。其中起决定作用的是生产方式。不难看出,无论什么社会形态的生活方式都具有和自然条件以及社会历史条件相统一的特点。

第五,任何生活方式,无论个人的,还是群体的,都能揭示人们生活活动的内在联系和典型特征,可以区分不同的生活类型,可以从生活领域把握社会的动向。

第六,任何生活方式一旦形成,就会对个人产生规范作用,对社会产生反作用。它通过固定的生活习惯,约束人们,指导人们,应该怎么活动,不应该怎么活动。怎么活动对人、对社会有益,怎么活动对人、对社会有害。全社会的生活方式对个人不仅有规范作用,而且还有决定作用。生活方式能够反作用于社会,适应生产力发展的生活方式能促进社会的进步。阻碍生产力发展的生活方式,则会破坏社会的进步。

著名营销学者 Kotler 认为,生活方式是由人的心理图案反映的生活形式,包括消费者活动、兴趣和观念。另外,Blackwel、Miniard 和 Engel 等学者也给出了如下定义:"生活方式是指人们的生活及支配时间与金钱的方式。"虽然每个学者给出的定义各不相同,但是都反映了一个共同的信息,即生活方式就是在有限的资源下,个体或群体如何分配资源,以及由此反映出的其活动、兴趣、意见等方面的特征。

# 三、关于绿色生活

绿色消费的兴起使得越来越多的人开始重视绿色、选择绿色,而这种对绿色事物的追求也逐渐从消费领域扩散开来,渗入了人们生活的方方面面,绿色生活方式逐渐形成。根据 1993 年 Peattie 的观点,绿色消费是消费者意识到环境恶化,进而尝试购买并要求生产对环境冲击最小的商品,也就是以永续性和更负社会责任的方式来消费。苏白、苏楠(2011)在对生活方式的文献回顾后,总结出绿色生活方式就是本着绿色的原则从事一切活动,是遵循社会长远利益、谋求可持续发展的一种新型的生活形态,旨在构建人与自然和谐共存的理想局面。

1930 年甘地提出的自奉俭约的观念,提倡一种低消费、具有生态责任意识而且自给自足的生活方式,这是绿色生活方式的雏形。也有学者认为"自愿性简单是为实践个人内在价值而选择的一种生活方式,它表现为减少不必要的消费,节制与生活无关的欲望,并且让生活目标更加单纯、简单"。绿色生活方式与之相比则更强调环保、节约。苏白、苏楠(2011)在总结现阶段国内外对绿色生活方式的研究,将绿色生活方式的特征归结为以下四点:简单(即重视实用性,提倡简单的物质生活,追求精神领域的提升)、节约(即减少不必要的消费)、环保(即进行一切活动都要从环境保护的角度,选择对环境冲击小的方式)

和健康(即选择对身心有益的产品,改变不良的生活习惯)。

中共中央、国务院《关于加快推进生态文明建设的意见》明确提出"绿色化"概念,"绿色化"包括生活方式的绿色化,要求提高全民生态文明意识,培育绿色生活方式,推动全民在衣、食、住、行、游等方面加快向勤俭节约、绿色低碳、文明健康的方式转变,坚决抵制和反对各种形式的奢侈浪费、不合理消费。2015 年 9 月 21 日经党中央、国务院审议通过的《生态文明体制改革总体方案》明确指出应"发挥社会组织和公众的参与和监督作用","引导人民群众树立环保意识,完善公众参与制度,保障人民群众依法有序行使环境监督权。建立环境保护网络举报平台和举报制度,健全举报、听证、舆论监督等制度","培育普及生态文化,提高生态文明意识,倡导绿色生活方式,形成崇尚生态文明、推进生态文明建设和体制改革的良好氛围"。关于绿色生活,国际社会在这方面有着广泛深入研究和良好社会基础。通常来讲,人们普遍认为绿色代表生命、健康和活力,是充满希望的颜色;"绿色"一般包括生命、节能、环保 3 个方面。澳大利亚环保公益组织绿色方舟(Green Ark)的总经理坦尼亚·哈(Tanya Ha)认为"绿色不只限于花园","无论你在购物、工作,还是在美容,你可以把整个生活变得健康、绿色、无比亮丽",为此她专门撰写了《绿色生活》,从 12 个方面对家居绿色生活方式进行了详细阐述。综上所述,杨小玲、韩文亚(2015)认为绿色生活主要包括 3 个方面的内涵,一是增强生态环境保护意识,树立并倡导尊重自然、顺应自然、保护自然的理念;二是遵照环境保护法律规定,行使环境监督和享有健康环境的权利,配合实施环境保护措施;三是承担推动绿色增长、共建共享义务,使绿色出行、绿色居住、绿色消费成为人们的自觉行动,让人们在充分享受绿色发展所带来的便利和舒适的同时,履行好相应的责任与义务,按照环保友好、文明节俭的方式生活。

所以绿色生活不仅包括了节俭生活、低碳生活、环保生活、可持续生活,其内涵范围更扩展到了安全生活、健康生活、快乐生活、体面生活等多个领域。绿色生活首先应是健康生活和安全生活,重点在于低碳生活和环保生活,最终实现文明生活和快乐生活。绿色生活的前提是要遵循基本的自然规律、人体运行规律和社会生活规律。绿色生活核心内容是生活方式的绿色化。推动生活方式绿色化,是生态文明建设融入经济、政治、文化和社会建设的重要举措。

随着我国经济社会发展进入新常态,生态环境也出现了新态势。虽然经济增长速度正从高速增长转向中高速增长,资源消耗也进入涨幅收窄期,但资源消耗总量仍在增加。尽管经济发展方式正从粗放增长转型集约增长,污染物排放总量也呈现逐年下降趋势,但全国主要污染物排放量仍远远高于环境容量,绝大部分地区环境承载能力已经达到或超过上限。当前生态环境问题的复杂程度前所未有,大面积雾霾频发、饮用水和食品安全存在隐患、生态系统退化日益严峻等生态环境风险已经进入高频发期。近 20 年来,环境群体性事件数量以年平均29%的幅度增长,公众环境权益诉求空前高涨,在"避邻效应"的影响下,甚至出现很多过激的对抗方式。面对资源约束趋紧、环境污染严重、生态系统退化的严峻形势,加强生态环境保护工作,推动绿色发展,倡导绿色生活,是实现中华民族伟大复兴的中国梦之必然选择。

# 第二节　绿色生活核心理念

## 一、安全生活

人类社会企求安全地生产,更期望安全地生活。在现代社会,无论是生产过程还是生活过程,由于技术的广泛渗入以及生产方式与生活内容的不断改变,危险和损害因素不断增多,意外事故和灾害的可能性不断增大,使得人的生命与健康的损伤、社会财产与资源的损失状况变得越来越严重。这种紧迫的现实向人们提出了"建设安全文化,发展安全科学技术"的现代任务(罗云,1995)。

科学的本质在于遵循事物的规律,安全科学应以安全客观的研究对象为基本的出发点。人类生存和发展中的"意外事故"是安全科学研究的基本对象,这一对象无论在生产和生活过程中都具有共同的本质、属性和规律,对其进行研究、认识,从而进行有效的控制和防范,无论对于安全生产或是安全生活都能发挥作用和产生效益。安全科学技术的成果既能用于安全生产,也能用于安全生活。因此安全生产与安全生活的规律在面对意外事故方面没有本质的区分(罗云,1995)。

文化在人类生存和发展过程中,是一种极为基本和广泛的现象。安全文化同样也广泛地表现在人类安全观念和行为的各个层面,并作用于各种安全活动(研究、分析、思维、决策、管理、控制)过程之中。无论是生产还是生活,安全的观念、安全的行为以及安全的物态,时时处处对人发挥着作用和影响。所以,安全文化不仅应包含企业的安全生产的文化,更应包括人类安全生活的文化(罗云,1995)。

安全是绿色的重要内涵之一,安全生活也是绿色生活的核心理念,只有实现了人的安全生活才能真正实现绿色现代化生活方式的完善和构建。

## 二、节俭生活

节俭是中华民族的传统美德。我国道家先哲老子说:"我有三宝,持而保之,一曰慈,二曰俭,三曰不敢为天下先";又说:"治人事天,莫若啬。"老子将"俭"视为立身处事之宝,认为用之治国,国家可以长治久安;用以修身,则可以健康长寿。老子说:"俭,故能广。"唐代李商隐在《咏史》中怅然慨叹:"历览前贤国与家,成由勤俭败由奢",也说明了这一观点。而且老子并非一味地让人们抑制消费,而是主张"财物取之有道,用之有度"。毫无疑问,老子的"崇俭"思想包含着丰富的道德智慧,是中华民族宝贵的精神财富。推动绿色生活,无疑在传承和发扬我国优秀传统文化思想方面可以发挥积极作用。从生产与消费的辩证关系来看,生产决定消费,生产为消费提供对象,生产决定消费水平、消费方式,没有生产就没有消费;而消费则对生产有重大的反作用,消费是生产的目的和动力,消费为生产创造出新的劳动力,并提高劳动力的质量,提高劳动者的生产积极性。试想如果老百姓都不愿意为绿色产品、良好生态环境服务去付费,都一味追求大排量汽车、住大房子,崇尚极度奢华、攀比阔气的生活,那么生产企业势必会想尽一切办法来满足这种过度、甚至无度的消费需求。换句话说,在缺失崇尚绿色生活氛围的社会里,由于消费行为具有鲜明的下游效应和弹性效应,绿色发展以及生产方式的绿色化将失去驱动力和社会基础,并最终只能成为水中月、镜中花。

# 三、可持续生活

可持续发展概念的正式提出可以追溯到 1987 年挪威首相布伦特兰夫人在联合国世界环境与发展委员会(WCED)的报告《我们共同的未来》。她将可持续发展定义为"在满足当代人需要的同时,不对后代人满足其需要的能力构成危害的发展"。这个概念综合考虑了现在与未来,技术限制与基本需求,得到了广泛的认同。随后在 1992 年联合国环境与发展大会通过了以可持续发展为核心的《里约环境与发展宣言》,这使得可持续发展理论由单纯的理论探讨成长为当今时代全球性的重大经济与社会问题。而中国也在 1997 年的中共十五大上将可持续发展战略确定为现代化建设必不可少的基本战略。

可持续发展理论的提出与发展,很大程度上来源于日益严重的环境与资源问题。在可持续发展成为全球性问题的今天,企业作为社会的微观单位,不可避免要顺应时代的潮流才能获得更好的发展。企业传统的财务绩效评价体系存在缺陷,没有关注到可持续发展社会中环境因素对企业经营绩效所产生的隐形影响,忽视了环境绩效与企业绩效之间的关系,从而没有将可持续发展贯彻于企业的生产经营之中,无形中造成损失。所以研究环境绩效与财务绩效之间的关系有利于企业更好地关注环境因素,将关注短期利益转为长期发展,由承担经营责任转为环境社会责任,将可持续发展纳入企业绩效评价之中,从而提升企业价值,平衡社会、生态与经济利益(韩琳,2002)。

可持续生活方式是可持续发展在社会生活中的具体体现。这种生活方式既能满足当代人生活的需求,又不危及后代人满足其需求的各种生活方式的总和。从实质上看,它主要包括两方面的规定性:一是物质生活适度,即既要求物质生活以人的基本需要为出发点,以人的健康生存为目标,又要求把人的物质生活水平严格控制在地球环境的可容纳容量和地球资源的可承载范围之内。二是物质消费公平,即既要求同代人之间在消费权益上的公平性,又要求每一代人尤其是当代人对于资源环境的消费,不应当以损害后代人的消费权益和发展潜力为代价,确保子孙后代的可持续生活。在当今,确立这种新的生活理念和生活模式势在必行。转变生活理念,建构可持续生活方式,是实现可持续发展的必然要求,是人类的明智选择(韩琳,2002)。

# 四、低碳生活

全球气候变暖及其速率的上升,已给世界带来空前的危机和困境。这一不争的事实,引起人类的深刻反思,要求人类减少以二氧化碳为主的温室气体排放活动,已成为人们的共识。当前,低碳不仅紧锣密鼓地走进了生产领域,而且,也开始走进了亿万百姓生活的方方面面。要求践行低碳生活方式,已成为发展低碳经济的又一新潮流。联合国环境规划署(UNEP)颁布了《改变生活方式:气候中和联合国指南》(2008),中国科技部出版了《全民节能减排手册》(2007),中国21世纪议程管理中心出版了《低碳生活指南》(2010)。

低碳生活方式无论在概念上还是在实践中都还是人们热衷探讨的新生事物,张凌鸿(2010)认为低碳生活方式就是低能量、低消耗的生活方式。强调生活作息耗用能量要减少,从而减少碳、特别是二氧化碳的排放,以减轻对环境的破坏、减缓气候变暖。这种看法比较普遍。杨晓玲(2010)强调低碳生活方式是一种简单、简约、简朴的生活方式。提倡物尽其用的节俭精神,从而减少生活消费中的二氧化碳排放,减少对大气的污染,减缓生态恶化和气候变暖。向章婷(2011)强调低碳生活方式是一种绿色消费方式,这种观点从保护生态出发,要求人们返璞归真地去进行人与自然的活动,适度消费绿色产品和环保产品,过一种更健康、更自然、更安全的生活。Aaron、阳翼(2005)与薛红燕(2010)等认为低碳生活方式是一种低成本、低代价的生活方式。其理论根据是经典的消费者行为教材中,Solomon的"生活方式是一个人花费时间和金钱的方式"这个更为具体的定义,由此认为低碳生活方式从时间和金钱的角度看是低成本、低代价的,值得提倡。傅娜(2009)强调低碳生活方式是可持续的生活方式。他认为当代消费主义文化导致的高消费、高污染,是地球无法承受的,因而是不可持续的。只有实行低碳生活方式,才能节省和保护资源,保护生态环境,有利于当代人和后代人的持续发展。

除了前述的主要生活理念外,快乐生活和体面生活是绿色生活更深层次的内涵构成。所谓快乐生活就是在安全健康生活的基础上能够保持身心的愉悦,能够坦然乐观地接受生活中的喜怒哀乐。所谓体面生活,指在衣食住行等方面比较宽裕,可以从容消费,可以过得很舒心,同时在社会关系网络中能够得到他人的充分尊重。

# 第三节　绿色生活实践模式

## 一、绿色生活推进模式

尽管在全社会形成崇尚绿色生活的风气仍面临诸多困难,但令人欣喜的是已经在全国各地涌现出很多社会反响好、基层群众普遍欢迎的推动绿色生活的有效做法和成功经验,"政府主导、企业主体、社团推进"的工作格局正逐步形成(陈宗兴,2014)。

(1)政府主导模式。不少地方政府充分认识到绿色生活的重要意义,积极引导社会公众参与生态环境保护工作。例如,成都市温江区紧紧围绕建设美丽生态金温江的目标,广泛开展生态文明宣传教育和生态科普活动,编制生态文明教育课本,倡导低碳生活方式;此外构建基层环保监管工作体系,鼓励民间资金参与生态环境建设,形成"政府主导、社会参与"的多元良性投入机制。再例如,扬州市通过开展"绿满扬州"全民生态行动,推动政府机关、学校、医院、宾馆、商场、社区、家庭、企业开展绿色细胞创建,并且策划时尚新颖、寓教于乐的环保公益活动,引导公众进入生态环境保护的主战场。

(2)企业主体模式。企业是生态文明建设的主力军,但是不少企业为了追求利润最大化,往往有意逃避"环境社会责任"。天津泰达经济开发区环保局积极构建"环境保护社会机制",一方面认真履行生态环境监管责任,率先推行绿色办公,同时开展家庭低碳减排、绿箱子及跳蚤市场等活动,引导公众参与生态环境保护工作;另一方面,开发区环保局充分调动企业的积极性,通过推动企业公开环境信息,帮助企业审视自身环境社会责任履行情况,通过建立企业环境教室,让公众直观了解环保科技在生产和生活过程中的应用;通过开展环保公益活动,促进企业与社区、学校、社会团体之间的交流互动等,大力倡导绿色生活。

(3)社团推进模式。在发达国家,生态环境保护事业已经高度社会化,企业和公众发挥着举足轻重的作用,形成了政府、企业和公民社会共治同为的局面。在推动以社会公众为主体的绿色生活方面,社会组织可以发挥接地气、具有广泛群众基础的特点,通过开展大量细致、更能贴近老百姓、形式灵活多样的工作,弥补政府不能做、不愿意做、不应该做或是不便于做的空白,成为推动形成人人、事事、时时崇尚绿色生活的社会新风尚的重要力量。例如北京"地球村"在社区、村庄层面探索生态文明建设模式,建立了"以自治为基础、以共治为平台、以法治为保证"的乐和家园治理机制。中国生态文明研究与促进会是环境保护部主管的全国性社团组织,近年来在推动绿色生活、提高公众生态文明意识方面开展了大量工作,联合北京林业大学开展了"生态文明走进百所高校系列主题活动",包括开展绿色生活好习惯体验活动、开设绿色讲堂、行走美丽中国大学生暑期实践活动等,引导学生践行绿色生活,并走出校园广泛实践、传播环保知识,汇聚全社会参与环境保护的强大正能量;在地铁、公交站、首都国际机场航站楼等人流比较密集的区域开展推动广大市民"践行生态文明从我做起"的公益宣传活动,在全社会引起广泛反响。

当然,绿色生活在推进过程中还将面临诸多挑战。比如绿色生活需要付出相对较高的成本。社会公众积极消费绿色产品是参与生态文明建设的重要体现。绿色产品是指使用有利于环境保护的产品和再生产品等。据调查,我国绿色产品价格是同类普通产品价格的两倍之多。民以食为天,以农产品消费为例,随着国民经济的快速发展和人民生活水平的显著提高,人们对农产品的质量需求越来越高,但是有机蔬菜的价格是普通蔬菜价格的4~5倍。研究表明,尽管绿色农产品的前景十分广阔,大部分消费者都认可绿色农产品,特别是中青年、文化程度较高的白领职员等已经成为主要消费群体,但绿色农产品价格仍然是影响消费者购买行为的主要因素,绿色农产品替代普通农产品仍有较大难度。

绿色生活需要较强的专业知识支撑。社会公众行使环境监督权利是促进生态文明建设的重要机制。环境监督的内容包括对环境质量状况的评价、环境污染排放的监督、项目环境影响评价的听证等。由于缺乏专业知识,很多社会公众往往不知道如何有效行使环境监督权。大气雾霾、水体黑臭、土地沙漠化等传统环境污染问题可以通过公众感观来判断,但是一些看不见、闻不到的持久性有机污染物、重金属等新兴污染问题以及经过较长时间才会表现生态破坏效应的重大项目生态风险等,是普通公众难以了解的,因此必须具备较强的专业知识,才能有效行使环境监督权。

# 二、绿领阶层的绿色主张

## (一)绿领定义

"绿领"一词最早由美国佛蒙特法学院教授帕特里克·赫弗南提出。1976年,他向美国国会提交了一份研究报告,题为《为环境就业:即将到来的绿领革命》。

"绿领"有两种定义,一种是指:"有一些事业,但不放弃生活;有一些金钱,但不被金钱统治;追求品位生活,但不附庸风雅和装腔作势;接近自然,但不远离社会离群索居;享乐人生,也对那些不幸的人心存同情和救助之心;在品味自己生活的同时,还不忘走去看一看这广阔的世界。"

另一种是指美国《韦氏大词典》2009 年最新收录的"绿领"一词的定义,即指从事环境卫生、环境保护、农业科研、护林绿化等行业以及那些喜欢把户外、山野作为梦想的人们。反射至职场来讲,"绿领"是一个有着"善待自己和善待环境"理念的一个群族。2007 年,联合国环境规划署牵头发起绿色就业倡议,对绿色经济的兴起及对就业的影响展开了首次全面研究。根据联合国环境规划署的定义,绿领阶层指的是从事农业、制造业、研发、管理和服务活动的劳动者,他们的工作能对维护和恢复环境质量起到重要作用,如有助于保护生态系统和生物多样性、有助于通过提高效率减少能源等资源消费以及有助于减少废物和污染物排放等。

中国正处于高速发展的阶段,个人被卷入高速运转的社会机器中,饱受疲惫与焦虑的煎熬,在内心深处渴求对自然和绿色的回归。于是在一些大城市,一支年轻的新锐部队异军突起——这就是"绿领"一族。如果说传统的白领、灰领、金领是以经济实力与社会地位划分,那么"绿领"则更倾向于一种内在的品质特征:热爱生活,崇尚健康时尚,酷爱户外运动,支持公益事业,善待自己的同时也善待环境。

未来绿色青年领袖协会对于绿领的定义是:自觉遵从自然法则,一切思想和行为符合可持续发展理念的全体地球公民所组成的群体。

### （二）基本理念

绿领阶层的基本理念包括:①建立一种友好、和谐、环保、可持续发展、健康快乐的生活方式。②倡导"平等、尊重和包容"的文化主张。③要求他人的尊重,同时也尊重他人;理解不同人的思想、文化和行为方式,同时对不同思想、文化、行为间的差异抱有理解和包容的态度。④倡导"自然、健康、和谐"的生活方式。⑤对所处的世界充满好奇心和探索精神,同时保持着一份谦逊和关爱心。追求一种和谐的色调:工作与生活的和谐,个体与群体的和谐,人与自然的和谐。⑥倡导"环保、优质、可持续"的品质追求。⑦崇尚健康、贴近自然、热爱环保、讲究品位,有一颗公益之心。⑧倡导"治理心灵沙化,推动环境担当"的社会价值。⑨用眼睛观察,用身心体验,用灵魂思考,以治理心灵沙化推动现实环境的改善与可持续。

### （三）四条律令

绿领阶层遵循如下四条基本律令:首先是环保,绿领最初的意义就是生态保护志愿者,真正的绿领总是尽自己所能,不计报酬地关心生态。其次,绿领应该是户外运动的爱好者,一个真正的绿领一定是户外生活比户内生活丰富,并且这种户外运动并不以单纯的娱乐为主,而是创造新的方法和大自然接触,例如放生,学习如何善待大自然。再次,以往时尚生活的前提是物质上的奢华,而绿领的特质却是简约——简单的饭菜、简单的着装、简单的家居环境。节约能源,随手关水龙头,点刚好够吃的饭菜,尽量少用一次性餐具。最后,绿领是一种新的生活方式,新的生活态度,与其他的生活习惯一样,应该是一种旷日持久的延续性习惯,只有已经习惯于绿领生活法则,才算一名真正的绿领。

# 三、乐活族的生活宣言

1984 年,美国社会学者保罗·瑞恩(Paul Ryan)带领同事苦干 15 年,依靠发放调查问卷和统计学研究的方法,在 1998 年写出了《文化创意者:5000 万人如何改变世界》。在书中,他提出乐活概念。乐活族又称乐活生活、洛哈思主义,追崇乐活生活方式的人又被称为乐活者,乐活者所推崇的是乐活着。乐活,是一个由西方传来的新兴生活形态族群,由音译 LOHAS 而来,是英语 Lifestyles of Health and Sustainability 的缩写,意为以健康及自给自足的方式生活,强调"健康、可持续的生活方式"。"健康、快乐,环保、可持续"是乐活的核心理念。他们关心自己的健康,也关心地球。他们吃健康的食物,穿环保的衣物,骑自行车或步行,喜欢练瑜伽健身,听心灵音乐,注重个人成长。乐活是一种爱健康、护地球的可持续性的生活方式。

"乐活族"是乐观、包容的,他们通过理性消费,支持环保、做好事来使自我感觉良好;他们身心健康,每个人也变得越来越靓丽、有活力。这个过程就是:做好事(Dogood)、心情好(Feelgood)、有活力(Lookgood)。

"乐活族"起源于美国,每四个美国人中就有一人是"乐活族",欧洲约是三分之一。乐活传入中国时间虽不长,但已为很多人所接受,并成为一种生活趋势。总而言之,"乐活"是一种环保理念、一种文化内涵、一种时代产物。它是一种贴近生活本源,自然、健康、和谐的生活态度。

由于乐活理念顺应了社会发展的大趋势,乐活生活方式早已流行于欧美发达国家,但在中国才刚开始。2008 年 10 月下旬,由共青团中央、全国青联和宁波市委、市政府共同主办的 2008 中国青年 LOHAS 时尚文化论坛在宁波举行,并首次发布了《2008 青年"乐活"主张》,鲜明地提出了中国青年对"乐活"的 12 项主张:完善自我、阳光生活、自由创造、强健身体、绿色饮食、简约消费、快乐平和、善待他人、亲近自然、保护环境、热心公益、主动分享。

"乐活族"对生活有着以下主张：①奉行自然、简单的生活态度，重视追求内在的成长和提升，尤其注重精神层面的提升和教育。②不认同过度盲目的追求、一味扩大的竞争、大量生产垃圾商品为前提的消费文化。不喜欢过度拥有奢侈品、过于功利的现代文化。③在不破坏环境、爱护大自然的前提下，推广有助于应对气候变化的环保、健康产品或服务。④鼓励正面、乐观与积极的思考，希望创造"较好"而不是"较新"的生活。

"乐活族"通常遵循如下生活准则：①坚持自然温和的轻慢运动；②不抽烟，也尽量不吸二手烟；③电器不使用时关闭电源以节约能源；④尽量选择有机食品和健康蔬食（素食），避免高盐、高油、高糖；⑤减少制造垃圾，实行垃圾分类和回收；⑥亲近自然，选择"有机"旅行；⑦注重自我，终身学习，关怀他人，分享乐活；⑧积极参加公益活动，如社区义工、支教等；⑨支持社会慈善事业，进行旧物捐赠和捐款；⑩节约用水，将马桶和水龙头的流量关小，一水多用；⑪向家人、朋友推荐与环境友善的产品；⑫减少一次性筷子和纸张的使用，珍惜森林资源；⑬减少对手机的使用；⑭穿天然棉麻丝材质的服装等。

# 专栏 1-1　极简生活方式及其观念

## （一）什么是极简生活方式

极简主义生活方式，是对自身的再认识，对自由的再定义。深入分析自己，首先了解什么对自己最重要，然后用有限的时间和精力，专注地追求，从而获得最大幸福。放弃不能带来效用的物品，控制徒增烦恼的精神活动，简单生活，从而获得最大的精神自由。

1. 欲望极简

√ 了解自己的真实欲望，不受外在潮流影响，不盲从，不跟风。

√ 把精力全部用在最迫切的欲望上，如提升专业素养、照顾家庭、关心朋友、追求美食等。

2. 精神极简

√ 了解、选择、专注于 1~3 项自己真正想从事的精神活动，充分学习、提高。

√ 不盲目浪费自己的时间与精力。

3. 物质极简

√ 将家中超过一年不用的物品送人、出售或捐赠。比如看过的杂志、书籍，不再穿的衣服，早先收到的各种礼物或装饰品。

√ 明确自己的欲望和需求，不买不需要的物品。

√ 确有必要的物品，买最好的，充分使用它。

√ 不囤东西,不用便宜货、次品。

√ 用布袋,代替塑料袋和纸袋。

√ 用一支好用的钢笔,替代堆积如山的中性笔。

√ 用瓷杯、钢杯代替纸杯。

√ 用电脑写东西,少用纸。养成纸质文件扫描、存档的习惯。

√ 整合、精简电源线、充电设备。不重复购买电子产品。

√ 精简出门行头,只带"身手钥纸钱"。

√ 精简银行卡,仅保留一张借记卡、一张信用卡。

### 4. 信息极简

√ 精简信息输入源头,减少使用社交网络、即时通讯。少看微博、朋友圈。

√ 定期远离互联网、远离手机,避免信息骚扰。

√ 不关注与己无关的娱乐、社会新闻。

√ 精简电子邮箱数量。

√ 关注少而精,宁缺毋滥。时间线干净。

√ APP 使用少而精,删除长期不使用的应用。

### 5. 表达极简

√ 写东西、说话,尽可能简单、直接、清楚。

√ 多用名词、动词。少用形容词、副词。

### 6. 工作极简

√ 使用有效的 GTD 方法,不拖延。

√ 及时清理电子邮件,不要让它们堆积起来。

√ 一次只专注做一件事,尽可能不做 Multi-task。

### 7. 生活极简

√ 慢生活。

√ 不做无效社交。

√ 锻炼。

√ 穿着简洁、不花哨。

√ 少吃含有添加剂的食品。

√ 喝白水和纯果汁,不喝添加了大量化学成分的碳酸饮料和果汁。

√ 实践极简主义的方法、角度有很多,关键是要行动起来。

## (二)极简生活所遵循的观念

简单生活意味着去粗取精,避开纷争去追求内心平和,以及把时间花在真正对自己重要的事情上。这就意味着摆脱纠缠不清的种种琐事,把这些时间用来陪伴自己心爱的人和做自己喜欢做的事情。避开一些杂事,你的生活将变得更加有价值。极简生活所遵循的 36 条观念如下:

### 1. 找出对你而言最重要的 4~5 件事

什么事情对你来说最重要,什么让你最为看重? 你穷尽一生都想完成的 4~5 件事情又是什么?

### 2. 审视你的追求

回顾过往的一切,工作、家庭、孩子、业余爱好、你的第二职业等一切项目,哪些是最令你看重的,又有哪些是你最喜欢的,哪些属于你毕生追求的 4~5 件事情之一? 舍去那些与上述问题格格不入的答案。

### 3. 审视你的时间

你怎么度过你的一天? 从你早晨睁开双眼的那一刻到睡下,你的一天都做了哪些事情? 列张清单,看清单上的这些是否与你终极的生活目标相一致。如果不一致,赶快停止做这些杂事。重新设计你一天的时光,把注意力集中在你终极的生活目标上。

### 4. 减少你的工作任务

我们的工作日总是被无穷无尽的任务所填满。但如果你将所有任务都从你的日程里划去,你终将一无所获,连对你重要的事情也无法达成。正确的做法是:把精力集中在关键重要的事情上,其他的舍去不做。

### 5. 学会拒绝

拒绝是简化生活的关键习惯。如果你不懂如何拒绝,你的负担将会过重。

### 6. 清理杂物,收拾你的房间

如果你花上一个周末的时间用来清理杂物,感觉一定会很棒。把不再需要的东西打包起来捐给别人或者扔掉。

### 7. 控制你的购买欲

你大可避免沦落为一个物质主义者和消费主义者。如果你能摆脱一个物质主义者的消费习惯,你会很少对某些东西感到狂热,花更少的钱,买更少的东西。

### 8. 释放你的时间

多抽出时间做对你重要的事情,少一些没用的杂事,腾出时间做你喜欢做的事情。

### 9. 做你喜欢做的事情

把腾出来的时间用来做自己喜欢做的事情,用来做对你来说最为重要的 4~5 件事,其他一概不要做。

**10. 花时间和自己爱的人相处**

你最重要的4~5件事可能就包含和这些你爱的人在一起(如果没有这条,你可要重新思考对你最重要这4~5件事情了),这些人可能是你的配偶、你的伴侣、你的孩子、你的父母、你的家庭或是你的好朋友。花时间和他们一同做一件事,或是向他们敞开心扉。

**11. 找出时间独处**

独处使你内心平和,也使你倾听自己发自内心的声音,找到对你而言真正重要的事情。

**12. 细嚼慢咽**

如果你总是狼吞虎咽的进食那你不仅错过了美味,同时也吃坏了身体。细嚼慢咽可以帮你减肥,并有助于消化,让你充分享受生活。

**13. 活在当下**

这句话对简化你的生活意义非凡。活在当下可以保持你对生活的敏感度,让你知道你的周围和你的内心正在发生什么样的变化,使身心受益匪浅。

**14. 条理化你的生活**

很多时候我们的生活毫无条理是由于我们对生活从不加以思索。正确的做法是,每次只做一类事情,试着提高效率,从而去简化这些事情,然后把它记下来,坚持这样做。

**15. 简化你的家务**

要做到随手清理。

**16. 清理你的桌子**

凌乱不堪的桌子只能转移你的注意力,加重你的焦躁。其实你只需养成几个小习惯便可以使你的桌子保持整洁。

**17. 清空你的收件箱**

你的e-mail收件箱是不是被无数的新邮件和已读邮件所堆满?如果是这样,那你和大家碰到的情形一样。但你可以几步简单的操作使自己变得更加有效率。

**18. 简化你的房间布置**

简单的房间布置仅包括生活的必需品,不多也不少,绝对的安静。

**19. 健康饮食**

你也许会觉得健康的饮食习惯和简约的生活之间关联并不大,但想想看,如果你每天都吃得过于油腻,吃含盐和含糖量过高的食品和油炸食品,你患病的风险将提高很多。不断的生病,住院治疗,进出药房,接受手术,注射胰岛素……正是这样。不健康的身体是个累赘,健康的饮食可以让你避免背负这个累赘。

20. 锻炼身体

和健康饮食一样,它从长远的角度使你的生活简化,甚至更加有益:它帮助缓解你的焦虑。

21. 寻找内心的简约世界

花一些时间去发现内心的简约世界远比让自己置身于嘈杂的环境中感觉要好。花一些时间去祈祷、记日记、去了解你自己或置身于自然之中。总之,花一些时间去发现内心的自己。

22. 学会释放压力

人人都有压力,不管你多大程度简化自己的生活,你仍会感觉到压力(除非你得到最后的解脱——死亡)。所以,学会释放你的压力。

23. 找到属于自己的情感宣泄方式

无论是写作、诗歌、绘画、拍电影、设计网页、跳舞、滑冰,还是其他什么爱好,我们需要情感的宣泄,找到这样一种方式会使你的生活变得更加充实,让这些去代替那些杂事。

24. 简化你的目标

与其同时定下很多目标,还不如只定一个目标。这样不仅会减轻你的压力,还使你更容易成功。你将集中全部精力在这唯一的目标上,加大你成功的砝码。

25. 一次只做一件事

同时完成很多事情只能让人变得更加紧张焦虑,从而变得没有效率。因此,每次只尝试完成一件事情。

26. 简化你的文件系统

把文件一堆一堆叠起来并不会起到什么作用,真正奏效的文件系统才会帮到你。

27. 保持镇静

如果一件小事就使你倍感恼怒和压力,你的生活就不会轻松了。学会释放,保持平和的心态。

28. 少读些广告

广告的本质就是用来激起人们消费的欲望。减少接触广告的机会。不管是印刷品,还是网站上的,抑或是电视广播里的,这样你才能保持清心寡欲。

29. 蓄意地去生活

小心翼翼做每一件事情,放慢生活节奏。

30. 每天列一个重要事情清单

每天只完成三件当天最重要的事情。不要让清单上的事情多到你一天都完不成。一天只做三件事,三件最让你有成就感的事情。

31. 规律的作息

规律的作息在很大程度上简化你的生活。

32. 讲求品质,而不是数量

不要让无关紧要的杂事充斥你的生活。与其这样,不如创造属于你自己的一片净土,一旦拥有,别无所求。

33. 让你的每一日都充满简单的乐趣

为简单的乐趣列一个清单,让你的一天被这些事情所充满。

34. 轻装上阵

别总是把口袋弄得鼓鼓囊囊的,考点只随身携带最重要的东西。

35. 留足空余

不管是约会还是其他什么事情,不要一件事又一件事安排得满满当当,凡事留个空隙,你会活得更加放松。

36. 时刻问自己

这么做会使我的生活变得更加简约么,如果答案是否定的,考虑重新来过吧!

资料来源:http://blog. sina. com. cn/s/blog_149f945c50102x0yr. html

# 四、绿色生活的几种具体实践

绿色低碳已经成为社会发展的必然趋势,绿色生活不仅是一种态度、一种义务,更是一种责任。我们不仅要倡导绿色低碳生活,更应该主动践行绿色低碳生活。节能减排势在必行。绿色低碳生活主要应从衣、食、住、行、用等生活细节去践行(肖创伟等,2012)。

## (一) 衣

(1)少买衣。即少买不必要的衣服。一件普通的衣服从原料到成衣再到最终被遗弃,都在排放二氧化碳,并对环境造成影响。世界自然基金会的一项调查显示,在保证生活需要的前提下,每人每年少买一件不必要的衣服就可节约 2.5 千克标准煤,相应减排二氧化碳 6.4 千克。如果全国每年有 2500 万人做到这一点,就可以节约 6.25 万吨标准煤,减排二氧化碳 16 万吨。

(2)多穿棉。即多选择消耗的能源和产生的污染物相对较少、排碳量也少的棉、麻类"低碳"材质的衣服,尽量避免选择化纤质地的衣服。资料显示:一条约 400 克重的涤纶裤"一生"要排放 47 千克二氧化碳,是其自身重量的 117 倍。在面料的选择上,大麻纤维制成的布料比棉布更环保。有关研究表明,大麻布料对生态的影响比棉布少50%。

(3)勤手洗。提倡手洗衣服,少用洗衣机。在日常生活中,如果每月有一次用手洗代替机洗,每台洗衣机每年可节能约1.4千克标准煤,相应减排二氧化碳3.6千克。全国有1.9亿台洗衣机,那么每年可节约36万吨标准煤,减排二氧化碳68.4万吨。此外,洗衣时用温水,而不用热水,也可相应减排二氧化碳。

## (二)食

(1)少吃肉,多吃素。多吃本地的果蔬及应季果蔬。数据显示,全球肉制品加工业排放的温室气体占排放总量的18%,而生产果蔬所排放的二氧化碳量仅为肉类的1/9。如果一个人从现在起转做一名素食主义者,每年的二氧化碳排量将减少约1.5吨。另外本地的果蔬比外地运输来的排放二氧化碳量小;选择应季蔬菜水果,每千克减排二氧化碳400克。

(2)不浪费粮食。日常生活中浪费粮食的现象常常出现,如果全国平均每人每年减少粮食浪费1千克,每年可节约48万吨标准煤,减排二氧化碳122万吨。尤其在餐厅就餐时,要根据人数适量点菜,以免造成浪费。

(3)倡导清淡烹调。我国饮食文化讲究煎、炒、烹、炸,而这些烹调方式会产生大量油烟,排放的油烟长时间游离在城市上空,直接威胁居民的健康。采用电磁炉烹调则可做到无烟、无气味、无明火和废弃污染。

(4)煮饭提前淘米。米浸泡10分钟后再煮,可大大缩短米熟的时间,节电约10%。如果全国1.8亿户城镇家庭都这么做,那么每年可省电8亿度,减排二氧化碳78万吨。

(5)少喝瓶装水。生产瓶装水要比生产自来水所消耗能源高1万倍,而那些瓶装水留下的聚酯瓶,无法自行降解,造成日益严重的环境污染和资源浪费。如今欧美一些国家正在掀起少喝瓶装水的倡议,好莱坞明星们也正兴起"自带水杯,喝健康温水"的行动。此外,低碳饮食还包括戒酒或适量喝酒,如果1个人1年少喝0.5千克酒,可减排二氧化碳1千克。

## (三)住

(1)选择小户型。根据家庭人口数量选择合适户型,既可减排二氧化碳又节约开支。大房子建造中会增加碳的排放量,还需要更多的能量来加热和制冷。资料显示,减少1千克装修用钢材,可减排二氧化碳1.9千克;少用0.1立方米装修用木材,可减排二氧化碳64.3千克。

(2)不过度装修。室内装修设计应以简约、自然通风、采光为原则,减少使用风扇、空调及电灯的几率,而不应过度装修。在单位空间内,科学控制板材、油漆、石材用量,室内照明光源不盲目使用射灯,都可减排二氧化碳。

(3)使用节能门窗。根据统计,整个建筑的能量损失中,约50%是在门窗上的能量损失。中空玻璃不仅把热浪、寒潮挡在外面,还能隔绝噪音,大大降低建筑保温所需的能耗。因此,挑选住房时尽量选择有保温层、双层玻璃、防风装置的减碳型住房。

(4)利用自然能源采暖和制冷。选用太阳能热水器既省电又省气,若每个家庭安装22平方米的太阳能热水器,就可以满足全年70%的生活热水需要。此外,可通过采用特殊材料做成的屋顶获得能源,如新建成的武汉火车站,其太阳能房顶项目铺设面积1.7万平方米,年发电量可达200万度。

## (四) 行

(1)少开车。交通产生的二氧化碳占温室气体排放量30%以上。根据估算,如果每月少开1天车,则我国平均每车每年可节油约44升,相应减排二氧化碳98千克。如果全国私人轿车的车主都做到这一点,每年可节油约9亿升,减排二氧化碳197万吨。

(2)开小车。开小排量的车,既节能又时尚,而在停车位紧张的大都市,小巧灵活的小型车更是占尽优势。如及时更换空气滤清器、保持合适胎压、及时熄火等措施,每辆车每年减排二氧化碳400千克。同时,巧妙使用驾车技术,如保持合理车速、避免冷车启动、尽量避免突然变速、定期更换机油、高速驾驶时不开窗等,也可省油减排。还应大力开发或选择太阳能汽车、生物燃料汽车等低油耗、环保型的汽车。

(3)多乘公交车。乘公交车不但能避免拥堵,而且节能效果相当明显。按照在市区同样运送100名乘客计算,使用公共汽车与使用小轿车相比,油耗约为后者的1/6,排放的有害气体更可低至后者的1/16。据美国公共交通联合会称,公共交通每年节省近53亿升天然气,这意味着能减少150万吨二氧化碳排放量。

(4)多骑自行车。最"绿色"的出行方式是骑自行车,健身、环保一举两得。如果有三分之一的人骑自行车替代开车出行,那么全国每年将节省汽油消耗约1280万吨,相当于一家超大型石化公司全年的汽油产量。据《武汉市主城区自行车交通系统规划》显示,拟在主城区形成总长800千米四通八达的自行车廊总体布局网络,方便市民骑自行车出行。联合国气候大会的举办地哥本哈根就被称作自行车之城,每天有60多万名市民(哥本哈根地区居民总数约170万人)骑车出行,与坐汽车相比,共减少排放10万吨以上的二氧化碳。目前,哥本哈根人市内出行选择交通工具的比例是:37%骑自行车,28%乘公交车和火车,31%自己开车,4%步行。作为低碳生活的一部分,骑车上下班将重新流行起来。

(5)多步行。健康之道足下行。多走路,少坐车,上下楼尽量爬楼梯。尤其对于常年

"蜗居"在办公楼里的人们,既可锻炼身体,也有利于低碳。资料显示,5层以下,以爬楼梯代替坐电梯,每次平均可减排二氧化碳 600 克。

## (五) 用

(1) 节约用电。节电是减少碳排放的重要手段。世界自然基金会的研究数据显示,每节约 1 度电,就可以减排 1 千克二氧化碳。

(2) 使用节能家用电器。如果全国的家庭都使用节能空调,每年可节约用电 33 亿度,相当于少建一个 60 万千瓦的火力发电厂,还能减排温室气体 330 万吨。适当调高空调制冷的温度也可减排。有数据显示,每台空调在 26℃ 基础上每调高 1℃,就能节电 7%,每台每天可以减少排放 175 克二氧化碳。普通冰箱可通过及时除霜、尽量减少开门次数、将冷冻室内需冷冻的食物提前取出放入冷藏室解冻,每台冰箱每年也能省电 20 度。电视机的屏幕调暗一点,节能、护眼又延长使用寿命。中国目前有 3 亿台电视,仅调暗亮度这一个小动作,每年就可以省电 50 亿度。一支 11 瓦节能灯的照明效果,顶得上一支 60 瓦的普通灯泡,而且每分钟都比普通灯泡节电 80%。如果全国使用 12 亿支节能灯,节约的电量相当于三峡水电站的年发电量。日本和欧盟已经全面禁用白炽灯了,以欧盟为例,家家户户使用节能灯后将减排 3200 万吨二氧化碳。

(3) 及时切断电源。统计数据显示,家庭中 75% 的用电都耗在电视、电脑和音响等待机状态。平均一台台式电脑每天耗电 60~250 瓦。如果一台电脑每天使用 4 小时,其他时间关闭,那么每年能节省约 500 元人民币,且能减少 83% 的二氧化碳排放量。所有的家用电器尽量不使用"声控、光控、遥控"等作为控制开关,可节电 10%~15%。如果人人坚持用完电器拔插头,全国每年能省电 180 亿度,相当于 3 座大亚湾核电站年发电量的总和。

(4) 节约用水。家里的淘米水、洗菜水、洗衣水和从鱼缸换出来的水可暂时储存起来,用来浇花,用不了的水冲厕所。

(5) 节约用纸。多用电子邮件、MSN、QQ 等不耗费纸张的通信工具,少用打印机和传真机;单面纸要重复利用;在网上进行银行业务和账单操作等。

(6) 拒绝使用"一次性"用品。塑料袋、方便筷这两种日常生活中的常用品,形象地展现了地球"发烧"的历程:人们大量使用塑料袋耗费石油资源,增加二氧化碳的排放量;一次性纸巾和筷子的大量使用,增加了树木的砍伐,减少了二氧化碳的吸收。研究证实,少用 1 个塑料袋可以减少二氧化碳排放 0.1 克。每年全球要消耗超过 5000 亿个塑料袋,其中只有不到 3% 可回收。塑料袋都由聚乙烯制成,掩埋后需上千年时间实现生物递降分解,期间还会产生有害温室气体。如果全国减少 30% 的一次性筷子使用量,那么每年可相当于减少二氧化碳排放约 31 万吨。低碳生活应拒绝"一次性"用品。外出购物携带环保购物袋,尽量使用棉布质地的购物袋;出门用餐可自带餐具,既环保,又卫生。

## 专栏 1-2　绿色生活随手可做的 100 件小事

①使用布袋;②尽量乘坐公共汽车;③不要过分追求穿着的时尚;④不进入自然保护核心区;⑤倡步行,骑单车;⑥不使用非降解塑料餐盒;⑦不燃放烟花爆竹;⑧双面使用纸张;⑨节约粮食;⑩拒绝使用一次性用品;⑪消费肉类要适度;⑫随手关闭水龙头;⑬一水多用;⑭尽量购买本地产品;⑮随手关灯,节约用电;⑯拒绝过分包装;⑰使用节约型水具;⑱拒绝使用珍贵木材制品;⑲拒绝使用一次性筷子;⑳尽量利用太阳能;㉑尽量使用可再生物品;㉒使用节能型灯具;㉓简化房屋装修;㉔修旧利废;㉕不随意取土;㉖多用肥皂,少用洗涤剂;㉗不乱占耕地;㉘不焚烧秸秆;㉙不干扰野生动物的自由生活;㉚不恫吓、投喂公共饲养区的动物;㉛不吃田鸡,保蛙护农;㉜不捡拾野禽蛋;㉝提倡观鸟,反对关鸟;㉞拒食野生动物;㉟少使用发胶;㊱减卡救树;㊲不穿野兽毛皮制作的服装;㊳不在江河湖泊钓鱼;㊴少用罐装食品、饮品;㊵不用圣诞树;㊶不在野外烧荒;㊷不购买野生动物制品;㊸不乱扔烟头;㊹不乱采摘、食用野菜;㊺认识国家重点保护动植物;㊻不鼓励制作、购买动植物标本;㊼不把野生动物当宠物饲养;㊽为小动物、鸟类提供方便的生存条件;㊾不参与残害动物的活动;㊿不鼓励买动物放生;51不围观街头耍猴者;52动物有难时热心救一把,动物自由时切莫帮倒忙 ;53不虐待动物;54见到诱捕动物的索套、夹子等果断拆除 ;55在室内、院内养花种草;56在房前屋后栽树;57节省纸张,回收废纸;58垃圾分类回收;59旧物捐给贫困者;60回收废电池;61回收废金属;62回收废塑料;63回收废玻璃;64尽量避免产生有毒垃圾;65使用无氟冰箱;66少用纸尿布;67少用农药;68少用化肥,尽量使用农家肥;69少用室内杀虫剂;70不滥烧可能产生有毒气体的物品;71自己不吸烟,奉劝别人少吸烟;72少吃口香糖;73不追求计算机的快速更新换代;74集约使用物品;75优先购买绿色产品;76私车定时查尾气;77使用无铅汽油;78不向江河湖海倾倒垃圾;79选用大瓶、大袋装食品;80了解家乡水体分布和污染状况;81支持环保募捐;82反对奢侈,简朴生活;83支持有环保倾向的股票;84组织义务劳动,清理街道、海滩;85避免旅游污染;86参与环保宣传;87做环保志愿者;88认识草原危机;89认识荒漠化;90认识、保护森林;91认识、保护海洋;92爱护古树名木;93保护文物古迹;94及时举报破坏环境和生态的行为;95关注新闻媒体有关环保的报道;96控制人口,规劝超生者;97利用每一个绿色纪念日宣传环境意识;98阅读和传阅环保书籍、报刊;99了解绿色食品的标志和含义;100认识环保标志。

资料来源:刘兵,2000. 保护环境随手可做的 100 件小事[M]. 长春:吉林人民出版社.

## 参考文献

1. Aaron Ahuvia,阳翼,2005."生活方式"研究综述:一个消费者行为学的视角[J].商业经济与管理,08:32-38.

2. 曹阵营,2012.从马克思生产与消费理论看我国扩大内需[J].商场现代化,19:58-59.

3. 陈锦祥,2014.低碳生活内涵及其对策[J].中国人口·资源与环境,S2:84-87.

4. 陈晓凤,2008.简约生活[J].资源与人居环境,03:78-79.

5. 陈宗兴,祝光耀,等,2014.生态文明美丽中国——第三届杭州年会暨中国生态文明论坛资料汇编[M].北京:中国环境出版社.

6. 菲利普·科特勒,2010.市场营销原理:亚洲版[M].何志毅,译.北京:机械工业出版社.

7. 傅娜,2009.可持续消费的基本理念[J].传承,22:120-121,131.

8. 郭因,1994.《中国21世纪议程》与绿色文化、绿色美学[J].安徽大学学报,03:37-40.

9. 黄志斌,2003."绿色"辨义:从感性直观到知性分析再到理性综合[J].科学技术与辩证法,03:16-19.

10. 蒋洪强,2013.2012-2030年我国四大区域环境经济形势分析与预测研究报告[M].北京:中国环境出版社.

11. 靳明,赵昶,2007.绿色农产品消费意愿的经济学分析[J].财经论丛,06:85-91.

12. 李海燕,2013.试论低碳生活方式[J].生态环境学报,04:723-728.

13. 刘会强,2003.可持续发展理论的哲学解读[D].上海:复旦大学.

14. 罗云,1995.安全生活是安全文化建设的重要方面——从安全文化的结构层次谈起[J].劳动安全与健康,04:12-15.

15. 阮素娥,2011.自愿简单消费意识与绿色消费行为之关系研究[D].彰化:台湾大叶大学工业关系,2004:23-30.

16. 厦门绍南文化传播有限公司,2011.老子庄子选[M].杭州:西泠印社出版社.

17. 时运生,1986.生活方式变迁初探[J].社会学研究,02:101-107.

18. 王浩,2005.不同生活方式消费者产品涉入的比较分析[D].长春:吉林大学.

19. 王瑾,1995.从西方绿色运动看"绿色文化、绿色美学"崛起的必然性[J].安徽大学学报,01:15-19.

20. 王军,朱垒,2014.绿色产品价格分担的经济学基础及机制探究[J].湖南社会科学,01:134-136.

21. 奚广庆,王瑾,1993.西方新社会运动初探[M].北京:中国人民大学出版社.

22. 向章婷,2011.浅议低碳生活的推广路径[J].重庆科技学院学报(社会科学版),01:73-74.

23. 肖创伟,王丽珍,张文颖,2012.践行低碳生活与建设生态文明的思考[J].绿色科技,(02):6-8.

24. 薛红燕,王成,刘春艳,2010.试论我国居民低碳生活方式建立途径[J].全国商情:理论研究,08:108-110.

25. 杨小玲,韩文亚,2015.绿色生活推动绿色发展[J].环境保护科学,05:22-25.

26. 杨晓玲,2010.我国居民低碳生活方式建立途径探索[J].商业时代,35:14-15.

27. 杨孝文,2009.低碳:一种最流行的生活方式[N].中国保险报,12-29.

28. 姚丹,2014.中国绿色经济指标体系构建及空间统计分析[D].深圳:暨南大学.

29. 佚名,2011. 乐活族的生活标准[J]. 品牌与标准化,(3):56-57.

30. 朱婧,孙新章,刘学敏,宋敏,2012. 中国绿色经济战略研究[J]. 中国人口·资源与环境,04:7-12.

31. 尹晓红,2000. 汉语表绿色词及其文化含义[J]. 广播电视大学学报:哲学社会科学版,02:78-80.

32. 中共中央,国务院,2015. 关于加快推进生态文明建设的意见[EB/OL]. 人民网 http://politics. people. com. cn/n/2015/0506/c1001-26953754. html[05-06].

33. 中共中央,国务院,2015.《生态文明体制改革总体方案》[EB/OL]. 新华网 http://news. xinhuanet. com/2015-09/21/c_ 1116632159. html[09-21].[09-21].

34. Averaham Shama, 1985. The Voluntary Simplicity Consumer[J]. Journal of Consumer Marketing,2(4):57-63.

35. Dorothy Leonard-Barton,1981. Voluntary Simplicity Lifestyles andEnergyConservation[J]. Journal of Consumer Research, 8(3):243-252.

36. Qsamu Iwata,1999. Perceptual and Behavioral Correlates of Voluntary Simolitity Lifestyles[J]. Social Behavior and Personality, 27(4):379-386.

37. Tanya Ha,2008. Green Travel and Transport:How to Live Well, Be Green and Make aDifference[M]. Carlton Australia:Melbourne University Press.

# 第二章

## 绿色市场与绿色消费

## 第一节　绿色市场与绿色商场

### 一、绿色市场

#### (一) 绿色市场内涵

在国家认证认可监督管理委员会和商务部共同制定的《绿色市场认证管理办法》中，绿色市场是指经认证机构按照有关绿色市场标准或者技术规范要求认证，并允许使用绿色市场标牌(志)的农副产品批发市场和零售市场。另一解释为：所谓绿色市场，从市场营销的角度讲，是指为了更好地保护生态环境和资源的可持续利用，从社会和个人健康、安全的角度出发，为满足个人、家庭和组织需要而产生可持续购买行为的消费者和用户群。因此，一般意义上的绿色市场包括个人和家庭、组织机构、社会团体和与之相应的其他群体。绿色市场又可解释为是指专门销售那些在生产和消费过程中很少产生环境污染的产品的市场。这一界定体现了商品或服务是"绿色""生态""环保"和"有形"的特征。

#### (二) 绿色市场分类

有效、足够的绿色产品消费需求是绿色市场形成的前提和基础。绿色市场的形成是一个逐步发展的过程。随着环境污染的恶化和消费者理性消费绿色产品意识的兴起，潜在的绿色消费需求开始形成，具有预见性和前瞻性的经营者开始开发适应市场需求的绿色产品，通过建立交易平台经营绿色产品，从而形成绿色产品市场。绿色市场的产生和发展反映了人们在消费领域里环境保护意识的觉醒。

绿色市场有广义和狭义之分。狭义的绿色市场是指经认证的蔬菜批发市场、水果批发市场、肉禽蛋批发市场、水产品批发市场、粮油批发市场、调味品批发市场等专营批发市场和农副产品综合批发市场,食品生鲜超市等专营农副产品的零售市场以及大型综合超市大卖场、仓储式商场、便利店等兼营农副产品的零售场所。而广义的绿色市场可分为:农业消费品领域——农副产品批发和零售的绿色市场,服务业领域——绿色技术服务与交易市场,非农生产消费品领域——绿色消费品交易市场,生产流通领域——绿色原材料和绿色包装材料市场等。

### (三) 绿色市场特点

由于绿色市场交易的对象是绿色生态产品、绿色技术、绿色原材料、绿色包装材料等,所以,就交易对象来说,绿色市场有如下特点:

(1) 绿色市场是高价值(价格)市场。这是因为,绿色生态产品具有较高的技术要求和严格的生产标准,产品质量一般高于普通同类产品,主要是增加了环保的功能,比如无公害农产品质量好于普通农产品。由于开发成本较高,所以,绿色生态产品的价格较普通产品高。据有关研究文献,无公害农产品的成本高出普通农产品 4.5% ~ 35%,这显示,如果无公害农产品的利润与普通农产品等同,那么,无公害农产品的价格必然高于普通农产品 4.5% ~ 35%。这就决定了绿色生态产品属于较高价值的商品。尽管绿色生态产品的价格一般要高于普通产品,但它们不是高价奢侈品。因为奢侈品价格昂贵,但普遍不具备绿色生态环保功能,有的甚至有害于环境,如大排量豪华小汽车就是一个例子,比小排量汽车要产生更多的废气,污染大气环境。

(2) 绿色市场具有广阔的发展空间。即产品消费无地域差异性。绿色生态产品因其对人类自身和生存环境有利而具有广泛的市场需求,超越了民族、区域的不同消费习惯,成为全球共同的需要。故绿色生态产品市场有巨大发展潜力。

(3) 绿色市场一般应有特殊的标记便于识别。绿色生态产品通常须经过相关机构认证。从其外观看,有特殊的代表绿色生态产品的"绿色""生态""有形""健康""环保"等标记与图案,或者有节能、节水、降噪、安全等特别标识或文字说明。

(4) 绿色市场是一个相对不完全竞争的市场。绿色生态产品价格形成机制取决于多种因素:一是自然垄断。某些绿色生态产品只能在特殊的自然条件下生产,如高山蔬菜、高山茶叶等。特殊自然条件的有限性决定了这类产品产量的有限性,也就决定了这类产品的自然垄断性。二是技术垄断。某些绿色生态产品生产需要特殊的技术,当这些技术处于垄断时,产品生产也就处于垄断地位。如,青岛海尔耗电量较低的家用电器生产技术并非其他企业能够掌握。

上述表明生产绿色生态产品的限制条件比普通同类产品更多。因此,绿色市场是一个不完全竞争的市场,其商品价格更高(刘京,2013)。

## 二、绿色商场

绿色商场是指运用安全、健康、环保理念,坚持绿色管理,倡导绿色消费,保护生态和合理使用资源,节能降耗的商场,不仅购物的环境安全、健康,更重要的是商场的经营内容和管理体系都应当全面考虑环境因素。

近年来,随着绿色名称的流行,各行业争做绿色,商场也扛起绿色旗帜。北京、上海和武昌等地的一些商场提出了营造绿色商场的概念。2012 年 11 月 20 日海南省三亚市夏日百货举行了"绿色商场"揭牌仪式,成为海南省第一个"绿色商场"。该商场与海南天能电力有限公司合作,在商场的闲置屋顶上安装一套新型发电系统——三亚夏日百货 0.3 兆瓦太阳能光伏发电系统,每年可提供清洁电能 39 万度。海南三亚市夏日百货通过引进海南天能电力有限公司的光伏发电项目,直接参与到海南的节能减排工作,促进低碳经济的政策中来,将商场打造成为了坚持绿色管理、倡导绿色消费、保护生态资源、节能降耗的"绿色商场",为海南日后的商场节能做出了示范。

2016 年 9 月,由我国商务部发布的《绿色商场》行业标准正式实施。绿色商场通常需要做到:①商场内卫生清洁、卫生间等处没有卫生死角;②商场内采光灯具布局合理,照明条件良好;③商场内空气流通、室温控制适宜,室内空气达到标准;④不使用不符合《民用建筑工程室内环境污染控制规范》的装修材料;⑤商场内通道、卫生间等各种设施标示明显,有禁烟标记;⑥有紧急情况的应急处理系统;⑦商场对进货严格把关,有完备的进货手续;⑧不销售国家明令禁止的对环境有害的商品;⑨有"有机食品""绿色食品""无公害蔬菜"销售;⑩不销售或使用一次性发泡塑料餐具;⑪加强货物仓库管理,货物摆放整齐,符合卫生防疫标准,有相应的管理制度。

# 第二节　绿色消费与绿色产品

## 一、绿色消费

近些年,人们开始追求一种环保节能、洁净环境,既满足生活需要,又不浪费资源不污染环境的新型消费模式。而绿色是代表生命、健康和活力,充满希望的颜色,绿色消费就是这样一种可持续的消费方式。

绿色消费就是消费者对绿色产品的需求、购买和消费活动,是一种具有生态意识、高层次的理性消费行为。绿色消费是从满足生态需要出发,以有益健康和保护生态环境为基本内涵,符合人的健康和环境保护标准的各种消费行为和消费方式的统称。绿色消费包括的内容非常宽泛,不仅包括绿色产品,还包括物资的回收利用、能源的有效使用、对生存环境和物种的保护等,可以说涵盖生产行为、消费行为的方方面面。

人们的消费心理和销售行为向崇尚自然、追求健康转变,从而为国际市场带来一股绿色消费潮。随着绿色潮流的不断高涨,国际市场消费需求出现变化,绿色消费已成为一种新的时尚。据有关资料统计,77%的美国人表示,企业的绿色形象会影响他们的购买欲;94%的意大利人表示在选购商品时会考虑绿色因素。在欧洲市场上40%的人更喜欢购买绿色商品,那些贴有绿色标志的商品在市场上更受青睐。据欧共体的一项调查显示,德国82%的消费者和荷兰67%的消费者在超市购物时,会考虑环保问题。在亚洲,挑剔成癖的日本消费者更胜一筹,对普通的饮用水和空气都以"绿色"为其选择标准,罐装水和纯净的氧气成为市场上的抢手货;韩国和香港的消费者,争先购买那些几乎绝迹的菜籽,作为天然的洗发剂(李保宁,1998)。

## (一)绿色消费的产生

绿色消费的产生关系到人类的经济发展。人类经济的发展,本质上就是与地球大自然系统的物质变换的过程,人类不断地从自然取得物质资料,以满足自己的需要,尔后又不断将废物排放到自然,经过自然的"净化"作用,重新转化为自然物质。人类出现以来,就是不断地从自然获取物质资料,逐渐积累,终于达到了今天巨大的物质文明。没有自然资源,人类社会经济、文明的发展是不可思议的。

但是,自然资源并不是无限的,自然的"净化"能力也是有一定限度的,人类与自然的物质变换过程,必须建立在平衡的基础上。一方面,人类从自然中获取物质资料,要以其再生产能力为前提,而自然界许多资源本身是不可再生的,对于这些资源,就要进行合理开发利用,不能过快将其耗尽;另一方面,人类将废弃物返还自然,要以自然的"净化"能力为限,否则就会对环境造成负担和污染。由于人类的过度开发,人类发展和环境污染资源消耗之间的不平衡出现。马克思在《资本论》中讲到资本主义大工业和城市的发展所产生的影响时曾经指出,大工业"一方面聚集着社会的历史动力,另一方面又破坏着人和土地之间的物质变换……从而破坏土地持久肥力的永恒的自然条件"。如今,这种情况已经很严重地摆在人们面前,使人们必须开始反思自己的行为并做出改变。

1962年,美国海洋生物学家蕾切尔·卡逊(Rachel Carson)在调查了使用化学杀虫剂对环境造成的危害后,出版了《寂静的春天》(Silent Spring)一书。在这本书中,卡逊阐述了农药对环境的污染,从生态学角度具体分析了化学杀虫剂给生态系统造成的危害,指出人类这样的发展是一条"不归路",应该改变发展方式,走"另外的路"。1968 年 3 月,美国国际开发署署长 W·S·高达在国际开发年会上发表了《绿色革命——成就与担忧》的演讲,首先提出了"绿色革命"的概念。从此,"绿色"一词就越来越多地出现在人们面前。1971 年,加拿大工程师戴维·麦克塔格特(David Magtag)发起成立了绿色和平组织。1972年罗马俱乐部发布《成长的极限》,报告提醒世人重视资源的有限性和地球环境破坏问题。此后,越来越多的人认识到人类应该将自己与自然环境和社会环境协调起来,寻求生态、能源、人口三者协调、健康发展,与大自然和谐共处,建立一个环境优美的"绿色文明"。

## (二)绿色消费的含义

国际上公认的绿色消费有三层含义:一是倡导消费者在消费时选择未被污染或有助于公众健康的绿色产品;二是在消费过程中注重对废弃物的处置;三是引导消费者转变消费观念,崇尚自然、追求健康,在追求生活舒适的同时,注重环保、节约资源和能源,实现可持续消费。

20 世纪 80 年代后半期,英国掀起了"绿色消费者运动",然后席卷欧美各国。这个运动主要就是号召消费者选购有益于环境的产品,从而促使生产者也转向制造有益于环境的产品。这是一种靠消费者来带动生产者,靠消费领域影响生产领域的环境保护运动。这一运动主要在发达国家掀起,许多公民表示愿意在同等条件下或略贵条件下选择购买有益于环境保护的商品。在英国 1987 年出版的《绿色消费者指南》中将绿色消费具体定义为避免使用下列商品的消费:①危害到消费者和他人健康的商品;②在生产、使用和丢弃时,造成大量资源消耗的商品;③因过度包装,超过商品本身价值或过短的生命周期而造成不必要消费的商品;④使用出自稀有动物或自然资源的商品;⑤含有对动物残酷或不必要剥夺而生产的商品;⑥对其他国家尤其是发展中国家有不利影响的商品。

绿色消费,也称可持续消费,是指一种以适度节制消费,避免或减少对环境的破坏,崇尚自然和保护生态等为特征的新型消费行为和过程。绿色消费,不仅包括绿色产品,还包括物资的回收利用、能源的有效使用、对生存环境和物种环境的保护等。绿色消费的重点是"绿色生活,环保选购"。提倡"绿色消费"就是制定统一政策和引导措施,加强宣传报道,举办公益活动,树立绿色食品的消费观,增强自身权益和环境保护意识,促进绿色食品生产和消费的增长,确立科学、有益健康和环保的食品消费模式。

归纳起来,绿色消费主要包括三方面的内容:消费无污染的物品;消费过程中不污染环境;自觉抵制和不消费那些破坏环境或大量浪费资源的商品等。即符合"3E"和"3R",经济实惠(economic),生态效益(ecological),符合平等、人道(equitable),减少非必要的消费(rrduce),重复使用(reuse)和再生利用(recycle)。绿色消费是一种权益,它保证后代人的生存与当代人的安全与健康;绿色消费是一种义务,它提醒我们环保是每个消费者的责任;绿色消费是一种良知,它表达了我们对地球母亲的孝爱之心。

### (三)绿色消费与传统消费的区别

绿色消费,是以保护消费者健康权益为主旨、以保护生态环境为出发点、符合人的健康和环境保护标准的各种消费行为和消费方式的统称。传统消费模式本质上是一种资源耗竭型的消费模式。在这种模式下,经济系统致力于把自然资源转化成产品以满足人的需要,用过的物品则被当作废物抛弃。随着人口的增多以及人们生活水平的提高,消费规模日益扩大,废弃物不断增多,造成了资源的耗减和环境的恶化。发展绿色消费,可以在一定程度上抵制破坏生态环境的行为,促使生产者放弃粗放型生产模式,减少对环境的污染和资源的浪费,逐步形成可持续生产模式;可以引导消费观念和消费行为,使人们注重保护自然,形成科学、文明、健康的消费方式,促进生态环境的优化。

绿色消费与传统消费有以下区别:

(1)中心不同。传统消费是以满足人的需求为中心的,不管这种需求是否合理,是否适度,也不管这种需求对生态环境是否造成破坏。绿色消费则以满足人的基本需求为中心,以保护生态环境为宗旨。

(2)着眼点不同。传统消费的着眼点是眼前的代内消费公平,这种公平是以国家甚至是群体为单位的。这种不公平表现在穷人与富人之间,发达国家与不发达国家之间,当代人与后代人之间。绿色消费则着眼公平消费,这种公平既包括人际消费公平,又包括国际消费公平;既包括代内消费公平,也包括代际消费公平。

(3)追求不同。传统消费追求奢华,倡导高消费、多消费和超前消费,从而造成大量的浪费。在传统消费理念和消费方式影响下,消费水平的高低,常常成为衡量人们身份与地位的标准。人们不是为满足需要而消费,而是为了显示身份和地位。绿色消费则崇尚自然、纯朴、节俭、适度,主张满足人的基本需要,倡导在现有的社会生产力的发展水平下,在合理充分的利用现有资源的基础上,使人们的需要得到最大限度满足。

(4)前提条件不同。传统消费是在资源过度耗费、利用率较低的前提下进行的。绿色消费则是在充分利用资源、合理使用资源的条件下进行的。

(5)结果不同。传统消费带来资源短缺、生态破坏、环境污染的恶果。绿色消费则把环境保护和生态平衡放在首位。在绿色观念指导下,生产消费过程将实施清洁生产技术。生活消费首先是消费绿色产品,其次在消费过程中,不会带来环境污染。

绿色消费与传统消费相比,突出的优势,就在于人类的消费行为与自然环境相和谐,与人类社会的可持续发展相统一,与经济的可持续发展相适应。

## (四) 绿色消费模式

绿色消费模式是绿色消费内容、结构和方式的总称。绿色消费模式是一定社会形态和生产关系下绿色消费者(包含生产性消费者和生活消费者)与绿色消费资料的结合方式,是消费者在消费过程中注意保护生态环境、减少资源浪费和防止污染,承担社会责任的前提下,考虑保护自身健康和个体利益的对绿色产品和服务的一种理性消费方式,是一种体现绿色文明、遵循可持续发展原则的消费模式(陈启杰等,2011)。

研究绿色消费模式所要回答的问题是人们消费哪些绿色产品和服务,采取什么样的方法、途径和形式去消费这些绿色消费资料,以满足各种物质和精神的绿色需要。

绿色消费模式的主要内容可分为以下几类(陈启杰等,2011):

(1)吃。食物是维持人类生命的物质基础,食品是消费结构中的最主要部分,食品消费也是绿色消费最早和最具有代表性的领域。绿色饮食消费,应该体现在饮食结构、饮食内容、饮食方式等方面。科学的饮食方式是绿色饮食消费的重要内容。通过各种途径和措施,宣传、提倡、引导科学合理的饮食方式,扭转普遍存在的浪费等现象,使饮食既有利于人类自身的营养和健康,又符合节约资源、保护环境的要求。

(2)穿。衣服是人类生活的必需品之一,是消费结构中不可或缺的重要消费品。在绿色消费盛行的今天,消费者在选购和穿着衣服时,自我保护意识逐渐增强,那些曾风靡一时的化纤纺织品,已受到消费者冷落;而那些纯天然的、经过先进工艺加工的、经毒理学测试证明无毒无害、对身体有益的纺织品则受到了消费者的欢迎。未来的衣服将在注重服饰对自身生理的保护功能、对自身形象的美化功能的同时,更加注重服饰原材料消耗对资源的节约程度、纺织品和服饰加工时对环境的保护程度,绿色消费将更深入到服饰消费之中。

(3)用。日常生活中用的消费内容十分广泛,在消费结构中占有很大的比重,而且将随着生活水平的提高而相对提高。在用上展现绿色消费的要求,主要体现在用品的资源消耗和包装及废弃物等方面的控制上。随着人们对环境、资源等问题认识的提高,特别是可持续发展和绿色消费思想的确立,这种情况有了很大的改变。出于保护环境、保护资源的考虑,一些厂商纷纷投资研制、开发、生产越来越多的环保型产品。

(4)住。居住是人类生存的基本条件,也是反映生活质量高低的重要指标。在居住方面体现可持续发展的要求正在成为一个世界潮流,人们日益重视周围的社区环境,营造美好的生活空间;"生态建筑和装饰"开始成为住房的建造及内、外装饰的主流设计理念;建筑装潢也体现了绿色的要求。发展节能住宅正在同革新城市建筑设计风格和强化环保意识融为一体,成为改善城市环境的重要战略途径。

(5)行。行是人类现代生活中必不可少的环节,随着现代社会经济的发展,社会化程度的日益提高,行对人类生活的重要性也日益提高。在行的方面推进绿色消费,从消费者角度看,则主要是交通方式和交通工具的选择和使用问题。城市交通方式的选择具有决定性意义。比较有效的途径是大力发展城市公共交通(地铁、公路、支线铁路等)。在特大城市和部分大城市,则要充分利用城市土地和地下空间尽量发展立体交通。在交通工具选择上,积极开发、推广和使用绿色交通工具是绿色消费的客观需要和重要组成部分。

(6)自然环境的绿色消费。对自然环境的绿色消费主要体现在两个方面:一是对居住地点、工作地点等周围自然环境的绿色消费;二是人类以旅游休闲等走向自然的方式对自然环境进行绿色消费。人们越来越关注对自己生活和工作地的周围环境的绿色消费。为此,房地产开发要注意地段的选择,同时要把周围的自然环境作为开发的有机部分加以关注是必要的。与此相关的另一个问题是要做好绿化等自然环境建设。旅游越来越受到人们的欢迎,在可持续发展思想的指导下,越来越多的人把回归自然、认识自然、欣赏自然和保护环境,享受优美的自然环境作为旅游的主要目的。这种新型旅游消费活动发展十分迅猛。所以应注意加紧对生态旅游资源的合理开发利用和保护,合理组织绿色旅游、生态旅游项目,促进旅游产业发展,同时,满足人们对生态绿色消费的需求。

(7)固体废物回收与利用。生活消费过程不仅包括生活资料的使用或享受过程,也包括使用后如何对废弃物进行处置的过程。从可持续发展或从绿色消费的角度看,生活垃圾和废旧物品的有效合理处置具有更为重要的现实意义。随着技术进步的不断发展,各种合成的化学物质材料不断增加,使产品的更新换代速度加快,废弃物增加,这一现象因过度包装而更趋严重,而缺乏对生活垃圾的有序回收利用,后期综合处理、再生利用能力差使环境问题日益严重。改变生活方式,尽量减少生活废弃物的数量,促进废物的分类存放与回收利用。同时,通过技术进步,变废为宝,既减少环境污染,又节约资源,促进可持续发展。

## 二、绿色产品

20世纪70年代以来,工业污染所导致的全球环境恶化达到了前所未有的程度,迫使人们不得不重视这种现实。日益严重的生态危机要求全世界工商企业采取共同行动来加强环境保护,以拯救人类生存的地球,确保人类的生活质量和经济持续健康发展。进入90

年代以来,各国的环保战略开始经历一场新的转折,全球性的产业结构调整呈现出新的绿色战略趋势。这就是向资源利用合理化,废弃物产生少量化,对环境无污染或少污染的方向发展。在这种"绿色浪潮"的冲击下,绿色产品逐渐兴起,相应的绿色产品设计方法就成为目前的研究热点。工业发达国家在产品设计时努力追求小型化(少用料)、多功能(一物多用,少占地)、可回收利用(减少废弃物数量和污染);生产技术追求节能、省料、无废少废、闭路循环等,都是努力实现绿色设计的有效手段。如果说,当初是西方国家严格的环保立法和绿色法规促进了制造业奉行绿色设计,那么,现在是绿色设计的先行者尝到了甜头后自觉地遵循绿色行为。施乐、柯达和惠普等公司的绿色设计已经有了直接赢利。这同时也进一步促进了绿色产品及绿色设计的迅速发展。

## (一) 绿色产品内涵

绿色产品(green product)或称为环境协调产品(environmental conscious product,ECP)是相对于传统产品而言。由于绿色产品的描述和量化特征还不十分明确,因此,目前还没有公认的权威定义。不过分析对比现有的不同定义,仍可对绿色产品有一个基本的认识。以下即为绿色产品的几种定义:

(1)绿色产品是指以环境和环境资源保护为核心概念而设计生产的可以拆卸并分解的产品。其零部件经过翻新处理后,可以重新使用。

(2)刊登在美国《幸福》双周刊 1995 年 2 月 6 日上一篇题为《为再行而制造产品》的文章认为:绿色产品是指将重点放在减少部件,使原材料合理化和使部件可以重新利用的产品(Vijay,1995)。

(3)也有人把绿色产品看成是:一件产品在其使用寿命完结时,其部件可以翻新和重新利用,或能安全地把这些零部件处理掉,这样的产品被称为绿色产品(E. Zussman,1994)。

(4)还有人把绿色产品归纳为从生产到使用乃至回收的整个过程都符合特定的环境保护要求,对生态环境无害或危害极少,以及利用资源再生或回收循环再用的产品(陈宗明,1996)。

从上述这些定义可以看出,虽然描述的侧重点各不相同,但其实质基本一致,即绿色产品应有利于保护生态环境,不产生环境污染或使污染最小化,同时有利于节约资源和能源,且这一特点应贯穿于产品生命周期全程。因此,综合上述分析,我们可以给出绿色产品的下述定义以供参考:绿色产品就是在其生命周期全程中,符合特定的环境保护要求,对生态环境无害或危害极少,对资源利用率最高,能源消耗最低的产品。

基本属性与环境属性紧密结合的绿色产品应具有以下内涵:

（1）优良的环境友好性，即产品从生产到使用乃至废弃、回收处理的各个环节都对环境无害或危害甚小。这就要求企业在生产过程中选用清洁的原料、清洁的工艺过程，生产出清洁的产品；用户在使用产品时不产生环境污染或只有微小污染；报废产品在回收处理过程中产生的废弃物很少。

（2）最大限度地利用材料资源，绿色产品应尽量减少材料使用量，减少使用材料的种类，特别是稀有昂贵材料及有毒、有害材料。这就要求设计产品时，在满足产品基本功能的条件下，尽量简化产品结构、合理使用材料，并使产品中零件材料能最大限度地再利用。

（3）最大限度地节约能源，绿色产品在其生命周期的各个环节所消耗的能源应最少。

## （二）绿色产品的评价标准及其认证

绿色产品是 20 世纪 90 年代世界各国为适应全球环保战略，进行产业结构调整的产物。由于发展历史不长，直至目前绿色产品尚无严格准确的行业标准，但从消费市场来看，得到公认的绿色标准有以下三条：

（1）产品在生产过程中少用资源和能源并且不污染环境。

（2）产品在使用过程中能耗低，不会对使用者造成危害，也不会产生环境污染物。

（3）产品使用后可以易于拆卸、回收翻新或能够安全废置并长期无虑。

绿色产品具有深刻的内涵，只有经过严格认证，贴有绿色标志的产品才是绿色产品。20 世纪 70 年代，绿色产品的概念在美国政府起草的环境污染法规中首次提出。但真正的绿色产品，在 1987 年首先诞生于联邦德国。联邦德国实施了一项被称为"蓝天使"的计划，对在生产和使用过程中都符合环保要求，且对生态环境和人体健康无损害的商品，环境标志委员会则授予该产品绿色标志，这就是第一代绿色标志。目前，德国 30% 的商品已贴上了绿色标志，成为绿色产品。其后日本、美国、加拿大等国也相继建立自己的绿色标志认证制度，以保证消费者能识别产品的环保性质，同时鼓励厂商生产低污染的绿色产品。目前绿色商品涉及诸多领域，如绿色汽车、绿色电脑、绿色相机、绿色冰箱、绿色包装、绿色建筑等（刘志峰，1997）。

我国于 1993 年实行绿色标志认证制度，并制订了严格的绿色标志产品标准，目前仅涉及七类产品（家用制冷器具、气溶胶制品、可降解地膜、车用无铅汽油、水性涂料、卫生纸）。绿色标志认证可以根据国际惯例保护我国的环境利益，同时也有利于促进企业提高产品在国际市场上的竞争力。因为越来越多的事实证明：谁拥有绿色产品，谁就拥有市场（刘志峰，1997）。

# 第三节　绿色购物与绿色包装

## 一、绿色购物

随着环境问题的日益严重,人们逐渐认识到环保的重要性,开始将"绿色生活观"一点一滴地渗透进自己的意识里。而绿色购物是绿色生活极为重要的一部分,它要求我们在满足自身需求的同时,最大限度地避免或减少对环境的破坏性影响,同时也作出更有利于自己身体健康的选择。选择"绿色购物"不是意味着拮据和小气,恰恰相反,这是一种更高雅、更时尚,更体现个人风尚和素质的生活方式。

### (一) 绿色购物内涵

随着环境问题的日益严重,"绿色环保"已成为现代生活的主题之一。与污染、浪费相对的便是"绿色生活"。很多人都向往绿色生活,但却不知该如何正确地去实施。其实绿色生活并没有严格的标准和定义,培养环保的意识,注重生活的细节,便是绿色生活的开始。早在 20 世纪末,国际社会就提出了绿色生活"5R 原则":①节约资源、减少污染(reduce);②绿色消费、环保选购(reevaluate);③重复使用、多次利用(reuse);④分类回收、循环再生(recycle);⑤保护自然、万物共存(rescue)。由此可见,追求绿色生活就必须倡导一种"绿色消费观"。

"绿色购物"是绿色生活极为重要的一部分,上述五项原则也是绿色购物一直所秉持的理念。"绿色购物"要求人们在购物时,首选绿色环保的商品或包装简单的节约型商品。花钱购物时,仔细考虑好该商品是否真的有购买的需要,做到"不浪费、不铺张、不攀比"。

一种有意识的环境行为被称为环保消费主义,即绿色购物。绿色购物观,就是倡导消费者在与自然协调发展的基础上,从事科学合理的生活购物,购买和消费不破坏环境的产品,提倡健康适度的消费心理,弘扬高尚的消费道德及行为规范,并通过改变购物方式来引导生产模式发生重大变革,进而调整产业经济结构,促进生态产业发展的消费理念。它包括三层含义:一是倡导消费者在消费时选择未被污染或有助于公众健康的绿色产品;二是在消费过程中注重对垃圾的处置,不造成环境污染;三是引导消费者转变消费观念,崇尚自然、简约,追求健康,在追求生活舒适的同时,注重环保、节约资源和能源,实现可持续消费。

### (二) 绿色购物措施

(1)国家出台"绿色"政策:通过"限塑令"我们可以了解到,国家的宏观政策是极具影响力和号召力的。因此各级政府可出台与"绿色购物"相关的政策规定,如尽量减少不必要的包装设计、严格规定各种产品的质量要求、严格监督管理产品生产的材质使用等。从源头抓起,比事后弥补来得更加有效和有力。

(2)厂商生产提供"绿色"产品:随着生产的不断发展,生产商和销售商不断为商品寻求市场,用销售分析家维克特·勒博的话来说:"我们需要消费的东西,用前所未有的速度去烧掉、穿坏、更换或扔掉。"这种与"绿色消费""绿色购物"相违背的观念应尽早从现代人们的脑海中删除。我们应该以一个更加合理、环保的渠道去促进经济的发展,而不是一味盲目地生产消耗,浪费资源。人们的环保消费行为落后于其态度,其原因部分是因为"绿色产品"供应不足。厂家生产提供更多的绿色产品,也有利于降低"绿色产品"的价格,为消费者提供更多的选择,以刺激人们对绿色产品的需求,促使消费者有意识地趋向"绿色购物"。生产厂家的市场决策对环境质量还是有极大的影响力。

(3)个人树立环保意识,合理选择:从经济学中我们学到,短期中需求决定产出。若每个消费者都能树立环保意识,购买绿色产品,那么厂家在追逐利益最大化的目标下,就会根据市场需求规划自己的产品,从而达到绿色产品产量增多,整个产业结构得到调整的目的。除此之外,消费者应树立正确的消费观,合理选择。如购买包装简单、使用寿命更长的高品质产品,自备购物袋,根据自己的实际需求购物,减少使用一次性物品,购买有绿色产品标记的产品,购买有机食品等。

第一,尽量减少购物。绿色购物最重要的一点就是减少购物,每个人的购物行为都会对环境产生直接或间接的影响。而减少购物是我们每个人都可以轻松做到的。减少购物可以减少生产和生产过程的排放和污染,节省资源,节约运输用的汽油,并且可以减少必然有的垃圾。可以试想一下:我们购买的每一样东西总有一天会成为垃圾,或许是一年,或许是五年,垃圾场里总是堆满各种被我们遗弃的物品,而这些垃圾的处理势必也会对环境带来一定的污染。所以我们应该减少购买不需要的东西,尤其是塑料产品,因为塑料无法自然降解。每一个塑料材质的物品最终都会来到垃圾场,或是在"太平洋垃圾岛"里飘上几年还依然存在。我们在进行购物时最好选择再生材料或者可以自然降解材料制成的物品。并且也应该考虑产品的寿命:它是一次性的还是可以重复使用的? 我们购买这个产品是一时的喜爱还是真正需要长期使用? 它的生产过程是否会产生危害,是否导致发展中国家的森林砍伐或者劳工问题? 我们应该尽量做到让我们的消费购物不要污染、破坏环境或者是带来其他影响生态的问题。

第二,购买无污染或有助于环境保护的绿色产品。地球只有一个,是我们人类唯一的家园,营造一个安全、健康、温馨的家园,是我们每个人的共同心愿和应尽的义务。保护环境,减少污染是我们的首要目标,每个家庭,每个人都应该行动起来,从身边的小事做起,从日常生活消费做起,为保护环境尽一份责任。在进行消费购物时,我们应做到购买健康无害的产品,不使用对生态环境产生影响的产品。比如,我们应该杜绝使用塑料袋,在购物时使用环保购物袋;尽量少喝一次性塑料瓶装饮料,尤其是瓶装水,避免塑料包装等。据资料显示,全球每年使用的塑料袋达到5000亿至10000亿个,这意味着我们每人每年平均使用150个塑料袋,或是每分钟有一百万个塑料袋被使用。在我国,这种白色污染相当普遍,由于塑料制品数量大、不易降解,对塑料垃圾的处理只能采用填埋或焚烧方式。可是填埋会占用有限的土地资源,焚烧又会产生有毒废气,而那些被丢弃在野外的塑料袋又经常被动物误食,因此,每年都会导致大批动物死亡。目前,人类还没有一套两全的方法解决"白色污染"问题。

针对此种情况,2007年12月31日,国务院办公厅下发了《关于限制生产销售使用塑料购物袋的通知》(国办发〔2007〕72号),其具体通知如下:一、禁止生产、销售、使用超薄塑料购物袋;二、实行塑料购物袋有偿使用制度;三、加强对限产限售限用塑料购物袋的监督检查;四、提高废塑料的回收利用水平;五、大力营造限产限售限用塑料购物袋的良好氛围;六、强化地方人民政府和国务院有关部门的责任。此通知的出台,落实了科学发展观,提倡建设资源节约型社会和环境友好型社会,从源头上采取有力措施,督促企业生产耐用、易于回收的塑料购物袋,引导、鼓励群众合理使用塑料购物袋,促进资源综合利用,保护生态环境,进一步推进节能减排工作。据国家发展和改革委员会介绍,"限塑令"实施以来,塑料购物袋使用量和丢弃量明显减少。"白色污染"问题得到一定程度遏制。超市、商场的塑料袋使用量普遍减少了2/3以上,全国主要商品零售场所塑料袋使用量累计减少670亿个,累计减少塑料消耗100万吨,相当于节约石油600万吨。据资料查阅显示,塑料瓶装饮料瓶是PET塑料做的,这种塑料的原料是石油,生产过程需要消耗很多的能源。石油是一种高污染环境成本、不可再生的资源,我们可以看到人类对石油的欲望在墨西哥湾和大连湾导致的灾害。根据地球研究所调查,全世界每年要用2700万吨塑料制造瓶装水,每年要利用150万桶石油来制造仅仅用于供应美国市场的塑料瓶。所以,为了保护环境,减少能源消耗,我们应该尽量避免购买塑料制品,尽可能地使用环保制品。

第三,有选择性地购物,适度购物,理性购物。随着社会经济的不断发展,科技的进步,各种各样能够为人类的生产生活带来方便的物品被生产出来,但是伴随着产品的制成,是以环境牺牲作为代价的。许多产品生产出来是为了给予我们方便,但是我们不能疯狂购买,应该选择合适的产品,合适的购买量,达到物尽其用。现在许多女孩子都是购物狂,并以疯狂购买来表达对物质的占有,有的经济学家认为这可以拉动国民经济的增长,社会学家将此称为一种疾病,认为这将导致新一代青年的精神匮乏,环境学家则认为这是对资源的浪费,对环境的破坏。在现实生活中,有人为图"方便"经常使用一次性消费品;为表现"高贵"穿由野生动物的皮毛制成的皮革;为表达"盛情",送华丽包装的礼品;为追求"舒适"购买豪华别墅;为赶"时髦",购买新类型的产品;为追求"时尚",不断更新服装,这些都不是理性的购买,不是理性的消费。当消费者购物的时候,应要考虑到自己的决定对环境的影响,即应该优先选择那些节能和节省资源的商品,而且还要避免不必要的消费。具体的原则包括:①购买能源利用效率高的电器,这样可以减少电能消耗,也就间接减少了温室气体的排放。②购买非一次性的产品。例如,尽管镍氢充电电池比一次性电池更昂贵,但由于前者可以反复使用数百次,这大大减少了资源的消耗并减少了可能的污染。③不购买那些近乎"买椟还珠"的过度包装的商品,此类商品不仅浪费钱,更浪费资源。④抑制过度的消费欲望,尽量不购买自己几乎用不着的商品,例如不要过于频繁地更换手机。消费欲望是这个时代最奇特的现象之一,在媒体与企业的合谋下,消费者就成了待宰的羔羊,不恰当的欲望导致生活的紊乱,购物狂多少可以用这个解释,但这未必适用每一个人。⑤购买再生的产品,例如再生纸和再生塑料制品。其实,所谓的绿色购物,是相对而言的,它没有一个绝对的标准,但是我们需要从日常生活中考虑。

# 二、绿色包装

## (一)绿色包装内涵

绿色包装的内涵是制定绿色包装评价标准的主要依据。绿色包装是在 20 世纪 70 年代掀起的"绿色革命"中兴起的。其内涵也历经了 70 年代至 80 年代中期的"包装废弃物回收处理说",80 年代至 90 年代初的"3R1D"说,90 年代中后期的"生命周期评价 LCA 说"等 3 个阶段而不断发展完善。目前,绿色包装的内涵应包含以下 5 点:①实行包装减量化(reduce);②包装应易于重复利用(reuse)或回收再生(recycle);③包装废弃物可降解腐化(degradable);④包装材料对人体和生物应无毒无害;⑤在包装产品的整个生命周期中,均不应对环境产生污染造成公害(戴宏民,2005)。

以上前 4 点应是绿色包装目前必须具备的要求。最后一点是依据生命周期分析方法用系统工程的观点,对绿色包装提出的理想的最高要求。通过上述分析,对绿色包装可做出如下定义:能够循环复用、再生利用或降解腐化,且在产品的整个生命周期中对人体及环境不造成公害的适度包装,称为绿色包装。

绿色包装是一种理想包装,完全达到它的要求需要一个过程,为了既能有追求的方向,又有可供操作能分阶段达到的目标,可以按照绿色食品分级标准的办法,制定绿色包装的分级标准如下：

A 级绿色包装。指废弃物能够循环复用、再生利用或降解腐化,含有毒物质在规定限量范围内的适度包装。

AA 级绿色包装。指废弃物能够循环复用、再生利用或降解腐化,含有毒物质在规定限量范围内,且在产品整个生命周期中对人体及环境不造成公害的适度包装。

上述分级,主要考虑是首先要解决包装使用后的废弃物问题,这是当前世界各国保护环境关注的热点,也是提出发展绿色包装的主要内容;在此基础上再进一步解决包装生产过程中的污染,实行清洁生产,这是一个已经解决多年,现在仍需重点解决的问题(戴宏民,2005)。

绿色包装研究的兴起,在宏观上主要是基于两个方面的变化,一是日益严重的环境问题正越来越多地影响着人们的工作和生活,二是不可再生资源的日渐枯萎更是威胁到整个人类的发展。因此,越来越多的消费者更倾向于选择对环境无害的绿色产品,采用绿色包装并有绿色标识的产品更容易得到人们的青睐。从微观经济上看,发达国家设置的绿色包装壁垒已成为我国企业出口贸易中面临的巨大威胁(焦剑梅,2013)。同时鉴于我国是发展中国家,资源日益减少,生态逐渐恶化的国情,要求包装设计不应局限于设计本身,仅仅考虑造型和美学问题,而应该站在更高的层面,树立合理分配、开发能源、循环利用的观念,并对消费者不合理的消费习惯、行为方式等加以引导(范铁明,2011),建立自然、健康、安全、环保节能的消费理念和消费方式(盛忠谊,2010)。因此绿色包装已成为一种共识,并且在结构设计、材料的选择和研发及制造环节上都有研究者做了很多工作(刘言松,2014)。

## (二)发展绿色包装的相关措施

### 1. 加强绿色包装的立法工作

在绿色包装立法方面,同西方发达国家相比,我国一直处于落后和停滞的状态。以德国为例,1972 年 6 月,颁布了《垃圾清运法》。1986 年对原《垃圾法》进行修改,出台了《关于避免和废弃物处置法》。1994 年又颁布了《循环经济法》。我国虽然颁布了《固体废弃物污染环境防治法》等有关法规,但尚无专门的包装管理法规。因此必须要加强有关包装的立法工作,借鉴国外包装立法方面的经验,制定符合我国国情的《绿色包装法》,规范包装行为,引导企业为降低环境成本自觉开发、生产、使用绿色包装材料和绿色包装,推动绿色包装产业健康有序发展。

### 2. 充分发挥税收的杠杆作用

开设有关包装方面的新税目。如材料税和包装税、塑料税。这种加征材料税的主要目的是减少自然资源的使用,鼓励再生材料的使用。包装税是向商品生产企业征收的,如果商品包装中全部使用可以再循环的包装材料,可以免税。如果商品包装中部分使用了再循环材料,则征收较低的税赋;如果商品包装中全部使用不可再循环或再利用的材料,则征收较高的税赋。如对塑料袋征收塑料税,从而提高塑料袋的价格,减少塑料袋的使用。通过征收包装税,提高了那些包装废弃物需要特别处理或不易回收的包装的成本价格,相对降低了那些使用易于再生利用包装的产品价格,用市场价格机制进行激励,迫使产品生产者从设计生产的最初环节,就考虑包装使用后能否易于回收,从而减少环境的污染。

**3. 政府给予政策扶持**

(1)收取包装押金。美国一些州和几个欧洲国家对饮料瓶罐采用了政府给予经济补贴的方法。保证金归还计划最佳用途被认为是鼓励人们回收一些有必要安全处理的重要材料,比如汽车上蓄电池和发动机上的润滑油等。

在我国,以前市场销售的瓶装酱油、醋和啤酒汽水等都基本采用收取包装押金的方式。以啤酒为例,一瓶啤酒2元,其中瓶子押金0.5元,买啤酒时,用相同的瓶子或换或押金都可以。这样在销售啤酒的同时也保证了啤酒瓶的回收。不过现在由于人们的消费方式(超市购物)和啤酒包装方式(易拉罐)的改变,超市不再回收啤酒包装废弃物,这就需要通过收取包装押金的手段促使包装废弃物的回收。

(2)资源回收奖励制度。这种办法在日本许多城市较为通行,目的是要鼓励市民回收有用物质的积极性。例如,日本大阪市对社区、学校等集体回收报纸、硬纸板、旧布等发给奖金。欧洲一些国家通过垃圾收费的方式来鼓励包装废弃物的回收利用。在居民区和公共场所都设有专门的回收箱,便于人们将包装废弃物投入。将包装废弃物投入回收箱是免费的,但如果是当做垃圾投入垃圾箱就要收费。

目前,我国废弃物资回收体系的源头主要是个体回收户,经过中间商,再转移到大型回收企业;规模较大的回收户也可直接将回收物资运送到回收企业。根据废旧物资的分类情况,再分别送往不同的原料再生企业,最后进入不同的原料使用企业。在这种回收模式下,经济利益是主要目的。因此,个体回收者只接收传统的价值高的废旧物资,对于回收价值不明显的废旧物资拒绝接收,导致大量难以回收的有用资源被当做垃圾随意丢弃或者填埋,也就使像电池、塑料包装袋等废弃物得不到有效回收,形成了严重的环境污染。

(3)绿色补贴。它是指一种将资源环境费用内在化以降解外部经济效果,使成本与效益尽可能在生产和经营者身上得到统一的一种手段。为了保护环境和资源,有必要将环境和资源费用计算在成本之内,使环境和资源成本内在化。

#### 4. 推行绿色包装标志

在绿色消费浪潮的推动下,人们在选购商品时不仅仅关心商品的质量、包装是否精美,而且关心商品是否符合环保要求和包装是否有绿色标志。与此同时,绿色包装成为发达国家阻碍发展中国家商品进入国际市场的挡箭牌,形成"绿色包装壁垒"。如果产品没有绿色标志,一些发达国家就拒绝进口,并且价格和税收不给予优惠。鉴于以上原因,发展绿色标志是企业发展强大、走向世界的必要途径之一。

#### 5. 研发绿色包装材料

绿色包装材料的研制开发是绿色包装最终得以实现的关键。因此,当务之急是大力开发新型绿色包装材料,取代原有的污染性材料。绿色包装材料研发应贯彻执行绿色包装制度的"4R1D"原则。重点开发天然绿色包装材料、可食性包装材料和生态包装材料。可食性包装材料代替传统塑料包装技术,有效地解决包装材料和环境保护的矛盾。重视天然绿色包装材料的使用,天然绿色包装材料是指利用可再生自然资源进行无污染,少耗能加工,废弃物能有效回收或迅速分解的材料。

#### 6. 建设绿色包装文化

包装文化是物流文化的重要组成部分,是将物流需要、加工制造、市场营销、产品设计要求以及绿色包装结合在一起考虑的文化体现形式。绿色包装文化是在可持续发展理论、生态经济学理论和生态伦理学理论的指导下通过包装标志的绿色化、包装材料的绿色化、包装设计的绿色化来实现的。建设绿色包装文化,必须强化员工的绿色包装意识,定期开展有关绿色包装方面的培训和讲座,在企业文化中加入绿色包装方面的内容,使更多的员工能够认同绿色包装。

#### 7. 加强绿色包装管理

(1)包装模数化。确定包装基础尺寸的标准,即包装模数化。包装模数化标准确定以后,各种进入流通领域的产品便需要按模数规定的尺寸包装。模数化包装利于小包装的商品集合起来,利用集装箱及托盘装箱装盘。包装模数如能和仓库设施、运输设施尺寸模数统一化,也利于运输和保管,从而实现物流系统的合理化。

(2)包装大型化和集装化。这种途径有利于物流系统在装卸、搬迁、保管、运输等过程的机械化,同时加快物流环节的作业速度,减少单位包装、节约包装材料和包装费用,保护货体采用集装箱、集装袋、托盘等集装方式。

(3)包装多次、反复使用和废弃物处理。采用通用包装,不用专门安排回返使用;采用周转包装,可多次反复使用,如饮料、啤酒等;梯级利用,一次使用后的包装物,用毕转化作他用或简单处理后作他用;对废弃包装物经再生处理,转化为其他用途或制作新材料(陈化飞,2007)。

## 参考文献

1. 曹秀丽,颜会哲,陈媛,张祎恺,2007. 我国绿色物流发展完善措施[J]. 中国市场,Z2:70-71.

2. 陈化飞,2008. 浅谈绿色包装[A]. 中国商品学会. 中国商品学会2007年年会论文集[C]. 中国商品学会,5.

3. 陈启杰,楼尊,2001. 论绿色消费模式[J]. 财经研究,09:25-31.

4. 陈昱,黄鸣,2012. 绿色包装标准化建设探讨[J]. 印刷杂志,11:48-49.

5. 陈宗明,1996. 绿色产品[J]. 环境,05:18-19.

6. 仇立,2013. 绿色消费行为研究[M]. 天津:南开大学出版社.

7. 戴宏民,戴佩燕,2011. 中国绿色包装的成就、问题及对策(上)[J]. 包装学报,01:1-6.

8. 戴宏民,2013. 包装管理[M]. 北京:印刷工业出版社.

9. 董莹莹,2010. 乐活营销策略研究[J]. 现代商贸工业,11:142.

10. 范铁明,于长龙,2011. 绿色包装在中国的回归[J]. 齐齐哈尔大学学报(哲学社会科学版),01:154-155.

11. 方慧,张毕西,2006. 基于绿色物流的包装[M]. 北京:商场现代化.

12. 顾国达,牛晓婧,张钱江,2007. 技术壁垒对国际贸易影响的实证分析——以中日茶叶贸易为例[J]. 国际贸易问题,06:74-80.

13. 顾建跃,2006. 逆向物流的成因及经济价值分析[J]. 价格月刊,08:43-44.

14. 国务院办公厅,2008. 国务院办公厅关于限制生产销售使用塑料购物袋的通知国办发[2007]72号[J]. 城市垃圾处理技术,(1):5-6.

15. 韩江,2006. 基于供应链的企业逆向物流管理[J]. 科技与管理,05:57-59.

16. 何志毅,于泳,2004. 绿色营销发展现状及国内绿色营销的发展途径[J]. 北京大学学报(哲学社会科学版),06:85-93.

17. 焦剑梅,刘文良,2013. 绿色包装壁垒背景下中国包装的破壁之策[J]. 包装学报,02:52-56.

18. 李静,杨庆山,1999. 绿色购物:环境意识对消费者行为的影响[J]. 社会心理科学,03:41-48.

19. 李开宇,2008. 绿色购物进行时[N]. 吉林日报,01-020(05).

20. 李祝平,欧阳强,2014. 资源与环境约束下绿色贸易政策转型研究[J]. 求索,02:39-44.

21. 梁雪,2013. 浅谈提高公众绿色消费意识的途径[J]. 吉林省教育学院学报(下旬),06:126-127.

22. 梁勇,林艳,2010. "乐活族"消费问题探讨[J]. 消费经济,06:38-40,24.

23. 林锟,陈辉云,2005. 我国绿色消费的阻碍因素分析和对策[J]. 西南民族大学学报(人文社科版),08:155-158.

24. 刘伯雅,2009. 我国发展绿色消费存在的问题及对策分析——基于绿色消费模型的视角[J]. 当代经济科学,01:115-119,128.

25. 刘会齐,2011. 整合绿色包装的循环经济建设[J]. 生态经济,04:149-153.

26. 刘京,2013. 我国绿色市场的建设与管理[J]. 经济管理,03:162-172.

27. 徐大佑,2011. 绿色营销模式演进与绿色经济发展[M]. 北京:科学出版社.

28. 阎俊,2003. 影响绿色消费者消费行为的因素分析及其营销启示[J]. 北京工商大学学报(社会科学版),02:56-58.

29. 于君,2013. 浅析包装设计与消费文化之间的关系——以绿色包装设计为例[J]. 大众文艺,07:101-102.

30. Gilbert S,2001. Greening supply chain: enhancing competitiveness through greenproductivetity[M]. Tokyo: Asian Productivity Organization.

31. Nagel M H,2000. Environmental supply-chain management versus green procurement in the scope of a business and leadershipperspective[J]. IEEE,219-224.

32. Vijay A,1995. Product Manufacturing forRecycle[J]. Happiness,2(3).

33. Zsidisin G A, Siferd S P,2001. Environmental purchasing: a framework for theorydevelopment[J]. European Journal of Purchasing & Supply Management,7(1):61-73.

34. Zussman E, Kriwet A, Seliger G,1994. Disassembly-Oriented Assessment Methodology to Support Design forRecycling[J]. CIRP Annals – Manufacturing Technology,43(1):9-14.

中 篇

# 绿色生活实践

# 第三章

## 绿 色 装 扮

## 第一节　绿色服装与绿色配饰

### 一、绿色服装

#### (一) 绿色服装的基本概念与内涵

绿色服装又被称为生态服装或环保服装,是一种对人类健康和社会环境无害的新型消费方式,以"绿色、自然、和谐、健康"为宗旨。它是最先由欧美国家在 20 世纪 70 年代初所提出的一种设计理念,具体是指在原料生产、加工、使用、资源回收等全过程中,能起到消除污染、保护环境、维护生态平衡,并对人体无害,有益于健康的服装。这一理念以保护人类身体健康、使其免受伤害为目的,并且由该理念出发所制作的服装具有无毒、安全的优点,是一种在使用和穿着时,给人以舒适、自然的感觉的纺织品(蔡倩,2010)。

绿色服装主要关注三个方面的内容:生命安全,环境保护,节约能源。从专业角度说,绿色服装必须包括三方面:①生产生态学,即生产上的环保;②用户生态学,即使用者环保;③处理生态学,是指织物或服装使用后的环保处理问题(蔡倩,2010)。

因此简单来说,绿色服装设计应具备以下三个条件(蔡倩,2010):

(1)生产制作过程无污染化。即"服装设计—面料选择—工艺制作—包装运输—销售"这一流程对产品及生产环境不产生污染。

(2)人体着装无污染化。即"着装—洗涤—再着装"这一过程对人体健康不能产生不良影响,其有害物质含量不能高于国家和国际的相关标准要求。

(3)废弃过程无污染化。即服装可以循环回收再使用、可做降解处理,废弃处理过程中不能释放有害物质,不对空气造成污染(蔡倩,2010)。

另外,也有专家从更严格的角度定义环保服装,他们认为绿色环保服装是指经过毒理学测试并具有相应标志的服装。这些标志对服装上所含的有毒、有害物质范围限制很广也很严格,从 pH 值、染色牢度、甲醛残留、致癌染料、有害重金属、卤化染色载体、特殊气味等化学刺激因素和致病因素,到阻燃要求、安全性、物理刺激等方面都有详细的规定,因此涉及面非常广,仅仅染料设计的致癌芳胺中间体就达到 23 种,相应的染料助剂、涂料等有 100 多种,重金属也涉及 10 多种。也正因此,服装的环保性也得到了更完整的体现,如其面料的生产过程中可以避免向环境排放含硫的有毒气体、废液;在纺丝生产中使用的溶剂可以百分之百地回收再利用;合理、科学地选用无害于人类健康的化学剂、色素,并且控制有害物质,实现自然与人类、技术的良性循环等。如环保生态彩棉服装,使用天然彩棉直接纺织造成的,用天然彩棉仿制生产出的产品是世界上公认的纯天然“零污染”的绿色生态纺织品(柳艳,2006)。

但绿色服装的内涵并不仅仅在一种追求环保的时尚,其更多的是人们对于当今工业发展弊端的反思。绿色设计反映了人们对于现代科技文化所引起的环境及生态破坏的思考,同时也体现了设计师道德和社会责任心的回归。在漫长的人类设计史中,工业设计为人类创造了现代生活方式和生活环境的同时,也加速了资源、能源的消耗,并对地球的生态平衡造成了极大破坏。特别是工业设计的过度商业化,使设计成了鼓励人们无节制消费的重要介质,“有计划的商品废止制”就是这种现象的极端表现。从环境保护出发,通过设计改善并创造一种无污染、有利于人体健康的生态环境成为了一种愈发明显的呼声,它是人们对于现代人类工业活动所引起的各种环境问题及生态破坏的反思,也是现代设计师社会责任心的体现。其基本思想是:在设计阶段就将环境因素和预防污染的措施纳入产品设计之中,将环境性能作为产品的设计目标和出发点,力求使产品对环境的影响最小。而绿色服装,就是以保护人类身体健康,使其免受伤害为目的,使用和穿着时,给人以舒适、松弛、回归自然、消除疲劳、心情舒畅感觉的服装。

因此,绿色设计在现代化的今天,已不仅仅是一句时髦的口号,而是切切实实关系到每一个人的切身利益的事。这对子孙后代,对整个人类社会的贡献和影响都将是不可估量的。如果说 19 世纪末的设计师们是以对传统风格的扬弃和对新世纪的渴望与激情,用充满思辨生命活力的新艺术风格来迎接 20 世纪,那么 20 世纪末的设计师们则更多地以冷静、理性的思辨来反省一个世纪以来工业设计的历史进程,展望新世纪的发展方向,而不只是追求形式上的创新。绿色服装成为当今设计发展的主要趋势之一。

## (二) 绿色服装的产生

“绿色环保”起源于 20 世纪 70 年代的美国,就在 1970 年,美国举行了声势浩大的“世界地球日"。作为现代环保运动的开端,绿色概念起源于工业化所造成的污染和环境破坏对人类带来的危害,以及生物化学和环保科学的发展,导致了人们以"绿色"为美,形成了当今的"绿色文化"潮流。"绿色环保"成了后工业化时代服装科技和服饰文化的重点,是提倡"绿色服装"的先机。随着全球绿色运动的风行,环保理念日渐深入人心,绿色设计师越来越多。从安雅·希德玛芝(Anya Hindmarch)到马克·雅克布(Marc Jacobs),再到LV,无一例外地选择了走环保的路线,希望通过设计出一个既可爱又呵护经济的绿色环保袋取代塑料袋,为环保事业做贡献,无形中给既要享受现代技术生活又要对自然环境及个人健康负责的生活态度倾向下了定义。在国际上,绿色服装设计潮流下所呈现的绿色消费不光指单纯的消费问题,而变成了一个宽泛的概念,即节约资源,减少污染,绿色生活,环保选购,重复使用,多次利用,分类回收,循环再生,保护自然,万物共存(金晨怡,2009)。

目前,世界上许多的设计名师已经将设计的出发点定位在"生态与环保"上。织物纤维、牛奶纤维、蚕丝织物以及本色原棉、原麻、生丝等天然纤维织物,形成了维护生态平衡这一设计理念的最佳材料。环保染色、织物染色等染色新工艺的出现推动了生态服装的发展进程。我国"生态学"设计思潮起步较晚,但是目前生态时装在我国发展的速度却不可轻视,与生态时装挂钩的产品在市场上不断涌现。在我国,生态时装最早是从与人体肌肤亲密接触的内衣开始切入的,如彩棉内衣等。但从市场现状看,生态服装还没有成为消费的主流,一方面媒体和有关部门对生态服装的宣传如火如荼,另一方面商场和超市上架率还不到10%。正规的生态服装价格偏高,而价格适中的又让人难辨真假,消费者望而却步。因此,绿色服装在我国市场上的定位是什么如今还在不断地探索中(崔宵龙,2013)。

随着经济的全球化以及绿色经济的大力倡导,生态服装设计不再是一句空话,而是一种必然趋势。服装产业生态环保化不仅关系到环境的清洁,更直接关系到人类的健康。因此,生态理念对于服装设计具有很强的现实意义。服装的外观是审美的重要组成部分,随着绿色经济的不断发展,消费者更加倾向于由无毒无污染材料制成的服装。衣料是审美的内化,将两者结合才是服装真、善、美的具体体现。服装生态设计是一个综合的系统化工程,在绿色经济时代下的服装设计过程中每个环节都是不可忽视的,服装业的生存与发展必然是走生态设计之路。服装企业积极研发和应用绿色服装材料生态服装产品和在生产销售过程中严格执行国内和国际生态标准,使企业的发展发挥更大的潜能(崔宵龙,2013)。

总之,生态服装设计是如今绿色经济时代的大势所趋。服装业在生产经营过程中应将企业的自身利益、消费者利益和环保保护利益三者有机地统一起来,以此为中心对服装产品和售后服务进行构思、设计、销售和制造,设计出既绿色环保,又能满足消费需求的服装,从而建立起生态文明,真正做到人类社会的可持续发展(崔宵龙,2013)。

### (三) 我国绿色服装发展现状

早在 1999 年下半年,我国国家环保总局、国家质量技术监督局、国家进出口商品检验局的有关专家就联合组成了中国环境标志产品认证委员会,依据 1998 年发布的《环境标志产品技术要求》,在我国纺织服装业中大力执行环境标志产品认证,以开辟我国服装出口的"绿色通道"。

然而对比国外,我国的绿色生态服装的发展尚处于起步阶段。从总体上说,我国对服装的污染识别、检测以及环保标志还很落后,对印染整理纺织品的环保检测认证尚缺乏手段。而且,环保服装的市场占有率低。因此,在服装行业中积极推行 ISO14000 国际环保体系认证工作,加快环保生态绿色服装产业化的步伐是当务之急。除此之外,我国绿色服装的发展和世界发达国家相比也存在很多问题,现阶段与国外绿色服装发展的差距主要体现在以下几个方面(负秋霞,2014):

(1)企业环保意识和观念较为淡薄。对于生态纺织品服装的标准和概念还处于被动接受状态,缺乏敏感性,还没有意识到环保的重要性和紧迫性。

(2)环保法规和标准尚不完善。目前我国纺织品服装的检测标准和检验设备落后,与国外有很大差距,尤其是对产品有害物质的检测还没有形成规定。

(3)环保技术措施还不健全。现在我国环保型纺织品服装开发还处在起步阶段,从原料到制成品的整个生产过程及废弃物的处理中,大多未考虑对环境和人体健康的影响。特别是印染行业的设备和技术落后,导致环境污染更加严重。由此带来的绿色服装产品发展十分缓慢,缺乏市场竞争力。

另外,随着我国人们生活水平的提高,众多家庭堆积了大量淘汰下来的废旧服装,成为"室内污染物"。而据相关统计,以我国 13 亿人口计算,每年都会有大约 31 亿件旧衣服,这些衣服很大一部分被直接扔弃或被焚烧。有调查显示,如果我国废旧纺织品利用率达到 60%,每年可节约原油 1880 吨,节约耕地 1634 万亩,占全年棉花耕地面积近一半,极大地减少了我国防止原料对外的依赖性。废旧服装的回收再利用是一项资源丰富、投资少、效益显著的新兴行业,它不仅可以缓解纺织行业资源短缺的现状,而且可以减少纺织品对环境造成的污染,具有很大的经济效益和社会效益,利国利民。但是,较之国外,我国对服装回收工作的重视度不高,因而每年因处理废旧服装产生的副作用也相对严重(负秋霞,2014)。

总体来说,造成这个差距的主要原因是服装设计人员环境意识差,对服装的绿色设计认识不足,其次设计人员缺乏绿色产品设计的理论和知识,没有支持绿色服装产品的设计工具。我国每年废弃的纱、布及服装在 100 万吨以上,这些被淘汰的废弃物如何再生利用,以期节约能源与资源,减少污染,这些都要求我们进行绿色设计。如今我国对绿色服装认证体系的研究还处于起步阶段,与国际接轨的认证标准和体系还有待完善。相信随着人们消费意识的不断增强,绿色服装不仅成为国际服装竞争的新热点,也将会成为中国21世纪服装市场发展的新趋势(贠秋霞,2014)。

## (四) 绿色服装设计

绿色服装设计必须充分考虑它在服装纤维原料选择、面料选择、服装结构工艺设计、生产加工、包装设计等方面的生态特点:①延长产品的生命周期,因为它考虑到了产品使用后的回收处理和再生利用;②从源头上减少了废弃物的产生,有利于保护环境,维护生态平衡;③其构成材料得到充分利用,减少了对材料资源及能源的浪费,可以防止地球上资源的枯竭;④将产品的废弃物产生消灭在萌芽状态,降低了废弃物数量,缓解处理垃圾的矛盾。也正因此绿色服装相比其他服装有着以下几点明显的特征,这也是绿色服装设计最基本的理念(蔡倩,2010)。

### 1. 简约主义

绿色设计提倡珍视自然资源,减少对材料及能源的需求,提倡节约。服装设计也应该重"质"而不重"量",重机能性而不重装饰性,在款式上追求以最低限度的素材发挥最大的效益,反对铺张浪费,强调节约和废物的再利用。20世纪90年代,打着"少就是多(Less is More)"口号的极简主义应运而生。日本设计师川保久玲、英国设计师维安·韦斯特伍德的作品中都出现了这种设计倾向。简约主义让我们在减少资源与能源需求的同时,以简约和流畅的线条解放了身体,使得穿着更为舒适。意大利知名品牌普拉达(PRADA)是时装界阐扬"极简主义"设计风格的品牌之一。普拉达的服装,除了布标上的 PRADA 大写之外,几乎没有任何过多的修饰与明显的辨识记号,唯有皮件上才有明显的辨识标志。

### 2. 环保主义

绿色设计在服装中的另一种表现是环保主义。这种设计风格主要体现在设计师对材料的运用上:①利用废弃物作为主要素材来进行设计创作;②直接使用新环保材料来表现设计,利用新型环保面料作为主要素材诠释时尚;③利用植物纤维如阔叶速生林、香蕉叶、剑麻、亚麻、苎麻等制成的天然"绿色"面料。"绿色"面料在服装设计中很早就被重视了。帕苟·拉邦纳、韦斯特伍德、三宅一生、川保久玲、桂由美这些后现代主义服装设计大师是时尚人士耳熟能详的,其实他们在面料的设计上都积极倡导并实践绿色设计,是运用服装材料元素的典范。他们所创作的可回收的"纸材装""金属装""木板装"闪烁着设计灵感,引领着服装新潮流。

反对皮草毛皮服饰也是绿色环保主义的体现。20世纪60年代的嬉皮文化和70年代的"朋克"装束卷土重来,仿毛皮及动物纹样面料流行。因许多国家禁止捕杀野生动物,天然裘皮急剧减少,而且出现了拒穿真皮、真裘的倾向,因此各种仿毛皮及印有动物纹样面料很受欢迎。另外在服饰配件中,也已出现不少时尚美观的环保产品。例如过去为防止金属配件生锈采用的电镀方法生成有害物质污染环境,现在已成功地实现用不锈合金制出拉链、别针及其他装饰配件,无需经过电镀处理;纽扣采用再生法生产,如将旧玻璃瓶磨成粉末混入各色颜料制成五光十色的新品,也有用硬果壳雕刻或手工绘图制成回归大自然风格的木纽扣迎合时尚潮流,还有钻、翠、珠、玉及木、石、金属首饰领域绿色环保意识的加强和绿色环保产品的开发研究等。

### 3. 自然主义

对自然的崇尚又可称为自然主义。在道家看来,自然的就是最好、最合理、最有价值的。根据这样的主张,人类的一切设计创作行为都应该遵循自然主义的原则。自然主义是绿色设计的另一种风格趋向。以"按照事物本来的样子去模仿"作为出发点是自然主义设计创作倾向,主张人与自然的和谐之美,提倡自然、淳朴的设计语言。中国传统的服饰文化,处处透露着自然主义风格的精髓,在结构上大多采用非构筑式结构、缠绕式结构、披挂式结构等表现形式,体现人与自然的和谐关系。在色彩上,自然主义主张以自然色彩为主色调,例如海洋色、森林色、天空色、泥土色等。把"绿色设计"的原则应用到服装上,其重点就是要求服装设计师关注环境问题,要比以往对新工艺、新技术有更多的了解,同时需要创造性、新思维和富于想象力,在设计中把握服装款式、材料等方面的环保要素(蔡倩,2010)。

绿色服装的设计不仅仅是一种技术层面上的考虑,更重要的是一种观念上的变革。它要求设计师放弃那种单纯强调产品外形的做法,更注重真正意义上的设计,力求比一般的产品更体现出以人为本,在设计中每个环节都要考虑到环境效益和环保功能。尽量减少对环境的破坏,努力做到节约资源、绿色环保、循环再生。也就是说绿色设计要为实现全过程的绿色奠定可行的基础,但是每一个过程的实现都需要有高科技作为支撑。

### (五) 绿色服装生产

绿色服装不但是指其设计和材料的环保,其生产过程也需要符合生态环境的要求。实现绿色生产包括以下技术措施:①设计绿色化,如上文所述,生产的各个环节的设备、工艺、包装盒处理技术设计,同时要考虑经济效益和环境效益,使得企业的经济效益和各种资源利用率实现最大化从而使环境污染最小化。②机械设备绿色化,要利用各种先进技术,降低设备能耗、噪音,提高设备自动化程度和运转速度。③绿色材料的选择,天然纤维要求其生产过程不受污染,服装在穿着过程中对人有利无害并不影响环境,而且免烫、免洗等以节约资源,最终成品在退出使用期后可以自我降解不影响环境(何爱辉,2010)。

实行绿色纺织服装生产是未来全球服装企业发展的趋势,它对未来服装业的可持续发展至关重要,但是要真正实现服装生产的低碳化、环保化也不是一件容易的事。它需要各行业的合作,不仅需要设计师们的合理设计也需要科学技术的帮助。总而言之,实现绿色服装的生产实现科学与艺术的统一。我们已经进入了环保生活的新纪元,因此服装行业的从业人员也更应该对未来的服装发展有清醒的认识。服装的生产应该与时俱进,努力使"绿色服装"这种舒适、健康、自然、美好的生活理念尽快融入到大众的消费观念中去,以适应新时代的发展要求。

### (六) 绿色服装鉴定

纺织与服装,是一系列复杂制造工艺的结果,其中包括了人们对形形色色化工品的应用以及他们所做的各种各样环保的努力与开发。在不断地开发尝试中,依旧会有些材料及物品对人产生潜在的危害,如酸或碱、化学药物、染料、甲醛、溶剂萃取重金属、有机卤化物载体、挥发性化合物、易褪的印染或上色、特殊气味类、易燃织物以及农药等。因此,如何确保消费者购买的服装既安全又符合环保标准,不断地改进标准和质量,是当今最为重要的绿色服装主题之一(张金炼,2010)。

世界上有许多针对绿色服装的不同鉴定标准。以芬兰为例,该国年轻消费者所关心的服装环保标志主要有以下几种:Bra Mijoval——瑞典的服装环保标志,它表明服装的全部生产程序都符合环保指标;白天鹅图案是北欧国家通用的环保产品标志,它要求95%的纤维必须符合环保要求,并由各国自己进行监督;Ecotex——两个国际性企业的环保标志,它分为三等,一等是普通环保,二等表示全部使用天然染料,三等表示不仅染色使用天然材料,而且纺织品全部使用天然纤维;Fox Fibre——表明使用生态方式生长的天然颜色的纯棉制品。Tanguis——秘鲁等山区生长的棉花,不使用人工灌溉,不用农药,用于采摘;KO-TEXSTANDARD 100 和 OEKO-TEXSTANDARD 100——欧洲研究机构使用的环保标志,主要为了确保纺织品不损害人体健康。

OEKO-TEXSTANDARD-100 纺织品生态标记计划于 1992 年诞生。它向广大消费者保证,纺织品对消费者潜在的、实质性危害是在低于允许的范围以内。西方人自豪地说,这是这类计划的第一个,即纺织品可以以标签保证其生态标准。该标准关注所有的纺织品和面料中无害物质的保险度,并对产品进行分类,每一类别的指标阈值不同:一类产品,如婴儿用品;二类产品,如直接接触皮肤的内衣、泳衣及床上用品;三类产品,不直接接触皮肤的产品;四类产品,如装饰材料。按照不同的类型分别规定不同有害物质检测项目和最高允许限量要求以及相应的检测鉴定程度。OEKO-TEX STANDARD 100 主要考核项目和有毒物质的来源有 pH 值、甲醛、可萃取的重金属、氯化苯酚（PCP/TeCP）和 OPP、杀虫剂/除草剂、有机锡化合物（TBT/DBT）、禁用偶氮染料、致敏染料等。Oeko-Tex Standard 1000 由生产企业之生产实地的环境评审和生产品对环境影响的评审两部分组成。

全球有机纺织品认证标准 GOTS 是全球公认的认证标准，是资深标准认证机构和高科技和谐发展的结果。其目的是确保有机纺织品从收获原材料、通过环保和符合企业社会责任方式生产以及产品包装标签的规范性，以确保从收获场地到卖场货架上所提供给消费者的产品是真正的有机产品。GOTS 认证标准涵盖了所有天然纤维种植、加工、包装、贴标、出口、进口、分销等的全过程。最终产品包括但不仅限于纤维、纤维产品、纱线和服饰服装。GOTS 认证包含两个等级：一级"有机"，有机物含量为 95%～100%；二级标注为"由 x% 有机材料制成"，要达到该级别有机物含量应在 70%～95% 并且没有混合纤维。GOTS 作为全球有机纺织品监测标准，目前参加其检测和认证的纺织品制造商已超过 200 个。

《国家纺织产品基本安全技术规范》（GB18401—2010）是一个强制性执行的国家标准。所谓强制性国家标准，就是保障人体健康、人身、财产安全的标准和法律及行政法规规定必须强制执行的标准。《生态纺织品技术要求》（GB/T18885—2009）是一个推荐性国家标准。这类标准任何单位都有权决定是否采用，违反这类标准，不承担经济或法律方面的责任。但是，一经接受并采用，或各方商定同意纳入经济合同中，就成为各方必须共同遵守的技术依据，具有法律上的约束性。2008 年 10 月 1 日起，我国首部专门针对婴幼儿（年龄在 24 个月及以内）服装服饰安全制定的行业标准——《婴幼儿服装标准》（FZ/T81014—2008）正式实施。这是我国首部专门针对婴幼儿服装安全制定的行业性国家标准，标准中凡涉及婴幼儿服装安全方面的条款均为强制性。该标准的实施将规范婴幼儿服装的生产及销售市场，更好地保护儿童的健康安全（张金炼，2010）。

## （七）绿色服装材料

对服装产品进行绿色设计和生产时，材料的绿色程序是第一位的。近年来，欧盟以及美国、日本等工业发达国家和地区通过立法手段相继制定了强制性的环境生态纺织标准，以限制纺织品中有损于环保和人体健康的物质，通常的做法是实行环保标签认证。由国际纺织生态研究和检验协会颁布并批准使用 OEKO-TEXSTANDARD 100 纺织品生态标签，是目前使用范围最广、最具权威性的国际性纺织品生态标签。在北欧、西欧以及美国、日本等已广泛使用，其对纺织服装产品的"安全性、健康性、生态性"要求，赢得了广大消费者的支持。

选用新型生态环保型面料成为了近年来环保服装产业的方向。而世界纺织服装业为实现可持续发展,在推进绿色环保方面也做出了不少成绩。如,由于服饰美的诸要素中以色彩排名第一而不得不依赖于纺织印染,但绝大部分染料是化学物质,使服装材料加工成本增加,还产生了大量污染废液,不但造成环境污染,还可能影响人体健康。因此,天然彩色棉的培植成功,被认为是对绿色环保做出的有效贡献。除了常见的棉、麻、丝、毛品种外,国际上还涌现了一些各具特色的天然纤维,如麻纤维中的蕉麻、凤梨麻、丝中的柳蚕丝、具天然绿色的天蚕丝,毛中的牦牛毛、驼羊毛、驼马毛、骆驼毛等,以及菠萝叶纤维、香蕉纤维、棕榈叶纤维等。这些天然纤维除穿着舒适外,同时具有某种天然色彩,无需染色、漂白,减少了环境污染。彩棉是一种棉桃吐絮时纤维就具有天然色彩的棉花。我国以规模生产为目的的彩棉研究始于1994年,从美国引种培育,并在国内组织实施一条龙开发,目前已形成了企业构架和产业一体化的产业格局,整体水平领先国际。

此外,还有一些环保材质的服装原料,以下列举部分:

(1)天然纤维面料:天然纤维以其良好的吸湿、透气、纯天然、安全、生物相容性深受消费者的青睐。包括纯棉织物、麻织物、毛织物、丝织物等。

(2)原生竹纤维面料:竹纤维是由竹子经粉碎后采用水解、碱处理及多段式的漂白,精制成浆粕,再将不溶性的浆粕予以变性,转变为可溶性黏胶纤维用的竹浆粕,再经过黏胶抽丝制成。竹纤维具有良好的韧性,也具有良好的稳定性,并且防缩水、防皱褶与抗起球的效果,同时不会造成过敏,自然环保。

(3)虾蟹壳面料:日本专家新近研制出一种新型的衣料,该衣料具有透气、透汗、爽身等多种功能。它是将虾、蟹加工后的剩余产品——环己二醇进行压制、混纺而制成的。

(4)大豆蛋白纤维面料:被称为21世纪的"生态纺织纤维",主要原料来自于大豆豆粕,由我国率先自主开发、研制成功。该纤维单丝纤度细、比重小、强伸度高、酸耐碱性好。用它纺织成的面料,具有羊绒般的手感、蚕丝般的柔和光泽,兼有羊毛的保暖性、棉纤维的吸湿和导湿性,穿着十分舒适,而且能使成本下降30%~40%。

(5)霉菌丝面料:英国科学家发明了一种新的织布方法,即把霉菌的菌丝体经人工培育繁殖制成一种新型无纺织物。这种无纺织物的面料柔软而轻薄。

(6)菠萝叶纤维面料:日本某公司把菠萝叶纤维浸入特殊油脂予以改质,织成了纯菠萝叶纤维的春夏服装衣料。菠萝叶纤维比绢丝还要细3/4,因此,用它织成的布料轻薄柔软,其服装穿着舒适。

(7)海藻纤维面料:海藻具有保湿特点,并含有钙、镁等矿物质和维生素 A、E、C 等成分,对皮肤有美容效果。利用海藻内含有的碳水化合物、蛋白质、脂肪、纤维素和丰富矿物质等优点所开发出的纤维,在纺丝溶液中加入研磨得很细的海藻粉末予以抽丝而成。

(8)蛛丝面料:美国一实验室最近成功地复制出 4 英寸(约为 0.1 米)长的蜘蛛丝,这种丝的拉伸强度为5~10倍同样直径的钢丝强度,可以延伸18%而不断裂,它有蚕丝的质地和手感,但强度更好,且易染色,该实验室准备用它来制造防弹背心、头盔、降落伞绳、帐篷、军装等重量轻、强度大的军用物品。

(9)牛奶蛋白纤维面料:由上海一家科技公司推出。牛奶蛋白纤维是将液状牛奶脱水、脱脂,利用生物工程技术制成蛋白质纺丝液,然后制成新型高档纺织纤维。该纤维具有亲肤性强、手感舒适自然、色泽亮丽、易染色等特性,可以纯纺,也可以和羊绒、蚕丝、绢丝、棉、毛、麻等纤维进行混纺,可开发高档内衣、衬衫、豪华床上用品等。

(10)食品人造面料:美国市场上新近出现一种可以吃的衣服,这种衣服的面料是由碱性蛋白质、氨基酸、果酱以及铁、钙、镁等元素合成的"人造维尼龙"制成。该衣服极富营养,很适宜从事远航、勘探、登山和考察等工作的人使用。

## (八) 绿色服装新品

(1)怡情服装。它采用含有微型香水囊的牛奶蛋白纤维面料制作,香水囊可以织入布料的纤维中,也可以用树脂粘到布料上。人体皮肤的热量使香水慢慢地穿过半透气性的囊壁散发开来,令人怡情养性。

(2)防弹服装。在美国南部和许多拉丁美洲国家,生存着一种叫做"金眼"的蜘蛛。它体型较大,素以结网粘捕飞鸟而著称。近年来,美国对这种蜘蛛进行了大量研究,发现它的丝有着非常好的力学性能,抗张强度和弹性俱佳,是制作防弹衣物极为理想的材料,用它制作的防弹衣,重量将更轻、防弹性能将更好。

(3)防雨服装。制作这种服装的菠萝叶纤维具有抗水性能,又采用高强纤维和新的染色技术,使服装经久耐穿,色彩保真度好。

(4)仿生服装。这种服装采用具有松塔和鹿角等生物的属性而制作,穿上这种服装,可以抗风雨甚至防子弹。由于松塔能有效地对付潮湿,当大气湿度下降,松塔的鳞状叶子便会自动张开进行"呼吸"。利用类似松塔结构的人造纤维系统组成新的纤维结构,能适应外界自然条件的变化。

(5)防寒服装。根据北极熊毛的结构,美军科学家研制出一种人造中空霉菌丝纤维面料,这种纤维中间都是空的,重量轻、弹性高、保温好。用它制作的防寒服装由此问世。

(6)抗菌服装。目前,美国研制出一种防臭、抗菌的超级服装。它采用了蜂窝型微胶囊,这是一种将虾蟹壳面料和纤维面料结合在一起、含有对人体有益物质的微型球形薄膜。这种胶囊含有一种在常温下通过溶解储存热能,然后在温度下降时通过结晶释放热能的物质。许多能散发出香味和防臭的服装都含有微胶囊。织物涂上这种胶囊后,能释放香味或起到中和臭味作用的化学物质。

（7）青苗服装。芝加哥一商人制出一种奇趣的青苗服,它是在一件廉价旧衫上喷一层胶粘剂,然后撒上常年裸麦种子,再罩上一层起保温作用的透明胶布。每天晒两次,经过12天,一件呈嫩绿色的新奇衣服便脱颖而出。它常被在舞会、电视、电影中穿用。

（8）减肥服装。这种由保暖牛奶蛋白纤维和多孔霉菌丝纤维构成的衣服,当肥胖者穿上它时,暖纤维能使人体发热出汗,而多孔纤维能吸收热量将汗蒸发,在这一蒸发过程中就消耗了人体大量脂肪,从而达到了减肥目的。

# 二、绿色配饰

## （一）绿色配饰

有人说时尚就是"时间"与"崇尚"的相加,这说法虽然难脱偷懒的嫌疑,但还真说出了时尚的本质:不同的"时间"舞台,所"崇尚"的潮流变化就是时尚。它有时是创新,有时是复古,它总是超前一步引领着人们的消费和生活。任何一种能成为时尚的东西,都不是巧合,它必定与时代趋势和社会文化的变迁相吻合,同时又凸显出自身精神气质及文化内涵的独特之处(邱建国,2008)。

首饰是人们日常生活中重要的时尚伴侣,它与人们肌肤相亲,时时相伴,既装扮着人们的形象,又展露出人们的心情和品位。长期以来,首饰都是金银、宝石和珍珠的天下,除了作为时尚的指标,它还承担着一个重要使命,即显示主人家里财产的状况。时代在变,变化最快的就是时尚。正如解决了温饱的国人不再把"吃了吗"作为关心的头等大事一样,人们对首饰的选择和佩戴潮流也发生了变化。佩戴首饰不再以张扬富贵为第一诉求,也不再一味选择金银珠宝这些"硬"通货,而是在寻求更贴近人性的、性情温婉的替代物,比如陶瓷首饰(邱建国,2008)。

陶瓷首饰是以瓷土为原料,经过富有创意的设计和特殊工艺精心加工而成的一种新型首饰。它最大的特点是健康、安全和环保,对人的皮肤和身体绝对无害,被称为绿色饰品。在激烈的职场竞争和繁杂的家庭琐事中挣扎的人们需要一份安静和抚慰。经过高温处理的陶瓷首饰滤去了这个时代的浮躁和喧闹,给人一种贴心的抚慰和灵魂的净化。从瓷土原料到精美的陶艺饰品,它历经的不光是艺术的加工和着色,更有一个淬火烧制的蜕变过程。它熬过 1200℃ 高温的磨难,替我们趟过了生活的水深火热,淬炼出一份性情的沉静、从容和知性的美丽、优雅,从此再没有什么可轻易让它惊异、变色。这是陶瓷饰品给我们上的一堂人生哲学课(邱建国,2008)。

陶瓷饰品之所以成为一种新的时尚潮流,还在于它深刻的文化内涵。它糅合了中国瓷文化传统工艺的精髓,同时采用国际先进的制瓷技术,更与世界最新时尚元素相结合,最终盛开出陶瓷首饰这朵奇葩。它是一种对传统的激活、创新和传承,又是对自然和传统的返璞归真。陶瓷首饰的研制诞生,体现了中华民族独有的文化基因和艺术心智。它独特的"瓷"性魅力,定让时尚中人趋之若鹜(邱建国,2008)。

### (二)绿色佩戴配饰

谨慎选择纯度不高的金首饰或合金首饰,以防金属过敏。首饰店内现在都会出售白金、珀金等非纯金的首饰,这些首饰的成分比较复杂,可能对有些特殊体质的人群构成伤害,在购买首饰和佩戴首饰时要谨慎对待。

重视宝石首饰的放射性污染:有些珠宝商为了使饰品更加光彩夺目,甚至将黄玉、锂辉石等容易被激活的宝石放到原子反应堆中,让中子尽量受到照射,促其发出光彩,抬高其价值。佩戴了经此方法处理的宝石饰物,其佩戴者所受的辐射量有可能相当于一名从事核工作人员一年所受的核放射量。据专家说,妇女若将放射性超标的饰品项链佩戴在颈上、胸前,会导致乳腺癌、肺癌的发生。

需要注意的是,无论是什么首饰,都不宜长戴不摘。长期佩戴首饰可能引起以下问题:①首饰性皮炎。部分女子佩戴戒指、项链引起颈项及手指等部位的接触性皮炎,出现皮肤瘙痒、红斑、脱皮、起丘疹,严重者甚至诱发哮喘或全身性荨麻疹。②局部感染。穿扎耳孔、舌孔或鼻孔时,由于局部消毒不严,或事后护理不当,造成感染,也可能由于首饰的摩擦、垂拉等造成器官的破损,引起继发性感染。③造成畸形。最常见的是手指或脚趾环状畸形,有些人由于长期佩戴戒指,甚至晚上睡觉也不摘下来,会造成局部供血不足,引起戒指下部组织增生或局部持续感染,最终导致手指或脚趾畸形。有些少数民族地区,由于佩戴的银耳环过重,牵拉耳朵,使耳垂的长度达到十几厘米,有的甚至大耳垂肩。④致癌。纯金、纯银的首饰相对稳定,但首饰在开采加工过程中可能残存少量放射性物质如钋、钴、镭等,人们一旦佩戴含有放射性物质的首饰就可能造成血液、骨骼、神经等系统的损伤,甚至癌变。

# 第二节　绿色洗涤与绿色晾晒

## 一、绿色洗涤

### (一)绿色洗涤内涵

绿色洗涤的具体含义体现为使用对环境无害的洗涤剂,洗涤过程不对人体及衣物带来危害,洗涤效率高,节约水电等资源。

以洗衣粉为例。洗衣粉属于有毒性物质,即使有少量进入人体,也会对人体内多种酶类的活性起到强烈的抑制作用;还会破坏红细胞的细胞膜,发生溶血,侵犯胸腺,使胸腺发生损伤,导致人体抵抗疾病的能力下降。此外,还能引起皮肤过敏、皮炎、腹泻、体重下降、湿疹、哮喘、脾脏萎缩、肝硬化等。此外,洗衣粉的主要成分之一是含磷的化合物。我国年生产洗衣粉近千万吨。每年有几万吨的磷排放到地表水中。大量含磷的污水进入水体使得环境中的酚量过多,引起水中藻类疯长,水体发生富营养化,从而形成赤潮。藻类死亡之后发臭,水中含氧一旦下降,水中生物因缺氧而死亡。因此对洗衣粉的选择对人体健康及生态环境的稳定有着巨大影响。

为实现洗涤过程的绿色环保,我们推崇下列的洗涤习惯:①尽量手洗衣物;②机洗注意节水节电(选择节能洗衣机、适当提前浸泡、选择合理的洗衣模式、漂洗用水再利用);③适量使用洗衣粉;④降低洗衣频率;⑤选择自然晾干;⑥减少衣服干洗次数;⑦内衣最好单独洗涤;⑧洗完衣服最好立即或30分钟内晾晒;⑨选用无磷洗衣粉。

### (二) 绿色洗涤的产生

人类最早使用的洗涤剂是肥皂(钠碱),早在公元前2500年,西亚的美索不达米亚人就发明了它。但直至进入19世纪,路氏制碱法使钠碱的生产成本大幅下降,肥皂才得以普及。第二次世界大战后,石油工业迅速发展,合成洗涤剂才开始大规模走入生活,逐步取代了肥皂。到1953年,美国的合成洗涤剂产量首次超过肥皂。我国于1958年开始第一代合成洗涤剂的生产,目前,洗衣肥皂已基本退出我国家庭(苏扬,1999)。

20世纪60年代,西方国家发现洗涤废水中的四聚丙烯烷基苯磺酸钠不易被微生物分解,大量使用后,在水体表面形成大量泡沫,不仅污染了河水还妨碍了河水的复氧,引起了水生物大范围死亡,因此,联邦德国在1964年,美国在1965年以法律的形式禁止使用这种洗衣粉。1965年发明了第二代合成洗涤剂,我国现在广泛使用的就是这种洗涤剂。1998年,世界合成洗涤剂的年产量达2000余万吨,其中近一半是第二代合成洗涤剂(苏扬,1999)。

但是,人们很快发现聚磷酸盐洗衣粉的危害比第一代洗衣粉更严重:含磷洗衣粉的残余长时间积累后会对皮肤产生刺激,易引起人的皮肤脱皮、起泡、发痒、烧灼感等症,而且经久不愈,衣服漂洗不净还可能造成婴儿尿布疹;更严重的是通过各种渠道排入水体的洗涤废水中所含磷使水中的碳磷满足了水生藻类的生长需要,造成了利于藻类生长的富营养环境。目前我国的洗衣粉年产量为200万吨左右,按平均17%的磷酸盐含量计算,如此数量的洗衣粉,将把30余万吨的含磷化合物排放到地表水中。滋生的藻类不仅挤占了水生生物的生存空间,使水体无法复氧,破坏了水生生物群,死亡腐烂的藻类还会放出大量有毒的胺类化合物,对水体造成了直接污染。这种污染的初期被称作水体的富营养化,在条件适宜时,富营养化水体会被滋生的藻类完全填满,使水体完全丧失功能,我国昆明滇池的草海就是一例。目前我国的天然表面水体的富营养化率已高达30%,江河的富营养化甚至已与沿海的赤潮(富营养化引起的海洋红色藻类的突发性大面积滋生)连在一起。现在,我国的渤海每年因富营养化造成的损失已达到数十亿元,东海、黄海甚至浪高水深的南海也出现了大面积的赤潮灾害(苏扬,1999)。

从西方到东方,可以说,人类使用合成洗涤剂的历史,便是一部污染环境的历史。

尽管除了洗涤废水外,水体中磷的来源还包括人体排泄物、畜禽及水产养殖排污、工业排污、大气降水、地表径流等,但事实表明,在相当多的地区,洗涤废水是主要来源。例如:20世纪60年代末,北美五大湖区的富营养化加剧,美国、加拿大政府联合调查发现,造成其污染的磷主要来自工业和生活污水,生活污水中的磷又主要来源于含磷洗衣粉废水和人体排磷。1997年,我国东部十城市的监测表明:磷是以第三产业为主的城市水污染的罪魁祸首,洗涤废水中的磷对于大多数非重工业城市来说是主要的排磷来源。因此,多年来,合成洗涤剂日益成为最受关注的污染源。

发达国家对这些问题早就高度重视,从20世纪60年代末期就开始从技术和管理等方面多管齐下:为了既保证洗涤效率又兼顾环境效益,在70年代大力开发出了多种聚磷盐的代用品,并首先实现无磷洗涤剂的工业化生产。80年代,大部分发达国家已开始全面禁用含磷的洗涤剂,日本到1989年洗涤剂中的无磷比例高达97%。1991年,日本由棕榈油和椰子油诱导生产出主要成分为磺基脂肪酸系的表面活性剂,不需加入含磷助剂,不仅耐硬水、洗涤效率高,而且生物分解性能良好,残余物对皮肤无刺激。日本以此开发出最新一代无磷浓缩洗衣粉,这是目前综合性能最好的无害绿色洗衣粉。在技术上不断推进的同时,西方国家也通过强有力的环境管理来“洗净”洗衣粉:1972年美国和加拿大签订了将五大湖区市售洗衣粉的含磷量限制在0.5%以下的条例。至1994年,美国50个州中,有27个州占人口总量42%的地区采取了禁磷措施。日本在80年代末实现了全国禁磷。西欧各国也根据各自富营养化程度和经济发展水平,分别采取了不同的控制含磷洗衣粉的政策。目前这些国家中,无磷洗衣粉的销售量占总量的比例最低在10%以上,而世界无磷洗衣粉与含磷洗衣粉的比例仍高达1:1。

也是在80年代,西方各国普遍禁止含磷洗衣粉的生产后,一些跨国企业借着中国的改革开放在我国大办合资厂,将其在本国被环保法淘汰的生产线转移到我国继续牟利,把我国洗涤业的半壁江山合资进去,我国由于落后成了洗涤剂污染转移的对象。在大量引进的第二代洗衣粉生产线的运转中,1986~1996年的10年间,我国洗衣粉产量增加了5

倍,与之相对应的是我国天然水体的富营养化污染率上升了 10 倍。也正是这 10 年,中国的环境全面告急,江河湖海的磷污染日胜一日,全国 30% 的表面水体都有富营养化之虞。在这样的危机下,洗衣粉排磷对湖泊及海洋水质的影响成为人们广泛关注的环境问题,社会各界纷纷提出了限制、禁止出售含磷洗衣粉的呼声。

但是,我们不得不考虑我国的具体国情:我国目前发展最快的是第三产业,这个产业对洗涤剂的消耗量大大超过一、二产业,而目前国内许多城市市面上出售的洗涤用品大多仍是低价高效的含磷产品。在国外洗涤用品生产业巨头的资金和技术垄断下,国产无磷洗衣粉直到 1995 年才研制成功,而且在洗涤性能、价钱上无法与传统洗衣粉竞争,单靠市场实现绿色洗涤举步维艰。

靠市场难以解决问题,就得靠管理。1996 年 4 月,轻工总会副会长傅立民在太湖流域环保执法检查现场会上提出:"市政管理部门应采取有效措施,减少含磷生活污水的排放量;物价、税收部门应从政策上予以配合,在沿太湖地区推广使用无磷洗衣粉。"在全国的"三江三湖"治理中,富营养化最严重的太湖、滇池分别于 1999 年 1 月 1 日和 1999 年 11 月进行限磷和禁磷,巢湖也将于 2000 年初进行限磷和禁磷。全面限磷和禁磷,这意味着三大湖流域数十万乃至上百万平方公里的城乡原则上不允许再销售含磷洗衣粉。一些发达城市也把处理磷污染提上了议事日程。1998 年,深圳、大连等城市开始用经济和法制杠杆限制含磷洗衣粉、推广无磷洗衣粉,依靠管理"洗净"洗衣粉。绿色洗涤正在成为趋势(苏扬,1999)。

### (三)绿色洗涤应用

传统的公共设施洗衣的特点使得它在洗涤过程中对环境、对布草有部分负面影响。因此开发出一些在低温下就能有良好清洗效果的高效清洗剂,同时洗涤剂配方中使用绿色环保型原料,改变洗涤方式,使用洗衣龙连续洗涤等是公共设施洗衣向绿色洗涤方向发展的主要趋势(施凯洲,2013)。

**1. 特殊表面活性剂的使用**

在去除污渍的过程中,表面活性剂无疑起了很大的作用。如主洗液和乳化剂中都含有较高浓度的表面活性剂。因此,选择什么样的表面活性剂较为关键。

在清洗过程中,起去污作用的一般为阴离子和非离子表面活性剂。低温洗涤要求配方中的阴离子表面活性剂的 krafft 点要低,非离子的浊点要适当。

对阴离子表面活性剂,当洗涤温度低于 krafft 点时,表面活性剂的溶解量很少,达不到临界胶束浓度,得不到较好的去污效果。对非离子表面活性剂,其浊点与去油污效果密切相关,最佳去污效果与表面活性剂的吸附、增溶有关,以在浊点附近最好,因为这时,非离子表面活性剂的吸附与增溶都处于最佳状态。

此外，对于非离子表面活性剂要求其渗透性、润湿性要好，如一些带支链的非离子表面活性剂要好于常规的直链非离子表面活性剂。

当清洗剂中加入这些以上特点表面活性剂时，则能够在低温下就能发挥出表面活性剂的作用，同时也能在一定程度上降低碱的使用量，对环境有着积极的作用。

### 2. 酶制剂的使用

在公共设施洗衣中，经常会遇到医院类的客户，这些布草经常会沾有较多的血迹。另外，在酒店宾馆的毛巾、床单、客衣中也经常有人体分泌的汗渍、皮脂、血污等。这些污渍都是蛋白质等有机成分，需要高碱、高温以及漂白才能将这些污渍去除。

而酶制剂则在低温下就能很容易地将这些有机污渍去除。酶是一种活性物质，它在较温和条件下能和有机物发生反应，在清洗剂配方中只需添加极少量的酶，就能起到极其明显的效果。但是在含酶洗涤剂中，酶的稳定性一直是个难题。特别是在液体洗涤剂中，酶的稳定性受到很多因素的影响。如何在配方中保持酶的稳定性一直是清洗剂配方的研究重点。

### 3. 臭氧洗涤

在公共设施洗衣中，经常会用到漂白剂。布草在经过漂白剂的作用后，其白度会明显上升。有一些比较难以去除的污渍，如老化的油渍、色素，也必须经过漂白处理才能将其去除。

在目前的酒店洗衣房，使用的漂白剂分为两大类，一类是氯漂，包括氯漂粉、氯漂液；另一类是氧漂，包括氧漂粉、氧漂液。洗涤过程中根据布草的种类、颜色等来选择不同的漂白剂。但是漂白剂一般都是在高温下才能发挥出它的洗涤和消毒效果，在洗涤过程中，使用漂白剂的温度大多数都在60℃以上，有的甚至达到80℃以上。在低温下，漂白剂的漂白作用不明显。

在国外的一些洗衣厂中，已经在用臭氧来代替传统的漂白剂进行漂白、洗涤。臭氧在冷水中就有极佳的消毒、漂白效果。臭氧是一种强烈的氧化剂，其分子中含有第三个氧原子，它能附着在类似灰尘、细菌、颜料、油脂等的有机物上，并能够破坏它们的化学结构。这些污渍一旦被破坏，在洗涤过程中就很容易被其他清洗剂从布草上去除。

由于臭氧在冷水中使用，这样在洗涤过程中就避免了高温洗涤因而减少了能源消耗，减少了碳排放。在制备以及使用臭氧的过程中，只有氧气排出，非常环保。臭氧还具有强烈的杀菌作用，在洗涤过程中能杀死超过99%的超级病菌。另外由于使用低温洗涤，布草的使用寿命也大大延长。

美国加利福尼亚州的国际绿色组织成员组成了臭氧直接注入洗衣系统的研究小组。

经过他们的评估,一个旅馆在一到两年内即可收回臭氧氧化洗衣系统的费用。其中一个案例是,拥有 1192 个房间的芝加哥马瑞特旅馆每年清洗的衣物达到 700 万磅,用了直接注入式的臭氧氧化系统后,每年在洗涤用品、热水和能源上节省了 66000 美元。

因此,在公共设施洗衣中,若能使用臭氧洗涤,则能节能、环保,同时也会节省洗涤费用。国内也有洗衣厂已在尝试应用臭氧洗涤与部分洗涤剂进行组合洗涤,以达到经济、高效、节能、环保等多方面的综合效益。

**4. 浓缩低泡配方的推广**

与传统清洗剂相比,浓缩清洗剂具有明显的优点。公共设施洗衣中涉及的产品较多,若每个产品都向浓缩化发展,则大大减少了包装成本、运输成本、生产成本,并且减少了仓储空间,符合低碳发展的要求。

在公共设施洗衣中,由于都是使用大型洗衣机洗涤,若在洗涤过程中泡沫过多,将会导致漂洗不清,增加漂洗次数则可以避免这种情况,但是会浪费水资源。同时漂洗不清将会直接影响到下一步工序,如酸性中和剂、柔顺剂的使用。此外泡沫的大量排放也会对环境造成一定的影响。

因此,研发人员在设计产品配方时,要尽量向着浓缩、低泡、高效方向发展。

**5. 使用环境友好的原料**

随着经济的发展,国家对环境保护也越来越重视。工业清洗中所用到的很多原料都与民用洗涤剂中用到的原料相同。我国在民用洗衣剂中,已经部分限制或禁止了一些对环境有害、难以降解原料的使用,如支链十二烷基苯磺酸钠(ABS)、烷基酚聚氧乙烯醚(APEO)、三聚磷酸钠、氮川三乙酸及其盐(NTA)等。

我国有关标准 HJ458−2009《环境标志产品技术要求》对环境标志类家用洗涤剂进行了明确的界定。家用洗涤剂分为织物洗涤剂和护理剂、餐具和果蔬用洗涤剂、硬表面清洗剂和洗手液四大类,标准分别对其中的表面活性剂生物降解度、磷酸盐、含氯漂白剂、甲醛、溶剂、色素、包装材料等的使用进行限定。

工业洗涤剂中,目前我国还没有对非环保原料完全严格限制,但在综合考虑环保、成本和应用效果等基础上逐步直至完全使用坏保型的表面活性剂、螯合剂、助剂等是大势所趋。

总之,公共设施洗衣是个复杂的行业,其中涉及的洗涤剂产品品种繁多,洗涤方式又比较复杂。国内经济和旅游发达的城市高档宾馆所使用的洗涤剂产品较多地被国际性专业洗涤用品公司所占有,国内也有很多专业洗涤剂公司涉及公共设施洗衣产品,但在全国范围内这些公司还存在着区域分散,规模不大的特点,产品的质量、效果方面则良莠不齐。

# 二、绿色晾晒

## （一）晾衣技巧

晾衣服是一件看似简单,实则精细的事情。在日常晒衣中,应该根据不同面料、不同颜色采用不同的晾衣方法。衣服要保持不变形、不变色,必须找对晾挂方法。这样才是绿色晾晒,减少对衣物的磨损消耗,并且更好地节约能源。

(1)应避免在强光下暴晒。可先在阴凉通风处晾至半干,再放到早晚显弱的太阳光下晒干,这样可以保护衣服的色泽。尤其是毛、绸、尼龙等面料的衣服,经直射光照晒后,往往颜色变黄。

(2)白色的衣物因吸光性较强,一经晾干应立即收起来,这样可以防止经过一天的太阳光照射后,洗衣剂中的荧光染料吸收大量阳光导致衣物发黄。

(3)深色衣服:为避免褪色,在晾衣时,可以把衣服翻过来,把里面的转到外面来晾。

(4)纯棉、棉麻类服装:这类服装因为在日光下强度几乎不下降,或稍有下降但不会变形,所以可以放在阳光下直接摊晒。不过为了避免褪色,最好也是反面朝外。

(5)化纤衣服:因为腈纶纤维暴晒后易变色泛黄;锦纶、丙纶和人造纤维在日光的暴晒下,纤维易老化;涤纶、维纶在日光作用下会加速纤维的光化裂解,影响面料寿命。所以化纤衣服洗毕可直接挂于衣架上,让其自然脱水阴干。

(6)丝质衣物:不宜拧干水分及用水机脱水,可用毛巾包住衣物挤出水分,再将衣物反转挂于阴凉处晾干。另外,因为丝绸类服装耐日光性能差,所以不能在阳光下直接曝晒,否则会引起织物褪色。

(7)毛衣:在清洗后吸水,一般都会很沉,在晾衣的时候容易变形。所以可以在洗涤后,把衣服装入网兜,挂在通风处晾干。有条件的话,可以平铺在其他物件上晾晒,并且要注意避免曝晒及烘烤。

(8)毛料服装:洗后也要放在阴凉通风处,令其自然晾干,并且要反面朝外。因为羊毛纤维的表面为鳞片层,其外部的天然油胺薄膜赋予了羊毛纤维以柔和光泽。如果放在阳光下曝晒,表面的油胺薄膜会因高温产生氧化作用而变质,从而严重影响其外观和使用寿命。

(9)领子袖口等地方:在晾衣时应该仔细整理好领子袖口等地方,这样衣服干后才不会有褶子。

(10)晾衣需防皱:衣服在洗衣机里脱完水后,最好马上取出晒干,因为衣服在脱水机中放置时间过长,容易褪色和起皱。其次,将衣服从脱水机中取出后,马上甩动几下,防止起皱。另外,衬衫、罩衫、床单等晾干之后,通过拉展轻拍,也有助于防止起皱。

## (二)晾衣机

随着科技的发展,除了自然晾晒之外,智能家居电动晾衣机的出现给绿色晾晒带了新的方向。

在寒冷的冬季,在南方的梅雨季节,衣服洗了不容易干,智能晾衣机就很好地解决了这个问题,它采用紫外线和烘干的技术,将衣服烘干。所以即使在阴雨绵绵的大冷天,我们也有温暖干燥、带有太阳味的衣服穿了。

智能电动晾衣机是一种通过电动机产生驱动力、智能化的家居用品,该电器主要由机身、动力系统、控制系统、升降系统、晾晒系统等组成;其基本功能是为各类家庭用户提供智能自动化的晾衣、晾被等解决方案。

智能晾衣机配置了集成照明、紫外线杀菌消毒、负氧离子发生器、定时风干、智能烘干、居家装饰等功能;适用于别墅、度假村、公寓楼和各类中高端住宅小区;一般安装在阳台或者靠近窗户的屋顶上。

当然在制造和使用晾衣机时,我们也要注意绿色节能、环保生态,更好地推进绿色晾晒的发展。

# 第三节　绿色化妆与绿色美容
## 一、绿色化妆

为顺应回归自然的环保潮流,英国布瑞恩教授及欧洲化妆品专家提出了绿色化妆品的最新概念:①选用纯天然植物原料,尽量不使用对皮肤有刺激的色素、香精和防腐剂,以减少化学合成物给人体带来的危害。从原料把关,生产出对人体绝对安全的化妆品。②采用在制造、使用和处理各个阶段中均对环境和人体无害的清洁生产技术,把污染防治由末端治理向生产过程转变。③使用可生物降解和可再生利用的包装材料,减少过度包装,包装容器尽量循环使用。④喷发胶、剃须用品、喷雾香水用的气溶喷射剂由安全的液化石油和二甲醚取代,以消除对臭氧层的破坏。⑤舍弃化学合成添加剂而采用生物工程制剂、天然植物提取物。在安全无害的前提下,发挥除皱美白、抗衰老的功效(张晴,2011)。

化妆品包括香水、香粉、粉底、唇膏、眼影、指甲油及美发产品等,因成分特殊,最易引起皮肤的不良反应,如急性刺激性皮炎、慢性刺激性皮炎、病毒性皮炎等,还会出现色素沉着并伴有炎症改变的皮肤刺激症状等。其中以急性刺激性皮炎最为常见,使用某种化妆品后经过较短的潜伏期(一般2~4天)后即可发生,会在相应部位出现红斑、丘疹、疱疹及水肿,有时也会出现水疱,有明显瘙痒灼烧发热感。这主要是由化妆品中的芳香剂、防腐剂、羊毛脂衍生物、丙烯乙二醇等引起的。慢性刺激性皮炎发生频率低,表现为湿疹、痤疮、口周皮炎、脂溢性皮炎等,引起此类症状的主要是化妆品中的香料,如唇膏中的二溴荧光素、四溴荧光素等。以下是几类常用的化妆品及其使用时的注意事项。

## (一)唇　膏

唇膏的毒性是化妆品中最大的。因为唇膏可能含有致癌的矿物油和人工色素等。而矿物油是国外早已禁止在食物上使用的。同时,唇膏对人体健康的危险性是双重的,它除了由皮肤吸收外,每天在说话、舔嘴唇、喝水、吃东西时都会从口中吃进一些唇膏,这是它与其他化妆品的最大区别。同时唇膏中含有的人工香料还会使嘴唇变得非常干燥。涂抹唇膏会直接导致唇炎,其症状是口唇干燥、爆裂、脱皮。而且唇膏中的香料和颜料都是引起过敏的罪魁祸首,过敏性体质的人要个格外小心。因此,建议爱美的女士购买时要注意,尽量挑选一些用对人体无害物质制作的唇膏。

## (二)睫毛膏

它是毒性仅次于唇膏的化妆品,为许多爱美的女士所喜欢。但是,睫毛膏往往含有甲醛、酒精和各种塑胶。使用睫毛膏容易刺激眼睛,使眼睛红肿、受伤。

## (三)粉质化妆品

眼影、腮红和粉饼中的滑石粉常常混有致癌的石棉,人们在使用时,很可能吸进它们散发在空气里的石棉。另外,这些化妆品还含有人工香料、矿物油等,这些都是对皮肤有害。而人工香粉又是皮肤产生过敏现象的根源之一,同时很多液体粉底含有矿物油这种致癌物质。长期使用这类化妆品还会产生色素性化妆品皮炎,面颊和前额色素沉着过度,可扩及整个面部,偶尔还可伴有轻度的红斑、丘疹。多数无自觉症状,少数有时轻度瘙痒。

## (四)指甲油和洗甲水

指甲油的主要成分是甲醛树脂,一些女士因为常用指甲油,指甲不是裂了就是流血,这是因为指甲"不能呼吸"了,因此,指甲油不能连续使用,一定要让指甲接触空气。洗甲水的主要成分丙酮是溶媒丙酮,这是一种有香味的无色液体,丙酮可以融化指甲油,可是也会使指甲变脆、易裂，或使人觉得头昏，若不小心被误食，还会引起呕吐、甚至昏迷。指甲油如不小心被碰洒，对人造纤维、木头表面及塑胶都会有腐蚀作用；如被儿童误食，会对孩子造成严重的伤害，所以提醒家中有孩子的爱美女士，指甲油和洗甲水一定要放在孩子拿不到的地方。

### （五）染发剂、烫发剂和喷发胶

染发剂通常是煤焦油的产品——苯胺染料。因使用染发剂而中毒的情况屡见不鲜。最常见的是接触性皮炎，严重的甚至损害肝和肾的功能，还可引起癌症，有调查表明，经常使用染发剂者患白血病的危险性较不使用染发剂者高3.8倍。另外，染发剂不慎溅入人眼中会造成眼损伤，尤其是苯胺类物质制成的染发剂毒性更大，它可能会引起结膜炎、角膜浑浊、虹膜炎、白内障等，严重者会导致失明。

烫发剂中的毒性成分主要是乙硫醇酸铵，这种化学物质容易使手部及头皮红肿，造成皮下出血，并通过头皮的气孔进入血液。同时它有很强的氨味，使人咳嗽、呼吸困难。

喷发胶是由合成树脂溶于乙醇或其他溶剂中制成的，在使用时随呼吸进入人体，合成树脂微粒停留在呼吸道和肺部，机体本身不能通过正常代谢过程将其排出体外，蓄积到一定量时，就会损害身体健康。

天然染发护发法：①黑桑果50克、人参30克、何首乌60克、黑芝麻100克、五倍子20克，将这些天然的草本植物配以生姜等用铁锅熬6小时，再反复滤过，然后放凉成膏，就可以进行染发操作了，这样自制的植物染膏不含铅、汞、对苯二胺等化学成分，使用后不伤发质、不刺激头皮，更没有化学染膏的致癌风险。②海娜，俗称指甲花，凤仙花。叶、花捣烂后加入明矾可以染指甲。③瑶族女人的头发，无论年龄多大，都是又黑又亮。据导游讲，她们洗头用的是放臭了的淘米水，头发养护得好。

### （六）美　白

每个人的肌肤对美白的诉求存在很大的差别，但一味地求白，盲目地进行美白，很容易会对肌肤造成永久性伤害，美白不成反而毁了原本的好皮肤。例如，很多非正规美容院会推销一些速效美白的产品，为图一时之美，选择了求快速起效的产品，不顾产品对肌肤的长远影响，给自己的肌肤造成无法挽救的伤害。有害成分也许会让你肌肤短期变白，但是随着时间的推移，一些色斑的敏感症状会更加困扰你，更有甚者会对你的肌肤造成毁灭性的伤害。美白应使用更为健康的方式，选择绿色的美白产品，多从饮食及生活习惯上养成健康的护肤习惯，美白虽然起效慢，但相对于使用快速美白的化学产品，其效果是长久并且对皮肤无害的(张晴，2011)。

# 二、绿色美容

## （一）绿色美容内涵

绿色美容是以追求自然美为理念，提倡以天然植物为美容原料，用自然手段进行美容护肤。它以中医药学和现代医学成果为理论依据，是中医美容的一部分。绿色美容的原理离不开传统的中医理论，也离不开现代皮肤解剖学和不断发展医学新成果。它们各自有关美容护肤理论构成了绿色美容的原理。

## （二）中医的绿色美容理论

中医以"人体自然平衡状态"为法则，从阴阳、虚实、寒热、表里几个方面的互相调和着手，改善皮肤素质。也就是说，身体若能保持在一个平衡的状态，便会良好，若平衡被破坏了，便是要治理的时候。自然界中的风、寒、暑、湿、燥、火六气，在正常情况下不致危害人体，但当气候异常变化或人体正气不足、抵抗力下降等情况时，六气即成为致病因素，侵犯人体而为病。中医的六气称为"六淫"，"六淫"是外感疾病的主要致病因素。对于美容而言，"六淫"中危害最甚的当属之于热邪与风邪，而热邪更甚于风邪，因为风邪常为外邪致病之先导，而颜面、须发、皮肤等部位均暴露于外，人类长期活动于太阳底下，这些部位最易受热邪的侵袭而致病，而且热邪最易依附风邪侵袭人体经络影响人体气血运行，同时热极容易化毒入血，使血分热炽，导致许多碍容性皮肤病的发生。

扶正祛邪、清热解毒，是绿色美容遵循的中医疗法一个主要美容原则。人体内各种毒素的排出关键在于通，保持体内各种生物管道正常的生理机能，使之发挥良好的排毒作用。"通则不病，病则不通"，通过调理机体各个管道的机能，达到排毒通畅，使之阴平阳秘、气血调和，五脏功能均调理正常。以利于化解、中和、转化体内外来、内生的多种毒素，从而避免多种皮肤病的发生，以达到健康美容的效果。以美容为例，中医传统理论认为："人体健康，生理状态正常时，面部光明润泽，容颜细腻红润，是表示人体精神、气血、津液的充盈与脏腑功能协调正常。"因为皮肤是人体排毒主要管道之一，反映人体的健康状况，当机体内排管道不通，排毒不畅时，毒就会存在于体内，损害各脏腑功能，"有诸内必形之外"，皮肤作为人体的一个最大的器官，重要的排毒管道，也必将深受其害。排毒渠道不通畅，积累于皮肤，会使皮肤干燥产生诸如痤疮、色斑、皮肤失去弹性等多种碍容性的皮肤病。

此外，延缓皮肤的衰老、美容更是一个全身性的问题，因为皮肤时时刻刻反映着机体的健康状况,全身健康情况不好、皮肤当然不会好,精神萎靡不振的人大多会面容晦暗。所以只有做到调整全身的机能状态,打通机体内排毒管道、使毒素排得顺畅,恢复机体的正常功能平衡,才能使皮肤健康润泽。绿色美容原理跟中医学一样,都是要先调理内在,然后就会形之于外。要达到脸部的美容效果,就要增强人的体质。

### (三)现代医学的绿色美容理论

现代皮肤解剖学认为:皮肤是人体的最大器官,皮肤由里到外,分别由角质层、透明层、颗粒层、基底层组成。真皮连接表皮,下与皮下组织相连,是皮肤的一个重要层次。真皮内不但拥有毛囊、皮脂腺及汗腺等皮肤附属器结构,而且含有丰富的血管、淋巴管、神经末梢。皮下组织与真皮一样来源于间质,皮下组织与真皮之间无明显的界限,两者的结缔组织彼此相连。皮下组织的深部与筋膜、肌肉腱膜或骨膜相连。皮下组织的厚度、弹性,因部位、性别、年龄、营养而异,并受内分泌调节。

皮肤生理学认为:基底层是表皮的最下层,位于棘层下面,真皮的上面,由基底细胞和黑色素细胞构成。基底层细胞呈圆柱形,单层排列,它直接从真皮乳头层毛细血管吸取营养,具有分裂繁殖能力,是表皮各层细胞进行新陈代谢之源。黑色素细胞呈树枝状,稀疏散布在基底细胞之间,有分泌黑色素颗粒的功能。黑色素细胞能够吸收阳光中的紫外线,阻止紫外线射入体内,伤害人体深层组织。外界紫外线越强,黑色素细胞分泌的黑色素颗粒越多。所以当黑色素的新陈代谢发生紊乱时,紫外线的伤害便引发了各种色斑。该学说还认为真皮中的纤维结缔组织分别有网状纤维、胶原纤维、弹力纤维。它们保证了真皮具有良好的柔韧性和弹性。其中胶原纤维具有一定的伸缩性,起抗牵拉的作用,弹力纤维有一定的弹性,可使经过牵拉后的皮肤恢复原状。随着年龄的增长、精神压抑、环境污染、使用劣质化妆品等原因真皮中上述的几种纤维减少,皮肤的弹性、韧性降低,皱纹就产生了。

皮肤有吸收作用,皮肤主要通过四个途径吸收外界物质,即角质层、毛囊、皮脂腺及汗腺管口。角质层是皮肤吸收的重要途径。角质层的物理性质相当稳定,它在皮肤表面形成一个完整的透膜,在一定的条件下,水分、营养可以自由通过,经细胞膜进入细胞内。另外,少数重金属及其有害化学物质通过毛囊皮、脂腺和汗腺管侧壁弥散到真皮中去。皮肤对各类物质的吸收能力与被吸收的对象的理化性质有关。脂溶性的物质比较容易被皮肤吸收,其中对动物脂肪的吸收能力最强,植物脂肪次之,矿物油类最差。同时皮肤对各类维生素、微量元素、蛋白质有一定的吸收能力,对有害重金属物质铅、汞、砷、氢醌等也有同样的吸收能力。所以皮肤吸收了化妆品的铅、汞等金属元素,会造成中毒,产生黑斑、皮疹等伤害,长期反复受到铅、汞重金属元素的刺激,渗透到淋巴液和毛细血管中,积累到一定程度会产生严重的细胞毒化,引发一些不治之症。

根据中医有关美容的学说和现代皮肤学的理论,绿色美容建立了美容护肤的原则:摒弃一切化学合成的化妆品,采用天然植物进行护肤护发。利用皮肤的吸收能力,对碍容性的皮肤病进行扶正祛邪、清热排毒,及时为皮肤提供所需的水分和营养,使爱美的消费者脱离使用化妆品所产生的化学污染,同时得到天然植物无害化的滋养,享受大自然美的恩赐(彭小航,2007)。

## 参考文献

1. 蔡倩,熊瑛,2010. 服装绿色设计的表现形式及内涵[J]. 河南科技,21:37.

2. 崔宵龙,2013. 浅谈绿色经济下的生态服装设计[J]. 丝绸之路,(2):135-136.

3. 顾啸流,2010. 绿色生活 衣食住行[M]. 上海:上海科学普及出版社.

4. 何爱辉,王学,2010. 浅谈绿色服装的发展[J]. 山东纺织经济,07:48-49.

5. 金晨怡,2009. 绿色纺织服装的潮流解读[J]. 丝绸,11:12-15.

6. 林永青,赵百孝,2009.《黄帝内经》中的服饰养生思想[J]. 北京中医药大学学报,04:232-234.

7. 柳艳,顾祥生,2005. 关注绿色环保服装[J]. 中国检验检疫,01:62.

8. 吕焕卿,2004. 生活的革命:绿色生活指南[M]. 北京:中国环境科学出版社.

9. 彭小航,2007. 绿色美容[M]. 北京:机械工业出版社.

10. 邱建国,2008. 陶瓷项链——引领时尚的绿色饰品[J]. 景德镇陶瓷,03:20.

11. 施凯洲,陈金明,2013. 绿色洗涤在I&I洗衣行业中的应用[J]. 中国洗涤用品工业,05:39-41.

12. 苏扬,1999. 保绿水长流倡绿色洗涤[J]. 森林与人类,07:12-13.

13. 坦尼娅·哈,2008. 绿色生活:打造绿色无污染的家居环境[M]. 北京:新华出版社.

14. 贠秋霞,2014. 家庭废旧服装的回收与再利用[J]. 山东纺织科技,04:48-50.

15. 张金炼,2010. 低碳绿色环保服装设计[J]. 魅力中国,(11):163-163.

16. 张晴,2011. 绿色生活ABC[M]. 北京:电子工业出版社.

17. 赵晶,2011. 绿色生活与环境科学[M]. 西安:陕西人民美术出版社.

18. 中国21世纪议程管理中心. 2010. 低碳生活指南[M]. 北京:社会科学文献出版社.

# 第四章

## 绿 色 餐 饮

"民以食为天"。随着社会经济的发展,填饱肚子不再是人们对食物唯一的需求,人们的自我保健意识不断增强。餐饮市场的迅速发展使人们看到了它潜在的、巨大的经济利益,但餐饮市场在发展过程中面临着资源与环境的多重压力。因此,"绿色餐饮"应时而生,为餐饮业的健康发展注入了新的内涵。

绿色餐饮具有安全、健康、环保的特点,以生态性、少能源消耗、技术先进和可持续发展为设计原则。在政府的大力倡导和社会各界的共同努力下,绿色餐饮在我国已获得一定的发展,并逐步融入循环经济模式和绿色消费理念,引领中国的餐饮业踏上可持续发展道路,进一步推动我国餐饮业协调健康发展。

## 第一节　绿　色　就　餐

绿色就餐是实现绿色餐饮的重要措施之一。绿色就餐应该关注以下三点:绿色的原材料、健康的就餐习惯、可以循环的绿色餐具。

绿色的原材料,就是尽量选择不加工或少加工的食品,避免含有太多人工添加剂的零食、饮料等;健康的饮食习惯,包括不暴饮暴食、少食多餐、平衡饮食等;可循环的绿色餐具,就是不用或少用一次性餐具,减少对资源的浪费和对环境的破坏。

地球是我们共同的家园,注重环保,爱护地球,归根结底,就是保护我们自己。但是,环境保护毕竟说起来容易,做起来难。但是再难,人人都应该下工夫培育环保意识,养成良好的环保习惯。只有这样,环境的改善才大有希望。从就餐开始,更好地保护环境。

用"一次性筷子"痛心。大量使用一次性筷子,是在毁灭森林。每每见到随处可见的一次性筷子,都感到十分痛心。偌大的国家,10多亿人口,一天得消耗多少一次性筷子,我们的森林负担得起吗!有人呼吁停用一次性筷子,不是没有道理的。其实,一次性筷子也不一定卫生,它经过硫黄气体熏制,产生了大量的二氧化硫成分,使用时进入呼吸道,可引起咳嗽、哮喘等,不如使用消毒过的筷子,或者干脆自备筷子,更加安全卫生。据韩国的经验,他们不用一次性筷子,而是用铁筷。

提倡清淡饮食。餐饮业油烟是引致大气污染的三大"杀手"之一。高温状态下的油烟凝聚物含有一种称为苯并芘的物质,具有强烈的致癌作用。据统计,女性患肺癌的概率较高,超过了男性,厨房油烟罪责难逃。如果我们养成清淡饮食的习惯,将会极大地减少有害油烟的产生。

不可滥食野味。喜食野味而不顾及后果者大有人在。比如,我国一年要吃掉上万吨蛇类,这些蛇一年可消灭 13 亿~27 亿只老鼠;蛙类的消耗也不计其数。滥食蛇和蛙类,引致鼠害和虫害猖獗,而不得不借助于鼠药和农药,从而引致生态环境的破坏和污染的加剧。2003 年在我国暴发流行的"非典",据称与捕食野生动物果子狸有关,难道这还不应引起人们的警觉吗!

吃完自点的饭菜。一些人在饭店用餐,盲目摆阔,大量吃剩的饭菜造成城市污染。正确的理念是,资源是全社会的,个人无权去浪费。如果我们点的菜都能吃完,既减少了浪费,也避免了城市的污染。

饭店也要禁烟。据研究,吸烟的烟雾造成的污染可超过某些汽车发动机尾气的污染,每毫升卷烟烟雾中的微粒可高达 50 亿个。在通风不畅的室内,烟雾不易驱散,使空气洁净度指数大大降低。饭店里人多,环境相对封闭,因此,烟民们应学会克制,不要在这样的公共场所吸烟,这既有利自身健康,也是对他人负责的做法。

电磁炉更环保。电磁炉无烟,无气味,无明火,没有燃料残渍和废气污染;而且,只要设定好温度和时间,到一定程度就会自动断电,使用起来安全环保。所以,有条件者应当用电磁炉来打造绿色厨房,从而有利于环境保护(朱启仁,2008)。

# 第二节　绿色食品

## 一、绿色食品内涵

绿色食品是指出自优良生态环境,按照特定的技术规程、标准生产,实行全程质量控制,产品安全、优质并使用专用标志的食用初级农产品及加工品。

绿色食品概念的本质特征可以概括为无污染、安全和优质。其中,无污染有两层含义:一是绿色食品的生产过程中没有环境的污染,所有绿色食品的生产环境都是经过严格选择、检测确定的清洁环境;二是绿色食品一定要实行清洁生产,在生产过程中不能对环境造成再次污染。安全也包含两方面的含义,一方面是数量安全,另一方面是质量安全。绿色食品并不排斥现代农业科学技术和农业生产资料的先进科技成果,能够把传统农业技艺与现代科学成果很好地结合起来。

　　绿色食品的基本理念和宗旨是:①保护农业生态环境,促进农业可持续发展;②提高农产品及加工食品质量安全水平,增进消费者健康;③增强农产品市场竞争力,促进农业增效、农民增收。我国农业现代化的目标是不断提高土地产出率、资源利用率和劳动生产率,保障各类安全优质农产品平衡充裕供给,让人民群众的福利最大化,同时使生态环境更优化。绿色食品的基本理念和宗旨与农业现代化建设的目标完全吻合。

　　绿色食品有如下几个特点:强调产品出自最佳生态环境。绿色食品生产从原料产地的生态环境入手,通过对原料产地及其周围的生态环境因素的严格监测,判定其是否具备生产绿色食品的基础条件;对产品实行全程质量监控。绿色食品生产实施"从土地到餐桌"全程质量控制。通过产前环节的环境监测和原料检测,产中环节具体生产、加工操作规程的落实以及产后环节产品质量、卫生指标、包装、保鲜、运输、贮藏及销售控制,确保绿色食品的整体产品质量,并提高整个生产过程的标准化水平和技术含量;对产品依法实行标志管理。绿色食品标志是一个质量证明商标,属知识产权范畴,受《中华人民共和国商标法》保护,并按照《中华人民共和国商标法》《集体商标、证明商标注册和管理办法》《农业部绿色食品标志管理办法》开展监督管理工作。

# 二、我国绿色食品发展现状

　　1989 年,农业部正式提出了绿色食品的概念。1990 年 5 月 15 日,中国宣布开始发展绿色食品。1993 年 5 月,我国开始实行绿色标志认证制度。1996 年,绿色食品标志在国家工商行政管理局成功注册,正式成为我国第一例质量证明商标。1999 年,国家环境保护总局、工商总局等六大部委启动了以"提倡绿色消费、培育绿色市场、开辟绿色通道"为主要内容的"三绿工程"。为适应绿色消费的发展要求,2001 年中国烹饪协会在餐饮行业开展了"全国餐饮绿色消费工程",对宣传绿色消费意识、树立绿色经营理念起到了积极的引导作用。2004 年,商务部、科技部等 11 个部委又联合发布了《三绿工程五年发展纲要》,阐述了推进"三绿工程"的重要意义,制定了"三绿工程"的指导思想、基本思路和工作目标,并提出了相应的措施(胡述榗,2005)。

　　中国绿色食品问世已有 27 年的历程,绿色食品事业的发展已经取得了举世瞩目的成绩。这项事业得到了各级政府、各个方面的高度重视,受到了广大人民群众的热烈欢迎,也赢得了国际社会的广泛好评。当前我国农业和农村经济进入了新的发展时期,绿色食品工作在各级政府的组织和领导下正紧紧围绕新阶段我国农业增效、农民增收和农产品竞争力增强的目标努力开展工作(胡述楫,2005)。

1992 年 11 月,农业部成立了中国绿色食品发展中心,组织和指导全国的绿色食品开发工作。现已开发的绿色食品涵盖了中国农产品分类标准的 7 大类,包括粮油、果品、蔬菜、畜禽蛋奶、水海产品、酒类、饮料等。到 2005 年年底,绿色食品企业总数 3695 家,产品总数 9728 个。从产品结构看,农产品及其加工品占 57.1%,畜禽类产品占 14.2%,水产类产品占 5.8%,饮品类产品占 16.4%,其他产品占 6.5%。绿色食品实物总量达到 6300 万吨,年销售额 1030 亿元人民币,环境监测的农田、草场、林地、水域面积 654 万公顷。119个县(农场)创建了 151 个大型标准化原料基地,基地面积 270 万公顷,年产优质原料 1878万吨,带动农户 420.35 万户。所谓"特定的生产方式"是指在生产、加工过程中按照绿色食品的标准、禁用或限量使用化学农药、肥料、添加剂等物质,对产品实施全程质量控制,依法对产品实行标志管理。2015 年绿色食品发展的总体情况见表 4-1。

**表 4-1　绿色食品发展总体情况**

| 指　标 | 单　位 | 数　量 |
|---|---|---|
| 当年认证企业数 | 个 | 3562 |
| 当年认证产品数 | 个 | 8228 |
| 企业总数① | 个 | 9579 |
| 产品总数② | 个 | 23386 |
| 年销售额 | 亿元 | 4383.2 |
| 出口额 | 亿美元 | 22.8 |
| 产地环境监测面积 | 亿亩 | 2.6 |

注:①②截至 2015 年 12 月 10 日,有效使用绿色食品标志的企业总数。

# 三、开发绿色食品的相关策略

当前我国绿色食品还存在很多问题,因此,有必要采取如下策略加强绿色食品开发。

(1)强化宣传,推动绿色食品消费潮流。消费只有融入了保护环境、崇尚自然,才能形成促进人类社会可持续发展的先进消费理念,所以,要采取切实有效的措施,开展多层次的绿色食品宣传教育,引导绿色食品消费潮流,启动绿色食品消费市场。

(2)完善绿色食品科技含量。绿色食品的科技含量决定了其附加值及价格,只有通过投入高科技,才能有高产出、高效益。所以,要加强同有关科研机构、高校、监督检测机构等合作和开发,逐步形成完善的绿色食品科研开发和生产应用相结合的开放性服务体系,为绿色食品事业发展提供强有力的科技推动。加强绿色食品人才体系建设,开展绿色食品知识和科技培训,进一步提高绿色食品专职管理队伍的业务素质。

（3）自主开发绿色农产品。发展绿色产品中的一个重大问题就是虽然绿色食品生产具有良好的自然资源优势,但绿色食品的区域发展不完善,缺乏绿色食品主导产品和主导产业,缺乏绿色食品生产经营的龙头企业,使分散经营的农户与大市场难以衔接,尚未形成绿色食品区域化布局、专业化生产、产业化经营的格局。针对这种区情,就可以实行区域发展、规模推进的原则;优先从山区、半山区、沿海滩涂、生态农业实施区和农产品出口基地发展无公害农产品生产基地,并逐步在不同地区建立起多种类型的生产示范基地,强化企业开发的主体地位和技术创新能力,形成有一定影响的绿色食品生产体系。按照把产业调新、产品调优、档次调高、规模调大的要求,结合各乡镇不同的产地、气候条件,确定发展不同的项目,以加快形成产业集聚优势,使农业由弱势产业向强势产业转化,自主开发绿色产品,增强市场竞争力,为农产品质量安全和发展绿色食品打下坚实基础(甄妙,2009)。

# 第三节　绿　色　烹　饪

## 一、绿色烹饪的内涵

绿色烹饪又称为绿色餐饮或生态餐饮,是在生态环保效益型经济模式的指导下,开发全新的餐饮经营模式。生态餐饮是指在种植业中生产出的绿色蔬菜等经过加工形成可口菜肴摆上餐桌,利用其余料作为饲料发展养殖业,养殖业把种植业、餐饮业、加工业剩余的下脚料经过"过腹转化"成为优质的有机肥,还肥于地,增加地力,使土地的有机质、各种微量元素含量不断提高。再利用这样的土地进行农作物种植,这个循环过程中就产生了绿色食品。

在绿色烹饪中,以餐饮业为核心,将种植业、养殖业、加工业进行有机整合,建立起合理的餐桌生态经济。食品安全是一个既古老又永恒的话题,食品安全是国计民生之本,社会稳定之基。一直以来,食品安全都是人们关注的焦点。2004年,广东、陕西、北京、上海等地陆续推出了《2004年食品安全放心工程实施方案》,成为当地餐饮单位和食品生产企业全面实施食品质量管理的重要制度。有专家指出,全面实施食品质量管理制度有利于从源头强化食品卫生安全管理。建立起常效管理机制的目的是要求餐饮企业重视生产的全过程,而不是单纯的注重抽检,忽视生产经营过程。2006年"两会"的代表、委员更是进一步提出要建立我国食品安全的预警机制,为食品安全再添一道防线。马鞍山、北京、上海等地先后建立了食品安全召回制度,为食品安全构筑了最后的防线。

绿色烹饪的内涵包括:一是烹饪过程中所使用的原料应当是安全可靠、符合生态环保要求的;二是菜肴的烹饪方法应当符合环保要求,尽量少用易产生对人体有不利影响的烹饪方法,如烟熏、重复高温油炸等;三是部分食品食用的安全剂量问题。有一些原料或经过某一种烹饪方法加工形成的菜肴,虽然风味比较独特,但过多食用会造成对人体的伤害,例如过多食用腌腊、烟熏、油炸等食品。另外像火锅油的回收再利用等也属于食品安全的范畴。

绿色烹饪的发展目标概括起来说就是"两个确保一个提高":确保生态环境安全(获得安全食物资源)、确保食品质量安全(食物的制作流程)、提高餐饮综合经济效益(实现最终目标)。最关键的就是要确保食物资源的安全。民以食为天,要保障消费者吃上放心的安全食品,是保护广大人民根本利益的基本要求,也是坚持以人为本的科学发展观和构建和谐社会的集中体现,是餐饮发展的关键点(唐建华,2010)。

# 二、绿色烹饪实践

(1)蒸。用水蒸气加热效率非常高,成菜时间最短,对资源的占用也最小。同时,蒸菜时,原料内外的汁液挥发最小,营养成分不受破坏,香气不流失。蒸不但减少营养流失,而且减少烹调油脂,避免油烟产生,减少了污染物和废气的排放。各种食材都可以蒸,使用非常广泛。

(2)煮。同蒸一样,煮不需要油脂,能减少油烟,也是碳排放很少的烹调方法。不过煮的时候,水溶性的营养素和矿物质会流失一些,而且煮的效率也低于蒸。

(3)凉拌。对一般蔬菜来说,凉拌是最低碳也最健康的吃法。但如果是草酸含量稍微高一些的蔬菜,比如苋菜、菠菜、茭白等,就要焯一下再拌。

(4)白灼。白灼会加入少量油盐,烹调时间较短,同时不会产生油烟,多用于质地脆嫩的菜肴。白灼的原料适用范围很广,荤素皆可。同时,白灼也能很好地保存营养素。

(5)煲汤。是动物原料的低碳吃法,比如用排骨煲汤就比香酥小排或者糖醋排骨更低碳。不过许多人喜欢"老火靓汤",其实这样不但会增加碳排放,而且还会影响健康。建议煲汤时间不要超过一个半小时。

(6)炖。一般清炖不需加额外的油脂,而侉炖等方法要先把原料炒一下再炖,因此用油量会比煲汤多。建议低碳炖肉法多选用清炖,或用新鲜蔬菜比如番茄、芹菜等来调味,搭配莲藕、土豆等使营养更均衡。

（7）炒。烹调时间较短的炒法，可以保持原料中的大部分营养。然而，热油爆炒或长时间煸炒会产生一定的油烟，用油量多，营养素损失大，同时碳排放较多，不建议经常使用。

（8）烤。烤是从外部加热，缓慢渗透到内部，虽然口感外焦里嫩，但能量损失特别大。因此烤箱也常常是家里的"耗能大户"。炭火烤制更是可能排出含有致癌物的气体，不利大气环保。

（9）炸。在油炸过程中，蛋白质、脂肪、碳水化合物等营养素在高温下发生反应，不但营养会受损，还会生成许多致癌物质。另外，油炸过程中产生的大量油烟会污染空气，尤其厨房中有害物质扩散较慢，对健康会造成极大的危害（佚名，2012）。

# 第四节 绿色饮品

## 一、国内绿色饮品

中国是世界发现和利用茶叶最早的国家。早在4000多年前，炎帝神农氏就发现了野生茶树，史有"神农尝百草，日遇七十二毒，得茶而解之"的记载，当时茶作为药用，以后才逐渐成为饮品。秦汉之际，饮茶之风，从巴蜀兴而向长江流域扩展，慢慢成为一种时尚。自唐代陆羽著《茶经》始，千百年来文人墨客烹泉煮茶品颂香茗的诗词歌赋可谓汗牛充栋至今不衰。花茶的制法自明代由晒青、烘青演变为炒青。花茶因产地的不同，制用花种类的不同而种类繁多、说法不一，但其中以茉莉花茶最受欢迎，产量也最大，技术也最完善，成为中华大地东西南北中，五湖四海的百姓饮品。在东北的都市里，茉莉花茶最受人们的青睐，而且是不分阶层、不分性别、不分长幼、不分高卑（边境，1996）。

茶叶是地地道道的绿色饮品，它的功效至少有这样几种：第一，茶功如神，早已为人所知。用唐代诗人卢仝的诗作比："一碗喉吻润，两碗破孤闷。三碗搜枯肠，唯有文字五千卷。四碗发轻汗，平生不平事，尽向毛孔散。五碗肌骨清，六碗通仙灵。七碗吃不得也，唯觉两腋习习清风生。"第二，生津止渴。第三，提神益思。清代钱塘女词人吴草香就写下了"临水卷书帷，隔饮支茶灶，幽绿一壶寒，添入诗人料"的诗句，形容茶的强心兴奋、有助写作之功效。可见，这是切身体验。第四，敌烟醒酒。对于这一点，尽管时有波澜，但却无法推翻。第五，消炎收敛。主要是茶叶中富含茶多酚的缘故。第六，转身换骨。这就是减肥茶风靡的原因。第七，延年益寿，因为茶中含有各种维生素和芳香物质。第八，药用功能（边境，1996）。

# 二、国外绿色饮品

纵观全球饮料市场,目前的碳酸饮料已走下坡路,果汁与乳酸等饮料也趋于饱和,而人们对具有免疫、防病、美容和抗衰老等特殊功能的饮料普遍感兴趣,市场潜力很大。今后,国际市场走俏的功能饮料,更以疗效型天然植物饮料有广阔前景。当前,国外开发的这类饮料品主要有(佚名,2001):

(1)麦汁益寿饮料。麦汁益寿饮料是港、台及东南亚地区流行的功能性饮料。它采用温室麦苗的嫩叶榨制而成,含细胞性成分的麦绿素和抗癌、抗衰老的活性酶,能够刺激脑下垂体前叶功能,促进免疫功能和发育功能,具有防治血管硬化、脑出血、肝炎及多种癌症的功效。

(2)蒲公英美容饮料。日本全药农公司开发出利用蒲公英生产的罐装茶和蒲公英根研制的代咖啡饮料,有咖啡风味而不含咖啡因,深受女性和老年人欢迎。具有健胃、解热、强身作用,特别是蒲公英富含谷甾醇、脂肪酸等营养素,具有润肤、健肤的美容功效。

(3)桦汁休闲饮料。提取桦树的汁液生产而成,喝起来清爽润口,解热消暑。采用桦汁加工的保健饮料,不含有毒成分,饮后能增进食欲、消除疲劳、增强体质。在欧美一些国家,桦汁被视为回归大森林的最佳饮料,因此备受重视。

(4)芦荟美容饮料。法国一家食品公司与马来西亚合作开发的芦荟饮料走俏亚太地区市场。芦荟含芦荟苷、芦荟素,有健胃、防治十二指肠溃疡、胃溃疡和抗肿瘤等功效,还具有杀菌、润肤、活血和养颜等美容效果,是现代人理想的休闲饮料。

(5)小球藻减肥饮料。最近日本一家饮料公司首先出售一种减肥健美的小球藻饮料。小球藻含50%蛋白质、20%碳水化合物、5%叶绿素。常饮小球藻精,有消耗脂肪、激活细胞的减肥美容作用。

# 专栏 4-1　十大致癌食物黑名单

都说"病从口入",目前随着胃癌、大肠癌、乳癌等的高发,这句话再次得到印证。据介绍,导致这些癌症发病率的逐年上升,其中一个重要原因就是现代人的饮食习惯,许多被人们认为是"美味"的食物,其实都有致癌物质。目前,专家们就公布了一份最容易致癌的食品"黑名单"。

（1）葵花籽。向日葵因其生长快速，易吸收土壤中的重金属铅、镉、镍，对土壤而言可有效减轻重金属污染，具有净化环境的能力，为最佳景观绿肥作物。但是，对人体而言，吃进这些重金属则对身体有害，且吃葵花籽会消耗大量的胆碱（choline），使体内脂肪代谢发生障碍，导致肝脏积聚大量脂肪，会严重影响肝细胞的功能。

（2）口香糖。口香糖中的大然橡胶虽无毒，但制造中所用的白片胶是加了毒性的硫化促进剂、防老剂等添加剂，刺激肠胃，引起不适。而口香糖中的代糖阿斯巴甜也是致癌物。

（3）味精。味精中一半是对身体有益的左旋麸胺酸（L-Glutamine），但另一半却是身体不能利用的右旋麸胺酸（D-Glutamine）变成危害身体的自由基。

每人每日摄入味精量不应超过 6 克，摄入过多会使血液中麸胺酸和钠的含量升高，降低人体利用钙和镁，可能导致缺钙，影响牙齿、骨骼的强度。又可引起短期的头痛、心慌、恶心等症状，对人体生殖系统也有不良影响。

（4）猪肝。每千克猪肝含胆固醇达 400 毫克以上，摄入胆固醇太多会导致动脉粥样硬化，同时肝是解毒器官，会累积大量黄麹毒素、抗生素、安眠药等代谢毒物，故猪肝不宜吃。

（5）油条、河粉、板条、米粉、粉丝。在制作过程中都添加明矾（硫酸铝钾），如常吃这些东西，易导致贫血、骨质疏松症；同时，体内铝过多，很难从肾脏排出，对大脑及神经细胞产生毒害，甚至引起老年痴呆症。油条所重复使用的炸油，过度氧化亦有害健康。

（6）腌菜、萝卜干。长期吃会引起钠、汞在体内滞留，从而增加患心脏病的机会。另外，也含有亚硝酸胺或有不肖业者用甲醛溶液防腐，这些都是致癌物，易诱发癌症。

（7）市售瓶装果汁饮料。其中加了太多糖，比汽水的热量还要高，建议吃新鲜水果或现榨果汁就好。

（8）皮蛋。皮蛋中含有一定量的铅，常食会引起人体铅中毒。铅中毒时的表现为失眠、贫血、好动、智力减退等。

（9）臭豆腐。臭豆腐在发酵过程中极易被微生物污染，它还含有大量的挥发性盐基氮和硫化氢等，是蛋白质分解的腐败物质，对人体有害。

（10）爆米花。做爆米花的转炉含有铅，在高压加热时，锅内的铅会熔化一定量，一部分铅会变成铅蒸汽和烟，污染原料，特别是在最后"爆"的一瞬间。爆米花中含铅量高达 10 毫克/500 克左右，对人体（特别是对儿童）的造血系统、神经和消化系统都有害。吃多了可能会得"爆米花肺"。

资料来源：http://cd.qq.com/a/20170209/009041.htm

## 参考文献

1. 陈福明，2007. 绿色食品产业与中国绿色农业的可持续性发展战略[J]. 安徽农业科学，04：1187-1188.
2. 胡述楫，2005. 浅谈绿色食品的标准化发展战略[J]. 中国标准化，02：62-65.

3. 苗青松,赵开兵,2007. 安徽省绿色食品发展现状分析及对策[J]. 安徽农业科学,15:4669-4670.

4. 唐建华,2010. 绿色烹饪与食品安全[J]. 中国食物与营养,02:16-18.

5. 佚名,1996. 绿色饮品——花茶[J]. 吉林水利,08:48.

6. 佚名,2001. 国外新型饮料发展动态——绿色潮流[J]. 保鲜与加工,03:36.

7. 佚名,2012. 烹饪低碳方法大排行[J]. 中国有色建设,(2):46.

8. 张樊,2007. 薪酬设计案例研究[J]. 生产力研究,07:119-120.

9. 甄妙,2009. 浅谈我国绿色食品发展现状与对策[J]. 现代经济信息,13:36.

10. 朱启仁,2008. 环保习惯从就餐开始[J]. 祝您健康,(3):46-46.

# 第五章

## 绿色居住

绿色生活,自然"衣食住行"样样都不能少。提起绿色住宅,大多数人脑海里可能会联想到家中的植物,小区的绿化。事实上,它还存在更为广泛的含义。所谓"绿色住宅"的"绿色",并不是指一般意义的立体绿化、屋顶花园,而是代表一种概念或象征,指建筑对环境无害,能充分利用环境自然资源,并且在不破坏环境基本生态平衡条件下建造的一种建筑,又可称为可持续发展建筑、生态建筑、回归大自然建筑、节能环保建筑等。室内布局十分合理,尽量减少使用合成材料,充分利用阳光,节省能源,为居住者创造一种接近自然的感觉。

## 第一节 绿 色 家 居

### 一、绿色家居内涵

"绿色"原指把太阳能转化为生物能、把无机物转化为有机物的植物的颜色,植物是自然界生命运动的最基本的环节,是生命体的主要支撑系统。绿色来自大自然,它意味着生命和生长,是活力和希望的象征。绿色亦同样能给人类带来清新、舒适、优美、生机盎然和充满情趣的环境。"绿色文化"是指人类效仿绿色植物,取之自然又回报自然而创造的有利于自然平衡,实现经济、环境和生活质量之间相互促进与协调发展的一种文化。在"绿色消费"观念引导下,人们吃无毒无污染的粮食、蔬菜、水果和肉类;不使用污染环境和有损人体健康的包装品;选择节约资源,不污染大气、水和土壤的环保用品等。其中追求宜人的居住环境是"绿色消费"中令人关注和向往的部分。因而人们提出"绿色家居"的概念。绿色家居是一种比喻,它是指具备了"绿色"性态,即适应自然生态良性循环的基本规律的居住环境。一个多世纪来,人类一直在追求着绿色家园(左春丽,2007)。

# 二、绿色家居的特点

绿色环保住宅一般具备以下几个特点(左春丽,2007):

(1)合理规划,建筑与环境相协调,有良好的光照和通风条件,有好的隔热、隔音、防寒效果,门窗等有好的密封和安全性能。

(2)在能源消耗上,尽可能地利用清洁的可再生的自然能源,如太阳能、风能等,而少消耗常规能源如石油、煤等。

(3)有符合国家标准的饮用水资源,并有合理的排水、净水、节水措施。

(4)有高品质的室内环境,室内装修要力求简洁、无化学污染或化学污染低于环保规定的标准。室内环境因子包括所呼吸的空气、室内的光照、音质以及电器设备产生的电磁场等。绿色居室是利用适当的建筑材料和适于气候的设计,使居室维持舒适宜人的温度、湿度、光照、空气流速和负离子平衡等条件,使入住者拥有一片无污染的净土。

(5)住宅要有足够的人均建筑面积和足够的抗自然灾害能力,要有利于老人、小孩和残疾人的护理。

# 三、绿色家居的创造

通过以上的论述,我们已经对绿色家居有了一个大概的了解,然而对于消费者来说,如何创造绿色家居则是最值得考虑的问题。首先,消费者在购买住宅之前,要充分了解住宅区的环境情况、周边的绿地情况、娱乐活动场所的情况等,更要了解住宅的建筑质量,房屋基础设施的建设情况。住宅的外部环境条件是普通消费者所不容易改变的,消费者在购买住宅后,主要精力只能放在居室的装修上,从而给自己创造一个舒适健康的室内环境。如何进行创造,可以从以下几点考虑。

(1)选择绿色建筑材料和绿色装饰材料。随着人们对环境质量的关注,各国都已经开始开发和生产一批"绿色建材"和"绿色装饰材"。在装修中使用无毒、无害、无污染、无异味、隔音、隔热、防静电、防虫蛀的涂料、油漆或壁纸等,需用绿色管材、绿色人造板、绿色门窗等材料。装修要避开冬季,减少防冻剂的污染,卫生间、厨房等多水的用房尽量避免用易腐、易变形的木质材料,可以选用塑钢等抗菌防潮的材料,且便于清洗。在装饰中要结合当地文化内涵,创造出具有时代精神、民族传统和地方特色的住宅风格。

（2）家具及家电的选择配置。尽量选用名牌家具，保证其材料和工艺等合乎环保要求。尤其是选用真皮系列、实木系列、藤制系列环保家具，少用带有凹凸镜面玻璃的家具，避免光线聚焦后产生眩光对人体造成不适。要选择低能耗、低噪音、低辐射的家用电器，以创造一个安静舒适、无噪声、无污染的居室环境。

（3）室内适当栽种绿色植物。现代城市中公共绿地面积相对不足，所以要增加室内绿色植物的种类和数量。绿色植物在调节室内温湿度、净化空气、滞尘、降噪、抗污染等改造环境方面具有不可忽视的作用；绿色植物还能以其特有的色彩、质地、形态给人以美的享受，满足人们的精神需求，陶冶人的情操同时，绿色植物能调节人的神经系统，使紧张疲劳得到缓解和消除。室内多栽种绿色植物也可以增加室内空气的氧气含量，利于人体健康。

（4）室内要有良好的通风采光条件、恰当的空气净化措施。随着封闭式装修的普及，室内通风采光严重不足，为了很好地提高视觉舒适度，室内要采用节能、高效、舒适、安全、有益于环境的绿色照明。由于紫外光的穿透力很弱，室内就不能只靠自然光来灭菌了，要及时地进行人工消毒。例如，随着高楼的增多，被褥的晾晒也已成为一个不可忽视的问题，针对这一问题，有人发明了一种叫做"晒被毯"的利用紫外线为被褥消毒的小工具，可以在室内解决被褥的消毒问题。

另外，室内还要注意留出一定的健身空间，以满足人们适当运动的需要，但所选择的健身器材要与居室环境情况相协调。还要对居室环境质量进行定期检查，以免有害物质聚集。尤其是居室在刚刚装修完成后一定要进行质量检测，以使有关指标达标。最好在居室装修后陈放一段时间再入住，可更好地减少危害。久住的房屋也要进行质量检测，及早发现有害情况，避免不必要的危害发生（左春丽，2007）。

# 第二节　绿色装修

所谓绿色装修，其实就是指在对房屋进行装修时采用环保型的材料来进行房屋装饰，使用有助于环境保护的材料，把对环境造成的危害降低到最小。装修后的房屋室内能够符合国家标准，比如某种气体含量等，确保装修后的房屋不对人体健康产生危害。

## 一、绿色装修常见的误区

### （一）环保材料即为绿色家装

随着人们环保意识的提高，家庭绿色环保装修成为家装建材行业的一个炒作噱头。

事实上,大部分消费者对绿色环保家装的认识存在一定误区,他们认为选材是实现绿色环保家装的主要环节,而设计、施工等关联环节往往被忽视。还有,尽管每个建材都是合格产品,但整套居室中所有建材释放的有害气体会产生叠加效应,叠加产生的有害气体就有可能超出标准,因此,单一建材选购环节并不能保证家装整体的绿色环保。

正确合理的设计只是实现绿色环保家装的第一步,施工也是不可忽视的环节。在保证室内空间、色彩、内涵得到良好体现的前提下,应从所选材料是否环保、用量是否合理、室内是否存在空气流通死角、是否会出现光污染等几个方面综合考虑环保设计。

### (二)灯多等于漂亮

灯光的选用一定要适量,特别是射灯。一味地追求射灯,会形成"光污染",且起不到设想的效果。科学的灯光布置应将主灯和辅灯结合起来。同时,吊灯与壁灯的设置亦应匹配。俗话道:多则滥、少而精。画龙点睛话虽好说,但实际操作较难。

灯光使用也很有讲究。如果不是长时间离开,就不要关灯,因为再次开灯时,瞬间电流耗电更多。这样,反倒不能起到节电效果。

### (三)瓷砖越大越好

瓷砖又厚又大就代表质量更好吗? 釉层厚度是否与抗菌有关? 不可否认,大地砖让家看起来更为大气雅致,但地砖并非越大越好。大而厚的砖不仅经济性不占优,而且还会增加对楼层的压力。

目前随着抗菌概念不断被炒作,有些商家借机玩抗菌概念,更有商家自吹较厚的釉层可以产生无菌效果。而实际上,多少层釉料都不重要,只要产品表面的光洁度达到国家标准就算是合格产品。另从技术角度来说,卫浴产品达到某些厂家所说的"无菌"也是不现实的。

目前只能说某些产品由于在釉料里添加了抗菌剂,有自洁和抗菌的功能,但其抗菌效果的持续时间却难以测定,而且也不会是一劳永逸。

## 二、绿色装修的步骤

### (一)选择绿色建材

地板、涂料等的选择就像是承载着装修整体的基础,是环保装修的第一道任务,所以正确地选择合适的装修材料,也就关乎着能否从第一步起踏出环保装修的脚步。

**1. 装修整体设计要有室内环境意识**

在确定家庭装修设计方案时,要注意四个方面:

(1)合理地计算房屋空间承载量。由于目前市场上的各种装饰材料都会释放出一些有害气体,即使是符合国家室内装饰装修材料有害物质限量标准的材料,在一定量的室内空间中也会造成室内空气中有害物质超标的情况。

(2)搭配各种装饰材料的使用量。特别是地面材料最好不要使用单一的材料,因为地面材料在室内装饰材料中使用比例比较大,如果选择单一材料会造成室内空气中某种有害物质超标。

(3)为室内购买家具和其他装饰用品的污染留好提前量。

(4)十个妙招可供借鉴:

①地板采暖方式比传统的散热器采暖方式更节能;

②选择可以隔热的地板;

③选择合适的内墙保温材料,例如挤塑板;

④旧房改造中应选用塑钢门窗取代原有的铁门窗或木门窗;

⑤暖气片后墙面贴热反射板;

⑥玻璃窗加贴隔热安全膜;

⑦使用变频空调可以减少电能的消耗,电源插座使用带开关的;

⑧合理设计水管走向,缩短热水器与出水口的距离;

⑨厨房设计选用双水槽比单水槽节水;

⑩禁止施工过程中的浪费现象,例如长明灯、长流水、大功率电动工具、电炉。

**2. 装修的施工工艺上要注意以下两个方面**

(1)地板铺装方面的问题。实木地板和复合地板下面铺装衬板是一种传统施工工艺,但是现在由于采用这个工艺造成室内环境污染的情况十分普遍,原因主要是铺装在地板下面的大芯板和其他人造板都含有甲醛,无法进行封闭处理和通风处理。

(2)墙面涂饰方面的问题。按照国家规范要求,进行墙面涂饰工程时,要进行基层处理,涂刷界面剂,以防止墙面脱皮或者裂缝,可是一些施工人员采用涂刷清漆进行基层处理的工艺,而且大多选用了低档清漆,在涂刷时又加入了大量的稀释剂,无意中造成了室内严重的苯污染。

**3. 严格按照国家标准选择装修材料**

应该重点注意以下三类装饰材料的选择:

(1)石材瓷砖类。这类材料要注意放射性污染,特别是一些花岗岩等天然石材,放射性物质含量比较高,应该严格按照国家规定标准进行选择,如果经销商没有检测报告或者消费者自己不放心,也可以拿一块样品到室内环境检测单位进行放射性检测。

(2)胶漆涂料类。比如家具漆、墙面漆和装修中使用的各种黏合剂等,这类材料是造成室内空气中苯污染的主要来源,市场上问题比较多,消费者最好到厂家设立的专卖店去购买,或者选择不含苯的水性材料。

(3)人造板材类。比如各种复合地板、大芯板、贴面板以及密度板等,这是造成室内甲醛污染的主要来源。最好在装修前用甲醛消除剂对板材进行有害物质的消除工作。

## (二)合理选购家具

家中使用的家具站立在地板、墙壁上,是与日常生活接触最为频繁的存在之一,选择绿色环保的家具,就像是在身边增加了几个环保卫士,保证我们的健康生活。

(1)木质家具的选择。不合格的木质家具经常会有甲醛、苯含量超标的情况出现。在木质家具选购时,首先应以实木为优先,打开柜子先闻气味,如果一段时间后还有刺鼻味道则说明不够健康。

(2)布艺家具的选择。天然布艺在纺织过程中,为了提高原料的抗皱、防水等性能和色彩牢固度,与许多的化学物质都有所接触,所以在布艺家具选择时同样要小心甲醛的污染。

(3)金属家具的选择。金属类物质虽然牢固,也要注意其安全性,一方面选择的金属家具的设计应当合理,避免尖锐角落造成伤害,一方面要注意金属质地和表面的刷漆,防止不合格的油漆对家具整体带来的影响。

## (三)装修后污染清理

在新房装修好后不少住户都是数着日子搬进新家,入住新家必定是一件值得高兴的事,但是也不能太过急躁,在装修结束后为新家做最后的污染清洁,才能让我们搬进一个健康满意的新居。

(1)装修后保持通风。即使是在装修中尽量选择了环保的装修材料,但是也不免大量材料气体的堆积,在装修后至少对新居通风 7 天,保证室内空气充分的流通,有害气体大量散去后才能进入居住。

(2)敞开柜门通风透气。新购入的家具中总会有黏合剂等的累积,关上柜门只能让这些有害气体在柜子中不断积攒,打开柜门保持通风,才能让这些物质尽快地散开。

(3)使用酚醛油漆应延长通风。如果室内刷过较多的酚醛油漆,应该适当地再延长通风时间,直到没有异味之后再入住,而对于普通的乳胶漆,若材料选择环保安全且装修后气味较少,待乳胶漆干透后即可入住。

(4)入住前空气质量要检测。室内空气质量检测是一个必不可少的环节,选择具有室内空气质量检测资格的室内环境检测单位,当检测结果低于国家室内环境标准时,才可入住。出现超标现象要及时治理,治理时应请室内环境专业人士指导,不要盲目选择治理产品和治理设备。

### (四)巧放绿色植物

芦荟、虎尾兰、吊兰、常春藤等绿色植物都是净化室内空气效果较好的植物,还能美化室内环境,调节室内空气质量,增加空气湿度。

## 三、绿色装饰

为贯彻落实党的十八大精神,建设资源节约型、环境友好型社会,最大限度地节约能源,减少污染,保护环境,推进行业绿色、低碳、智能发展,加快行业标准体系建设,2014年中国建筑装饰协会委托嘉信装饰,牵头国家住建部科技与产业化发展中心、中国建筑科学研究院、清华大学、万科地产、美国UL公司以及金螳螂、亚厦股份、广田集团、洪涛股份、中建三局东方装饰、深装集团、奇信股份、深装总、科源集团、卓艺装饰、中建三局等行业内领军企业共同编制《绿色建筑室内装饰装修评价标准》(以下简称《标准》)。

历经了两年的艰辛努力,标准于2016年6月通过专家评审,《绿色建筑室内装饰装修评价标准》T/CBDA-2—2016,于2016年12月1日全面实施。成为中国建筑装饰协会已立项52项CBDA标准中第一个通过专家评审并发布实施的标准。

《标准》在国家标准《绿色建筑评价标准》GB/T50378—2014的大框架下,侧重节材与材料资源利用、室内环境质量两大方面内容,以装饰装修全生命周期——设计、采购、施工、验收、运营管理规划标准作为主要章节结构,包括总则、术语、基本规定、绿色设计、材料采购与检测、绿色施工、竣工验收、运营管理、创新与本地化等章节内容。这也是中装协全面贯彻执行国家"十三五"规划"创新、协调、绿色、开发、共享"发展理念,按照国务院标准编制重大改革精神,大力启动和推进社团行业标准,推动行业供给侧改革、绿色创新、产业转型升级、可持续发展方面的成果。业内专家和学者认为,该标准将成为中国建筑装饰行业引领和开展绿色装饰评价工作的重要技术依据和政策工具,将进一步规范和推进绿色建筑装饰行业的有序发展,并带动整个建筑装饰产业链绿色低碳、科技创新发展。

"绿色建筑及绿色建筑装饰"的观念已经在全世界广泛发展,深入人心。世界绿色建筑委员会(WGBC)认为,无论什么国家和什么企业都应积极主动地关注人类的生存环境,保护地球上的自然生态资源不被破坏,只有这样人类社会的经济才有可能健康发展。我国的建筑装饰行业应该积极地学习和借鉴国外的先进经验和技术,积极探索适合我国建筑装饰行业的发展道路,缩小与国外发达国家同行业之间的差距(水岩,2002)。

随着消费者对商业环境得要求不断提高,地球的环境越来越不理想,人们向往户外大自然的欲望越来越强,但是往往生活在都市的人们很少有那么多时间去接触到大自然,因此,除了家庭绿植装饰外,最近几年,商业运营商和设计师看到了这个趋势和需求,故在很多商业场所增加了绿色植物的装饰,给人营造一种真实的户外大自然的感觉,同时也给商场营造一个很好的商业看点来吸引消费者(水岩,2002)。

# 第三节　绿　色　建　筑

提起绿色建筑,大多数人脑海里可能会联想到布满绿植的建筑。事实上,它还存在更为广泛的含义。所谓"绿色建筑"的"绿色",并不是指一般意义的立体绿化、屋顶花园,而是代表一种概念或象征,指建筑对环境无害,能充分利用环境自然资源,并且在不破坏环境基本生态平衡条件下建造的一种建筑,又可称为可持续发展建筑、生态建筑、回归大自然建筑、节能环保建筑等。同时,室内布局十分合理,尽量减少使用合成材料,充分利用阳光,节省能源,为居住者创造一种接近自然的感觉。

绿色建筑的好处通常包括:一是增加舒适度,绿色建筑除了对节能、节水等指标提出要求外,还在采光、通风、绿化、降低噪音方面采取了一系列工程措施,更加舒适宜人;二是节能减排,当前,我国建筑年均能耗约为 8.5 亿吨标准煤,占全社会近 30%,与传统建筑相比,绿色建筑使用能耗更低,如福州东部新城商务办公区单位建筑面积年均能耗 50 度,是福州同类建筑的 50%;三是投资可回报,据 2014 年全国绿建大会统计,一星级公共建筑平均增量成本 38 元/平方米,二星 268 元/平方米,三星 494 元/平方米,新增成本一般在 2~6 年内就可收回来,若按建筑寿命周期计算,可以节约大量的能源和运行使用费用;四是带动产业发展,据测算,每新增 1 亿平方米绿色建筑有望撬动上千亿元的绿色建筑市场,还将拉动建材、装备制造等产业发展。目前,福建省民用建筑每年新增面积 1 亿多平方米,如果培育一个绿色建材拳头产品,将形成持久竞争力,还可借助"一带一路"开拓国际市场。

# 一、绿色建筑发展历程及评价标准

## （一）绿色建筑发展历程

20 世纪 60 年代，美国建筑师保罗·索勒瑞提出了生态建筑的新理念。

1969 年，美国建筑师伊安·麦克哈格著《设计结合自然》一书，标志着生态建筑学的正式诞生。

20 世纪 70 年代，石油危机使得太阳能、地热、风能等各种建筑节能技术应运而生，节能建筑成为建筑发展的先导。

1980 年，世界自然保护组织首次提出"可持续发展"的口号，同时节能建筑体系逐渐完善，并在德国、英国、法国、加拿大等发达国家广泛应用。

1987 年，联合国环境署发表《我们共同的未来》报告，确立了可持续发展的思想。

1990 年，世界首个绿色建筑标准在英国发布。

1992 年，"联合国环境与发展大会"使可持续发展思想得到推广，绿色建筑逐渐成为发展方向。

1993 年，美国创建绿色建筑协会；随后各国出台符合本国的绿色建筑标准。

2004 年 9 月，中国建设部"全国绿色建筑创新奖"的启动标志着中国的绿色建筑发展进入了全面发展阶段。

2006 年，中国住房和城乡建设部正式颁布了《绿色建筑评价标准》。

## （二）绿色建筑评价标准

世界各国都有自己的绿色建筑评价标准，最著名的当属美国的 LEED 认证、日本的 CASBEE 等。

### 1. 美国的绿色建筑评价：LEED 认证

1993 年美国绿色建筑协会（USGBC）成立，并推行的《绿色建筑评估体系》，国际上简称 LEEDTM，是目前在世界各国的各类建筑环保评估、绿色建筑评估以及建筑可持续性评估标准中被认为是最完善、最有影响力的评估标准（图 5-1）。

LEED 是美国绿色建筑协会制定的一个评价绿色建筑的工具，宗旨是在设计中有效地减少环境和住户的负面影响。目的是规范一个完整、准确的绿色建筑概念，防止建筑的滥绿色化。目前由专门的咨询机构进行美国 LEED 绿色建筑认证。

## 2. 中国的绿色建筑评价标准:绿色建筑评价标识

绿色建筑评价标识是依据相关标准和管理办法,确认绿色建筑等级并进行信息性标识的一种评价活动。评价依据是相关绿色建筑标准。核心标准为 GB/T50378—2014《绿色建筑评价标准》。

## 3. 其他绿色建筑相关标准

其他绿色建筑相关标准见图 5-2。

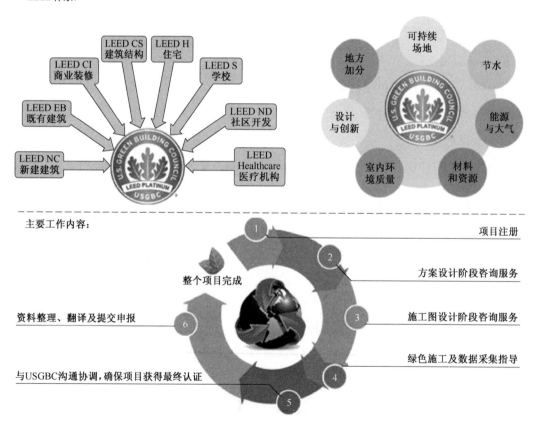

图 5-1  LEED 认证体系

```
┌─────────────────────────────────┐  ┌─────────────────────────────────┐
│ 已颁布实施的其他绿色建筑相关标准   │  │ 正编制或修订的绿色建筑相关标准     │
│ ■ 国家标准                        │  │ ■ 国家标准                        │
│ ➤《建筑工程绿色施工评价标准》      │  │ ➤《绿色建筑评价标准》             │
│ ■ 行业标准                        │  │ ➤《绿色工业建筑评价标准》         │
│ ➤《绿色工业建筑评价导则》         │  │ ➤《绿色办公建筑评价标准》         │
│ ■ 学会标准                        │  │ ➤《绿色医院建筑评价标准》         │
│ ➤《绿色医院建筑评价标准》         │  │ ➤《绿色商店建筑评价标准》         │
│ ➤《绿色商店建筑评价标准》         │  │ ➤《绿色宾馆建筑评价标准》         │
│ ➤《绿色工业建筑评价标准》         │  │ ➤《绿色铁路客站建筑评价标准》     │
│ ➤《绿色校园评价标准》             │  │ ➤《既有建筑绿色改造评价标准》     │
├─────────────────────────────────┤  │ ■ 学会标准                        │
│ 计划启动编制的绿色建筑相关标准     │  │  《绿色生态城区评价标准》          │
│  《绿色城区评价标准》              │  │  《绿色小城镇评价标准》            │
│  《绿色机场评价标准》              │  │  《绿色建筑检测技术标准》          │
│ 分气候区绿色建筑评价标准等         │  │                                  │
└─────────────────────────────────┘  └─────────────────────────────────┘
```

图 5-2　其他绿色建筑相关标准

# 二、国内外绿色建筑实例

## （一）中　国

### 1. 中意清华环境节能楼

中意清华环境节能楼坐落于清华大学东南角,是一座融绿色、生态、环保、节能理念于一体的智能化教学科研办公楼,是清华大学环境学院的院馆。

环境节能楼由意大利政府和中国科技部共同建设,提供了双方在环境和能源领域发展长期合作的平台,同时也为中国在建筑物的二氧化碳减排潜能方面提供模型范本。

中意清华环境节能楼是中意节能专家、科研人员和建筑师通力协作的成果。该楼由意大利著名建筑设计师马利奥·古奇内拉设计,是一座高 40 米的退台式 C 形建筑,主体建筑为地上 10 层,地卜 2 层,总建筑面积为 2 万平方米。该楼是"绿色建筑"的典范,遵循可持续发展原则,体现人与自然融合的理念,通过科学的整体设计,集成应用了自然通风、自然采光、低能耗围护结构、太阳能发电、中水利用、绿色建材和智能控制等国际上最先进的技术、材料和设备,充分展示人文与建筑、环境及科技的和谐统一。

环境节能楼通过建筑设计、设备和材料选择、施工、运行管理等关键环节来充分展示国际上最先进的节能技术。该楼以太阳能和天然气作为主要的能源,屋顶和退台上安装的太阳能光电池板可以利用太阳能发电,同时采用天然气发电和热电冷三联供系统,冬季发电机组产生的废热直接用于供暖,夏季发电机组产生的废热用于驱动吸收式制冷机。

环境节能楼采用钢结构和高性能玻璃幕墙,地面以上建筑材料的可回收利用率非常高。通过先进的智能化控制系统,南外墙的半透明玻璃板根据光照强度自动调节角度,夏季可遮蔽强烈的日光,冬季则吸收阳光中的热量,在室内与室外之间创建了一个温度适中的环境,有效地降低了室外温度对室内环境的不利影响。智能化控制不仅使室内冷暖气分布均匀,而且还能通过感应装置合理使用光以及供给冷气和热气,在无人时自动停止,大大地节省能源。据初步计算,该楼的能源消耗与同等规模的建筑相比,可节约70%左右的能源。

环境节能楼的 C 形建筑环抱着一个绿色生态中庭,它是整个建筑的核心,是"气候缓冲区"。中庭的高大树木及其他植物不仅会给朝南的房间遮阳,同时还可过滤尘埃,净化空气。而中庭与建筑内部其他区域的温差还可让空气流动,清新空气。楼内实现分质供水(分生活用水、绿化用水、景观用水等),产生的污水经处理后可再利用。

**2. 上海金融中心大厦**

上海金融中心大厦的顶端是一个漏斗形的雨水收集槽,处理后的雨水作为大楼的中水使用,一年可节约 250 个标准游泳池的水量。大厦有效利用风力进行发电,风力发电系统每年可以为该中心提供 15.75 万度的绿色电力。在大厦外围,里外各设有一层玻璃幕墙,对大厦起到保温作用,降低供暖和冷气需求。大厦的内部圆形立面,有效减少了能源消耗。据了解,上海金融中心大厦一共使用了 19 种节能技术,每年可为其节省 25% 的能源费用。

# (二) 美　国

## 1. 加利福尼亚州科学院大楼

加利福尼亚州科学院大楼由著名的建筑师伦佐·皮亚诺(Renzo piano)设计。那里的一个博物馆里设有一个水族馆和天文馆。但是,最关键的是皮亚诺把它建到山的一边,所以它真正地与环境融合在了一起。这个建筑不需要空调,事实上,它每年吸收 200 万加仑的雨水。

## 2. 美国植物建筑

芝加哥建成了一座雄伟壮观的生态楼,楼内没有砖墙,也没有板壁,而是在原来应该设置墙壁的地方种植植物,把每个房间隔开。人们称这种墙为"绿色墙",称这种建筑为植物建筑。

## 3. 美国新型太阳能建筑

太阳能住宅被称为建筑物一体化设计,即不在屋顶上安装笨重的装置来收集太阳能,而是把阳光转换成电能的半导体太阳能电池直接嵌入墙壁和屋顶内。

### 4. 美国绿色办公室

美国国立资源保护委员会总部以废旧回收物为主要建材的绿色办公室,该栋办公楼从外表看与普通写字楼并无区别,但它的墙壁是由麦秸秆压制并经过高科技加工而成,其坚固性并不次于普通木结构房屋;其他板系由废玻璃制成,办公桌用废旧报纸和黄豆渣制成。最具特色的是其外墙缠满爬山虎等多种蔓生植物,这不仅使办公室显得美丽清爽,并且能调节空气,使室内冬暖夏凉,有益身心健康。

## (三)新加坡启汇城的 Solaris 大楼项目

由 TR Hamzahand Yeang 事务所设计的位于新加坡启汇城的 Solaris 大楼项目,设计呈现出延续的围边景观斜坡,这是一个不间断的长 1.5 千米的生态景观,它在首层连接附近的 one-north 公园,在地下连接生态小单元,形成瀑布般的屋顶花园。斜坡的最小宽度是 3 米,这种螺旋式景观斜坡上植被的维护是通过一个平行的通道实现的,它不会影响室内的居住者。这个通道的设计还充当一种线性的景观,它从地下一直延展到屋顶之上。这种流畅性是设计生态概念的重要元素,因为它能形成不同植物种植区间之间的移动,从而提升了整体的生物多样性,同时还为整体的生态系统做贡献。斜坡上充满了延展较长的遮阳体和密集分布的植被,它们代表了建筑表皮降温的综合性策略。这种生态系统为上层居住住户提供社会性、互动性、创新性的环境,同时又为建筑造型带来有机的形态。该建筑的整体能耗量比当地同类建筑低 36%,高性能的建筑立面外部热传导值低于 39 瓦/平方米,再加上 8000 多平方米的景观,Solaris 的植被面积超过了基地原址面积。

## (四)法国绿色屋顶中学

马塞尔·塞姆巴特中学位于法国索特维尔·莱·鲁昂地区,紧挨着一家公园。这所中学巧妙地与周围的绿草和树林融为一体,让人们几乎看不到它的存在。它的扩建项目由一家餐馆、学生宿舍、员工宿舍以及工作坊构成,绿色屋顶波浪起伏,能够起到天然的隔热作用。

设计的特点从其"景观波浪"的称号中就能可窥一斑,其波浪起伏的混凝土屋顶上有着大面积的绿化区。用建造桥梁常用的技术修建拱形结构,这种空间非常适合配置巨大的混凝土测试实验室。屋顶不仅为校园提供了额外的娱乐休闲区,同时也凸显了周围的建筑,统一了整个设计方案。

在内部,首层宽敞的多功能区汇集了场地的共享功能区,其中包括可遥望中央公园的玻璃单元。从环保角度来看,项目整体采用生物气候系统以节约能源,并根据最大化地利用太阳能的原则确定建筑朝向,同时也应用了自然通风和雨水收集的技术。

## (五) 德 国

### 1. 德国"生态技术 3 号"生态办公楼

德国柏林建造了第一座生态办公楼。大楼的正面安装了一个面积为 64 平方米的太阳能电池来代替玻璃幕墙,其造价不比玻璃幕墙贵。屋顶的太阳能电池供应热水。大楼的屋顶设储水设备,用于收集和储存雨水,储存的雨水用来浇灌屋顶上的草地,从草地渗透下去的水又回到储水器,然后流到大楼的各个厕所冲洗马桶。楼顶的草地和储水器能局部改善大楼周围的气候,减少楼内温度的波动。

### 2. 德国太阳能房屋

建筑师塞多·特霍尔斯建造了一座能在基座上转动的跟踪阳光的太阳房,房屋安装在一个圆盘的底座上,由一个小型太阳能电动机带动一组齿轮转动。在环形轨道上以 3 厘米/分钟的速度随太阳旋转,当太阳落山以后该房屋便反向转动,回到起点位置。它跟踪太阳所消耗的电力仅为该房屋太阳能发电功率的 1%,而该房所获太阳能量相当于一般不能转动的太阳能房屋的 2 倍。

### 3. 德国零能量住宅

零能量住宅曾在德国 1995 年 BHW 展览会上展示,给参观者留下了很好的印象。这种 100% 靠太阳能供给的住宅,不需要电、煤气、木材或煤,空气中没有有害的废气,周围环境空气清新。这种房屋向南开放的平面是扇形平面,这样可以获得很高的太阳辐射能。其墙面采用储热能力较好的灰砂砖、隔热材料及装饰材料,储热(保温)材料冬季保温,隔热材料使夏季凉快。

## (六) 英国生态住宅

英国生态住宅室内空气中的二氧化碳由于通风结构而大大减少,并不再使用排放破坏臭氧层的氯氟碳的空调设备。所使用的硬木来自能维持生长的欧洲和美洲的温带森林;不使用有害人体健康的石棉和含铅油漆等材料;热水只在需要时才供应,免去了储水塔;照明使用轻巧的荧光高能效和不闪烁光源。

## (七) 日本环境生态高层住宅

日本九州新建了一幢环境生态高层住宅,其电力由风车提供,温热水由太阳能供给。这种太阳能收集器,晴天可使储水箱中的水加热到沸腾,雨天也能使水加热到约 55℃。每户家庭的阳台上都装有垃圾处理机,将各家的生活垃圾进行处理变成肥料。公寓外停车场的地面混凝土具有良好的透水性能,使雨水存留于地下,与停车场的树林形成一种供水循环系统。分隔房间的墙壁上留有通风口,并配置有通风设备,使每个住房形成良好的通风效果。

# 三、绿色建筑发展前景

## (一)发展前景之一：民众可以感知的绿色建筑

现阶段,我国绿色建筑的发展已经到了一个瓶颈期,下一步工作的关键是大众化和普及化,让人民群众知道什么是绿色建筑以及绿色建筑会带来什么好处等。普及绿色建筑有很多创新的办法:

(1)开发推广让人民群众能够认知、熟悉、监测、评价绿色建筑的手机软件,不仅普及绿色建筑知识,而且也可借此来激发住宅需求者和拥有者的行为节能。

(2)要把宣传推广的着重点放在绿色建筑给人民群众会带来的实际利益方面上,比如节能减排的经济性。经过测算,绿色建筑的新增成本 3~7 年内就能够收回,按照建筑寿命50 年计算,居住者和拥有者平均可以享有 45 年的净得利期。更重要的是,绿色建筑会给居住者带来善待环境、健康舒适等心理生理价值认可。

(3)绿色建筑在设计中注重性能的可视性。随着 IT 技术的发展,可以将绿色建筑设计可视化和可比化。试想,未来每天一打开手机,一起床或者一出门就在社区一个小电子屏幕上看到我家绿色建筑的节能、节水、雨水利用、空气质量是处在同类建筑的第几位,有哪些改进余地。研究表明,仅仅是由于节能、节水的可视性,就可以将节约程度提升 15%以上。

(4)绿色建筑的物业管理将成为一个新兴的庞大产业。这个新兴产业着重于建筑的可再生能源利用、雨水收集、中水回用、垃圾分类回用等方面。

以上这四个方面一般不为只熟悉清洁与安保的传统物业管理者所熟知,但却蕴含着巨大的市场机会。例如,把雨水进行收集,中水进行回用,使其在建筑内部循环利用,即可实现节水 35%以上。经过初步测算,如果北京市 2/3 的建筑都能够做到雨水收集、中水回用,就可以节省超过南水北调的供水量。同时,良好的绿色物业管理还可以激励人民群众积极参与绿色建筑的设计、管理和改造过程之中。

## (二)发展前景之二：建造更加生态友好、更人性化的绿色建筑

诺贝尔奖得主 Richard Smalley 逝世前曾列出了人类未来 50 年所面临的十大挑战问

题。按照重要程度进行排序,第一是能源,第二是水,第三是食品,第四是环境,第五是贫穷,第六是恐怖主义,第七是战争,第八是疾病,第九是教育,最后是民主与人口。如果把绿色建筑做到更加人性化和更加环保,创造出 Aquaponics 循环模式,就可以全部或者部分地解决上述前五位和第八位问题。

绿色建筑已经延伸出新的理念,在建筑中利用建筑的余能、余水以及建筑所产生的垃圾,可以做到与动植物共生,由此产生了一种新的模仿大自然的微循环。例如,在室内培养植物和果蔬,可利用室内绿植调节室内空气的温湿度,同时又可以通过室内园林培育新鲜安全的蔬菜和果实。又如,室内绿植可以充分利用污水以及循环利用中水和雨水进行灌溉,植物在吸收室内挥发性有机化合物(Voc)、PM2.5 的同时还提升了环境的美感和空气的湿润度,水中生长的植物还给鱼类提供食物和氧气。鱼类的饲料主要依靠厨余来制作。这正是借鉴了中国传统文化的智慧(浙江省永嘉县农户在农宅附近稻田养鱼,已逾千年历史,并被评为世界非物质文化遗产)。由此延伸开来,从建筑社区到整个城市都可以最大程度地综合利用可再生能源和循环利用资源。社区内的太阳能、沼气能、垃圾发电能、废水发电能、风能,以及电梯的下降能等,通过能源的物联网,可以实现"自发自用",盈余部分的电能可以卖给电网,不足部分再由电网补给。把每一栋建筑、每一个社区都建设成为一个能源自给自足的独立的电网系统。2015 年 3 月 15 日,中共中央、国务院发布了《关于进一步深化电力体制改革的若干意见》,根据这个方案,每一栋建筑、每一个社区都可以作为发电单位来经营,每一个城市都可以独立地成为一个能源单位。众所周知,城市消耗了 80% 的能源,但是如果能够通过绿色建筑、物联网、智能电网,把一切可再生能源都充分利用起来,城市有可能成为发电单位,这样就可以大大降低二氧化碳的排放量。

未来,绿色建筑通过综合利用可再生能源、促进水循环利用,并将太阳能转化成电能为紫外波段的 LED 供能,使建筑物内植物昼夜都可以进行光合反应,吸收二氧化碳,排出氧气,从而实现建筑和植物果树的完美融合,我们可以建造更加生态友好的建筑。中国的园林,历来讲究与建筑的相生共融,将这一理念与建筑物节能减排的设计结合起来,就能够创造立体园林建筑,这种园林建筑不仅能使用户的居住质量进一步提升、在闹市区也可享"田园渔耕之乐",而且必将为城市带来新的生态景观。

绿色建筑可以大大降低二氧化碳气体的排放,事关国家民族的可持续发展和每一个人的身体健康。

未来的绿色建筑要拥抱互联网,把最新的虚拟空间技术与精心设计的建筑实体空间紧密地结合起来。同时,绿色建筑要走出设计室,重视大众创新。这样就能够全面实现节能、节水、节材,降低温室气体排放,并全面地提升绿色建筑的质量。由于在这个过程中增加了民众参与、互动和可视化因素,也就使得绿色建筑更加生态和人性化。

绿色建筑已经发展到了一个新的阶段,通过互联网、物联网、云计算、大数据等新技术,每个人都可以方便地感知和操控自己的家园。

# 第四节　绿色宿舍

绿色宿舍,大多数人会联想到自己宿舍种的小植物。事实上,种植物也是打造绿色宿舍的一个途径,但远不仅限于此。除了植物,绿色宿舍还提倡干净、整洁、低碳、节能。大学生宿舍是大多数在校生生活、学习的重要场所,也是待的时间最长的地方。因此绿色宿舍概念的提出,能使我们心情舒畅、身体健康,对改善我们的学习生活有重大意义。

在宿舍里,大学生能做的事情还有很多很多,全都是举手之劳。然而,这些举手之劳,却能够聚少成多,为我们节约许多宝贵资源。

大学生作为最富激情、最具活力的群体,很多认识、行为并不符合环保低碳的要求,宿舍生活离"低碳"还有很长的距离。我们或许把更多的精力放在了日常繁重的学业上,或者是应付各种考试上,又或者是放在了个人的休闲娱乐上,却忽略了或忘记了"低碳"这一"小事"。"节约无小事,却从小事起",低碳的意识不经意之间会被我们抛诸脑后,低碳的行为也会因我们有时的图方便而忘记执行。

低碳是一种态度,而不是一种能力。低碳生活是大学生宿舍生活新理念的一种模式,在如今这样一个快节奏生活的时代,生活中应时时贯穿、处处体现低碳的理念,优化我们的生活质量,也有利于我们社会的可持续发展。

## (一) 绿色宿舍用电

(1)电器在不用时可以将插头拔掉。

(2)在长期离开寝室时应关闭总电闸。

(3)合理利用空调、饮水机等大功率用电器。

(4)注意手机的能耗,如晚上睡觉前关机。

(5)绿色使用电脑:

①购置合适的电脑显示器:电脑的显示器是个耗电大户,购置新电脑的时候我们应该尽量不选择大显示器。显示器的尺寸越大,意味着消耗的能源也就越多,如17英寸的显示器就比14英寸的显示器耗电多35%。

②调低液晶显示器亮度:现在市面主流的液晶显示器默认亮度都是100%,而健康环保的亮度设置应该在40%~50%之间。过高的液晶亮度除了能耗高外还会影响人的视力。

③合理使用电脑的节电功能:如果只用电脑听音乐可以使用睡眠和待机状态。当电

脑处于待机状态时,系统停止运转,类似于关机模式,需要使用时就可以立即复位工作。

## (二)绿色宿舍用水

(1)清洗水果时,不要在水龙头下直接进行清洗,尽量放入到盛水容器中,并调整清洗顺序。

(2)当不用水时应及时关闭水龙头,并检查是否关紧。

(3)衣服累积一洗衣桶才洗。洗衣机是集中洗涤衣物的地方,少量小件衣服可等累积够才一起洗。这样可减少洗衣的次数,既省电又节水。

(4)缩短洗澡时间,否则除了造成水资源浪费,还容易造成身体水分流失。

(5)及时报修:如果看到水龙头或者接管漏水请立即告知宿管,不要让水白白流失浪费。

## (三)居室绿化

自古以来,许多妇女有随手采摘一束野花戴在头上或别在衣襟或放在窗台上的装饰爱好。早在古埃及王朝和古代苏美尔时代就有人用植物装饰居室。到了 20 世纪 80 年代,美国约有 3/4 的家庭住宅中栽培了植物。绿色植物能使人赏心悦目、陶冶情操、净化心灵。研究表明,绿色在人类的视野中占据 25% 就能消除眼睛的生理疲劳,对于人们放松精神和调节心理最为适宜。居室绿化已经成为软装潢的重要组成部分,它可以柔化建筑的硬线条,让人们得到心理上的调节、精神上的放松,缓解焦躁、稳定情绪,使人心情舒畅。

(1)能吸收有毒物质的植物。芦荟、吊兰、虎尾兰、一叶兰、龟背竹是天然的空气净化器,可以清除空气中的有害物质。有研究表明,虎尾兰和吊兰可吸收室内 80% 以上的有害气体,吸收甲醛的能力超强。芦荟也是吸收甲醛的好手。

(2)具净化空气作用的植物。包括肾蕨、贯众、月季、玫瑰、紫薇、丁香、玉兰、桂花、金绿萝、芦荟、鸭跖草、耳蕨、仙人掌、虎皮兰、虎尾兰、龙舌兰、凤梨、仙人球、令箭荷花、昙花、宝石花、肥厚景天、紫花景天、常青藤、铁树、菊花、红鹳花、石榴、米兰、龙血树、白芷花等。

(3)抗辐射植物。有的观赏植物具有吸收电磁辐射的作用,在家庭中或办公室中摆放这些植物,可有效减少各种电器电子产品产生的电磁辐射污染。这些植物包括仙人掌、宝石花、景天等多肉植物。

(4)驱虫杀菌植物。有的植物具有特殊的香气或气味,对人无害,而蚊子、蟑螂、苍蝇等害虫闻到就会避而远之。这些特殊的香气或气味,有的还可以抑制或杀灭细菌和病毒。这些植物包括晚香玉、除虫菊、野菊花、紫茉莉、柠檬、紫薇、茉莉、兰花、丁香、苍术、玉米花、蒲公英、薄荷等。

## （四）宿舍菜园

"越来越多的都市人在钢筋水泥森林的重压之下渴望回归田园,自己动手在屋内种点菜,不仅能吃出健康,还适当缓解压力,享受种植乐趣。阳台种菜不但净化室内空气,美化环境,陶冶情操,而且能够欣然与家人朋友分享自己种的放心菜。"北京农学院植物科学技术学院王绍辉教授说,将植物种植系统整体引入室内,不仅打破了室内环境的封闭均一,而且可以改善室内的空气湿度以及净化空气。农业走进都市生活,就这样成了人们追求更高生命质量的必然要求。宿舍种菜是一种生活。

（1）朝南的阳台:日照充足,一般蔬菜均可种植,如黄瓜、苦瓜、西红柿、芹菜、青椒、生菜、油麦菜、葱等。

（2）朝东、朝北的阳台:半日照,适宜种植喜光耐阴蔬菜,如洋葱、小油菜、丝瓜、香菜等。

（3）朝北的阳台:无日照。蔬菜的选择范围小,可以选择耐阴的蔬菜种植,如莴苣、韭菜、空心菜、木耳菜等。

如果阳台温度不太高,建议多选择耐寒和半耐寒的蔬菜,比如油菜、萝卜等。

## （五）自己动手制作绿色栽植容器

（1）用完的罐头盒子或其他罐子不要扔,收集起来装些土,撒些种子,在罐底凿几个孔,追求貌美的可以自己再在罐子表面涂画上心仪的图案,一个看似随意却新颖别致的盆栽就可以完成了。

（2）一些酒瓶、玻璃瓶是最常见也是最能呈现植物美感的器皿,所以家里用过的这些瓶子一定要记得收好,淘洗干净后,自己可以用一些类似喷漆、胶带、麻绳等细小装饰物,就能轻松完成一个独一无二的花瓶。

**参考文献**

1. 北建经管,2016. 同享低碳生活 共创绿色宿舍［EB/OL］. 北建经管 https://mp. weixin. qq. com/s? __biz = MzA5MjM4MjQxNg= = &mid = 401799478&idx = 2&sn = b5c0a3e437c117498d2b20af7b50ab2&mpshare = 1&scene = 24&srcid = 1127rBeFkiQnuGAltZWniNrf&pass _ ticket = iT% 2FLeKN5gyoqTnUaabWmopyvWjZn0jx6ITpL-FM4WkG9tsdtB%2F8O%2FrfAiQ6V2HzA#rd［03-21］.

2. 北京农学院,2015. 北农专家教你打造绿色宿舍之挑选篇［EB/OL］. 北京农学院 https://mp. weixin. qq. com/s? __biz=MzA3ODc5NjAzOA= = &mid = 206317473&idx = 1&sn = ec845bb5d77242a118ddfd2e = 01709aa2&mpshare = 1&scene = 24&srcid = 1127C8bTKH0Sogj6qkjDa9yd&pass _ tick et= iT% 2FLeKN5gyoqTnUaabWmopyvWjZn0jx6ITpLFM4WkG9tsdtB%2F8O%2FrfAiQ6V2HzA#rd［03-16］.

3. BJTU 绿色之家,2014. 绿色宿舍盆栽介绍［EB/OL］. BJTU 绿色之家 https://mp. weixin. qq. com/s? __biz =

MzA5NzkwMDMyMA = = &mid = 200890871&idx = 2&sn = 29ae38ff4bd733515b32b691a8cea071&mpshare = 1&scene = 24&srcid = 1127nS5PFfY3f5ur7Z69986j&pass _ ticket = iT% 2FLeKN5gyoqTnUaabWmopyvWjIZn0jx6ITpLFM4WkG9tsdtB%2F8O%2FrfAiQ6V2HzA#rd[11-13].

4. 本报记者,2015. 绿色建筑好处多[N]. 福建日报,06-16.

5. HeavenYin,2016. 了解绿色建筑[EB/OL]. 上海科学节能展示馆 https://mp. weixin. qq. com/s? __biz = MzAxMDIzNzE4MQ = = &mid = 2649867144&idx = 1&sn = 339262514e21a92b8aad4a897d42c804&chksm = 8356061ab4218f0c355bf316ec9f0ec39e294f203590e17a58cd383998daa1a480b0e7b39a77&mpshare = 1&scene = 1&srcid = 1126lH3S3KM8XHoN4ACECz4q&pass _ ticket = F25GouVm4TJDxJBn5FfhtBT% 2F69yHBfQnHluKjyZCF1i-teaowXx-Esk9J5XPR6HlW7#rd[11-11].

6. 合肥业之峰装饰有限公司,2014. 合肥业之峰装饰有限公司合肥业之峰装饰有限公司绿色装修也要选好绿色建材[EB/OL]. 合肥业之峰装饰有限公司 https://mp. weixin. qq. com/s? __biz = MjM5NTcwMjQyMg = = &mid = 200186589&idx = 1&sn = 798dd94c009d6353fdf5c80e88596354&mpshare = 1&scene = 1&srcid = 1129GzihzFJzVxihbJuSYL6e&pass_ticket = n5G7SDQ%2FmMXfa3QwNZsP6sY7HiYrmKQ0-IOH76lltyaIjfXCrp7mKXrrm7CYN8ryo#rd[05-29].

7. 和家网,2017. 简单三步走,完美绿色家装[EB/OL]. 和家网 http://www. 52hejia. com/jcbk/bencandy-htmfid-48-id-10537. html[02-22].

8. 建大稻香, 2016. 绿色寝室不是梦 [EB/OL]. 建大稻香 https://mp. weixin. qq. com/s? _ _ biz = MzI3MjA4NzMxNA = = &mid = 404404675&idx = 2&sn = f8dd142223ae01e2c2ff3610bb2a9ee5&mpshare = 1&scene = 24&srcid = 1127aYODYEOunJeA1ue937Xg&pass_ticket = iT%2FLeKN5gyoqTnUaabWmopyvWjIZn0-jx6ITpLFM4WkG9tsdtB%2F8O%2FrfAiQ6V2HzA#rd[04-19].

9. Power 设计, 2016. 看一眼就会让你喜欢的商业绿色装饰! [EB/OL]. Power 设计 https://mp. weixin. qq. com/s? _ _ biz = MjM5NjM2MzAxMw = = &mid = 2650293189&idx = 1&sn = 97660930118523040f8b1-98e64c53887&mpshare = 1&scene = 24&srcid = 1129mWoefmEFv3YyoRtjVRO9&pass_ticket = 3Fl7vlxMTC5zwxoihO-OnI7uFj90ZNPefBLNkjkz8qUi2W49RZO0tVnknqd8CL0lj#rd[07-18].

10. 瑞明门窗系统, 2015. 现代世界经典绿色建筑案例分享 [EB/OL]. 瑞明门窗系统 https://mp. weixin. qq. com/s? _ _ biz = MzA5NTIyNTczOQ = = &mid = 401134727&idx = 2&sn = f3040b6859cdc2aa15d987c403a91686&mpshare = 1&scene = 1&srcid = 1126OSmnz73lN0DagpwCUpkd&pass _ ticket = J4eNLRLC2Eh69G2VON4Rnh3L9RBK3% 2BJKbgsCmvnvgFFaSyoKAP% 2BMYemqtEl427xW # rd [ 11 - 26].

11. 上海兰舍硅藻泥,2016. 环保材料≠绿色家装 这些家装常识须知道[EB/OL]. 上海兰舍硅藻泥 https://mp. weixin. qq. com/s? _ _ biz = MjM5OTA0NjkwOA = = &mid = 2651392547&idx = 2&sn = 0eb22e7504452733d6f8abafc7f11c9f&chksm = bd3cd1b08a4b58a6d250c5202f560574618a422020f7aa2d472f3a-83280284c47902618613d4&mpshare = 1&scene = 1&srcid = 11298RDSYKzpD2dzpgrSbgrC&pass _ ticket = n5G7SDQ%2FmMXfa3QwNZsP6sY7HiYrmKQ0IOH76lltyaIjfXCrp7mKXrrm7CYN8ryo#rd[10-30].

12. 圣象集团,2016. 绿色家装四部曲,远离装修污染[EB/OL]. 圣象集团 https://mp. weixin. qq. com/s? __biz = MjM5NDE3NjM0MA = = &mid = 2660861061&idx = 2&sn = abcd2ed3ee9f38d00eb8dafafd871397& mp-

share = 1&scene = 1&srcid = 1129HAFySiA7jRveq7NjnBi0&pass ＿ ticket = n5G7SDQ% 2FmMXfa3QwNZsP6sY7HiYrmKQ0IOH76lltyaIjfXCrp7mKXrrm7CYN8ryo#rd［06-05］.

13. 水岩,2002. 打开世界"绿色建筑装饰"之门［N］. 中华建筑报,11-23011.

14. 搜狗百科 . 绿色装修［EB/OL］. 搜狗百科 ttp://baike. m. sogou. com/baike/fullLemma. jsp? ch = wx. item&lid = 625339&src = wechat&from = singlemessage&isappinstalled = 0.

15. 同浙学生社区服务中心,2015. 节约水电,绿色寝室［EB/OL］. 同浙学生社区服务中心 https:// mp. weixin. qq. com/s? ＿ ＿ biz = MzA5MDg1NDkwMQ = = &mid = 401094060&idx = 1&sn = c0ed15f9d8f75a3c21e277996a60bd60&mpshare = 1&scene = 24&srcid = 1127Ygxu4xmqqMqjekDt6ZEW&pass ＿ ticket = iT% 2FLeKN5gyoqTnUaabWmopyvWjIZn0jx6ITpLFM4WkG9tsdtB% 2F8O% 2FrfAiQ6V2HzA # rd［12- 05］.

16. 佚名, 2015. 时评:建筑变"绿色"为何这么难［N］. 工人日报, 09-01.

17. 佚名,2016. 比拼世界各国绿色建筑应用实例［N］. 建筑技术杂志社, 5-30.

18. 曾蕴瑶,2016. 我国首个《绿色建筑室内装饰装修评价标准》将实施［EB/OL］. 中国建材报 https:// mp. weixin. qq. com/s? ＿ ＿ biz = MzA5NTAwNTcxMg = = &mid = 2650844620&idx = 5&sn = 7087583ac557856d6879b7aa73833f96&chksm = 8bb1f0b3bcc679a582218915c16976184b4529d79b8bf7f47d80e- 3810c20526255cce98937c8&mpshare = 1&scene = 24&srcid = 11293sgZs0PvGtsVgL7B9BQ2&pass ＿ ticket = 3Fl7vlxMTC5zwxoihOOnI7uFj90ZNPefBLNkjkz8qUi2W49RZO0tVnknqd8CL0lj#rd［11-25］.

19. 左春丽,岳金方,2007. 家居的绿色理念[J]. 内江科技,12:97.

# 第六章

## 绿 色 出 行

## 第一节　绿色出行与绿色交通

### 一、产生背景

M. G. Lay 在《世上的路》一书中写道："……19 世纪路面结构和面层技术突飞猛进。几乎在同一时间,这种发展大大促进了汽车业的发展……社会最终呈现出来的却是另一番景象,日常生活里充满了泥巴、臭气、尘土和噪声。"在那些比较发达的城市,如中国的北京、上海和广州等,这种现象更为严重,由于城市道路规划系统不够完善等主观因素及交通运输业在社会的核心地位等客观因素,汽车行业在中国呈爆炸式发展,中国汽车销量已挤进世界前三。

然而,在汽车行业的发展带给我们便利的同时,它的弊端也日渐明显,大城市机动车排放的一氧化碳、碳氢化合物、氮氧化物、细颗粒物所占平均比例为 80%、75%、68% 和 50%,已成为这些城市空气污染的第一大污染源。污染损害了人体健康又转化为经济负担。更为严重的是汽车成为增长最快的温室气体排放源,全世界交通耗能增长速度居各行业之首。汽车又造成噪声污染,破坏人体健康和生态环境。汽车数量的迅速增加使道路堵塞,导致低效率,使汽车原本应带来的快捷、舒适、高效无法实现。

20 世纪中后期,世界各国意识到环境保护的意义,并开始着手创建完善的理论体系及实际治理污染,"绿色出行""绿色交通""道路生态学"等名词被相继提出。我们不可能舍弃汽车等交通工具,毕竟它大大节省了出行时间,这也是为什么近些年发达国家和某些发展中国家疯狂研究生态道路和智能汽车的原因。绿色出行不仅减少污染,益于身心健康等对个人的作用,它更能节约资源,提高效率从而促进经济发展等,益于国家。"绿色出行"的研究目前正处于初级阶段,但正因为它未来的巨大利益可能性,关于它的研究将会继续更深入地进行。

# 二、概念及特征

绿色出行就是采用对环境影响最小,安全、文明、高效的出行方式。出行所选用的交通工具也应该是绿色的,既节约能源、提高能效、减少污染,又益于健康、兼顾效率。

绿色交通(Green Transport),广义上是指采用低污染、适合都市环境的运输工具,来完成社会经济活动的一种交通概念。狭义指为节省建设维护费用而建立起来的低污染、有利于城市环境多元化的协和交通运输系统。

道路生态学是研究交通道路、车辆与所在的周边自然环境之间相互作用的科学。它的研究对象是路域生态系统。它把人—车—路这种人工系统和道路沿线的生态环境有机结合起来,是生态科学、地球科学与工程技术科学的交叉学科。

可持续发展的城市交通是建立在可持续发展理念基础上,有效利用城市的土地资源、最小环境污染物排放量并能满足城市经济和社会发展需求的一种高效的城市交通。它具有以下 3 个特点:

(1)城市交通发展与生态环境保护和土地利用相结合。

(2)城市交通规划与交通需求管理相结合。

(3)交通系统既能满足目前的交通需求,又能为将来城市的持续发展留有余地。

绿色交通是基于可持续发展交通的观念所发展的协和式交通运输系统。绿色交通是实现可持续发展交通的一种有效的手段,而可持续发展交通是可持续发展在交通运输领域中的具体体现。可持续发展交通是交通发展的宏观方向,绿色交通是可以实施的具体的交通的重要微观理念,绿色交通只有符合可持续发展才会具有生命力,可持续发展通过绿色交通的实施得以实现。当然,绿色交通和可持续发展交通都必须满足交通的基本目的,就是实现人和物的移动,而非简单的交通工具的移动;两者也必须满足交通发展的标准,即经济的可行性、财政的可承受性、社会的可接受性、环境的可持续性。

道路生态学的基本理论基础是景观生态学。而景观生态系统是由景观单元(斑块、镶嵌体)、廊道、网络、基质等共同构成。目前道路生态学理论上的研究重点转向"道路影响区",例如尽管美国道路的面积仅占国土面积的 1%左右,但是其影响区域可以达到总面积的 20%,甚至 25%,由此可见道路影响区研究的重要性。

Forman 曾经形象地把道路比作一张巨大的人工网络,将大地紧紧捆绑起来,将自然生态系统分割开来,以提供人类主宰世界的空间便利度。道路生态网即由各种景观功能单元和自然、经济、社会等各种关系网组合而成的空间网络体系,其中水网和道路网是最基本的景观生态网络表现形态。

将景观生态网络分为 3 层 4 结构体系,底层基础是物理网络,包括各种自然网络(地质、地貌、土壤、水文、气候以及生境等)和人工网络(给排水网、电力网、电讯网、燃气网、供热网等),其中道路和河流网络位于自然和人工网络之间,因为它们兼有两者的共同特征。第二层是经济网,对于自然生态系统来说,食物链与食物网是其主要表现形式,对于人类社会来说,主要通过商品的生产网、流通网、交换网与消费网来实现。最高层是社会网,对于自然生态系统来说主要体现的是动植物种群的社会关系,对于人类社会来说,主要体现的是人与人之间的社会关系,可以进一步分为民族文化社区网和行政管理网。由于道路和河流网络位于生态网络基础层的核心部位,因此"道路生态学"的研究对象主要通过道路网和水网展开,由此涉及自然生态系统中的动植物种群、群落、生境,自然要素中地质、地貌、土壤、水文、气候等,以及人类社会中的人工网络和各种社会经济关系。

# 三、绿色出行实践

在交通能源消耗方面,公共汽车每百千米的人均能耗是小汽车的 8.4%,电车大约是小汽车的 3.4%,而地铁则大约是小汽车的 5%。在二氧化碳排放方面,汽车每公里排放量约为 0.145 千克,飞机每千米排放量约为 0.28 千克,而公交车/长途大巴/火车每千米排放量约为 0.062 千克。透过这些数据(表 6-1),我们清晰地看到,汽车的能源消耗量和二氧化碳排放量都远远高于其他交通工具。有相关专家曾经做过这样的计算:如果全国所有的私家车都停驶一天,那么,将直接减少汽油消耗 4 万吨,相当于节约 2.5 亿元;减少尾气排放 14 万吨,相当于增加 500 亩森林。

表 6-1　各种交通工具能源消耗比较

| 交通工具 | 每人每千米耗能 | 交通工具 | 每人每千米耗能 |
| --- | --- | --- | --- |
| 小汽车 | 8.1 | 地　铁 | 0.5 |
| 摩托车 | 5.6 | 轻　轨 | 0.45 |
| 公共汽车 | 1.0 | 有轨电车 | 0.4 |
| 无轨电车 | 0.8 | 自行车 | 0.0 |

注:公共汽车每人每公里能耗为 1。

数据来源:周伟,Joseph s szyliowicz. 中国交通能源与环境政策研究[M]. 北京:人民交通出版社,2005.

同时机动车造成了不可逆的交通污染,比如尾气污染、噪声污染,尾气排出物还会损害人体健康,降低人们的免疫力。

另一方面,随着汽车数量的迅速增加,很多城市道路堵塞,使得汽车的快捷、舒适和高效难以实现。根据高德地图发布的《2016 年第三季度中国主要城市交通分析报告》,全国重点城市拥堵排名北京位列第三。缓解北京拥堵,关键是要减少路面上的汽车,这依赖市民自觉、自主地转变生活方式、转变出行方式,减少开车出行,选择绿色出行的健康生活方式。

出行陋习也降低了道路安全,加剧了道路堵塞。常见的出行陋习有机动车辆超速行驶,随意变更车道,强行超车、加塞强行、不系安全带、酒后开车;行人不在人行道行走等。

交通出行是城市居民日常生活必不可少的组成部分,这就意味着,每一位城市居民都可能因为自己的出行而给环境造成负面影响。绳锯可以断木,水滴可以穿石。千里之堤,可以溃于小小的蚁穴。每一位城市居民都可以通过有意识地选择相对环保的"绿色出行"方式,为保护我们的地球家园贡献自己的力量。

第一,尽量选择乘坐地铁、公共汽车等城市轨道交通工具。在上下班高峰时,公共交通工具通常比自行车和小汽车快。公共交通系统以最低的人均能耗、人均废气排放和人均空间占用,成为最高效的出行选择。一辆公共汽车约占用 3 辆小汽车的道路空间,而高峰期的运载力是小汽车的数十倍。它既减少了人均乘车排污率,也提高了城市效率。能乘坐地铁,就不乘坐地面交通工具,地铁的运客量更大,耗能和污染却更低,在减少碳排放的同时,还可以减轻地面拥堵。

第二,尽量选择几人同行,拼车或乘坐班车上下班。拼车可以分摊油费、降低成本,而且减少空座率,能实现资源利用率最大化,减轻环境污染。

第三,能开环保车,就不开普通车。环保驾车,多选择小排量汽车或者清洁能源车,包括电动汽车、天然气汽车等。替代燃料采取有效的节能措施。

第四,自由乐活,能骑自行车或者步行,就不乘坐机动车。步行或骑自行车出行,不仅节约能源保护环境,而且还有益于身体健康。对处于现代都市快节奏生活缺乏锻炼的人们来说,也是一个很好的锻炼身体、增强体质、放松心情的机会。

第五,中短途旅行选择高铁、火车而不搭乘飞机。飞机耗能大,载客量少,人均耗能也远远高于火车。近年来我国高铁迅猛发展,速度也并不比飞机慢很多,尤其对短途而言。此外,乘坐高铁、火车,我们可以透过车窗欣赏祖国的大好河山,享受美景。

第六,上下楼,多走楼梯,少走电梯。据测算,普通电梯启动一次,约耗电 1 千瓦时,空载 1 小时约耗电 8 千瓦时。目前,全国电梯年耗约 300 亿千瓦时。

第七,自觉遵守交通安全法规,告别交通陋习,文明礼让驾车,共同营造良好的道路交通环境。

第八,争做绿色出行的宣传者、文明交通的实践者,带领家人、朋友和更多的人参与绿色出行行动。

为了倡导绿色出行,各国政府也做出了各种各样的努力。米兰市曾出台暂时性禁令,禁止汽车在市中心行驶,另外降低了公共交通的票价,从而鼓励人们放弃私家车,改乘公共交通工具出行。同时对绿色出行的居民提供奖励试行措施。即每骑行 1 英里(1.6 千米)奖励 30 美分,而且不收税。在过去的几年内,城市的自行车线路增加了 50%。米兰还引入"堵塞费",这一机制能够使得 20%的人们选择公共交通。2016 年初挪威政府宣布永久性地禁止汽车在市中心行驶,同时宣布要花费 10 亿美元建造大量自行车高架。丹麦为自行车与巴士提供交通信号灯的优惠。巴黎政府也发布了禁止汽车在中央商贸区行驶的禁令,目的是为了居民能够享受远离"噪音,污染以及压力"的环境。

2016 年,住房和城乡建设部将"中国城市无车日"活动改为"绿色出行"活动,活动的主题是"绿色交通·智慧出行"。此外,绿色亚运;上海世博绿色出行;爱我深圳,绿色出行;Office2016 梦想骑迹——绿色出行等一系列活动也陆续举办。也有民间组织发起绿色出行的活动,比如中国民促会绿色出行基金会。

选择"绿色出行""绿色交通",不仅仅是在选择出行方式,而且是在选择一种生活方式,选择一种生活态度。"绿色出行"有着丰富的内涵——节约能源、提高能效、减少污染、有益健康、兼顾效率。"绿色出行"体现的是一种负责的生活态度,一种高尚的公民道德,一种新兴的时尚趋势,一种先进的文明形态。缓堵保畅是众人之事,众人之事只有大家一起来做才能成功,从绿色出行、文明交通开始,让生活多一些绿色、多一些畅通、多一些健康。

当然道路畅通是绿色出行的核心。道路畅通,一方面是为了提高出行效率,降低社会运行的成本,另一方面是为了减少机动车污染排放。这也是为什么引入绿色交通的原因。绿色交通是机动化社会的理想追求,也是人类发展的必然选择和义务。未来城市的理想模式是生态城市模式,支撑生态城市的理想交通模式是以城市公共交通为主体、自行车和步行为主要辅助交通方式的城市综合交通系统。绿色交通不仅是概念,它应该成为各级政府、各职能部门和全体人民的共同行动。

# 第二节 绿色假期与绿色旅游

## 一、概念及特征

假期是大学生活的重要部分,据不完全统计,大学生一年的寒暑假、周末、法定节假日等假期累计约为 187 天,占全年总天数的 51.2%。这些假期对于在大学苦读的学生来说无疑是一种乐事,其假期生活也有着不同的方式和内容。作为一个有较高文化层次的社会群体,大学生的假期生活应该怎样度过才有意义显得尤为重要。

绿色假期,指人们根据自身具体情况,在假期时,通过旅行、社会实践等方式适当放松身心,对待生活健康、积极,生活方式环保、节约,同时通过旅途见闻或居家经验提高自身的环境保护生态意识,提升自身素质或能力,对绿色假期提出自己的构想及建议。

对于大学生来说,无论是周末的短假期、国庆节等法定节假日还是寒暑假,大部分人的选择均集中在出行和留在学校或家里两个可能。大学生出行以旅游居多,社会实践活动其次,剩下部分为一些其他形式的出行。如果想要在大学生群体中实现绿色假期,就得从这些方面着手,让大学生在出行时,更加贴近生态环境,在居家或留校时更加环保低碳。

绿色旅游在中国可谓是源远流长,早在道家思想中就蕴含了"绿色旅游"的内涵,道家思想中的"万物一体,天人合一"就证明了这一点。自古以来中国自然山水旅游就盛行,出现了许多自然山水诗人和画家,如郑板桥、陶渊明、王维、白居易等。但是,"绿色旅游"正式概念却是从国外引进的。工业革命带来了科学技术的迅猛发展,使得人们急功近利地开发资源、掠夺资源,对自然环境过度地开发,严重破坏了大自然的和谐统一。在中国旅游业 20 多年的发展中,经历了国家大力发展入境旅游到入境与国内旅游并重的阶段,人们认识到旅游发展带来的好处,纷纷开发资源、建立设施,走发展第三产业的道路。我国各地也确实在发展旅游业方面获得了很大的经济效益,很多贫困地区通过旅游业实现了脱贫致富。但与此同时,资源和环境也在遭受着人们有意无意地破坏。人们在与自然的相处中,逐渐地认识到自然环境对人类的重要性,建立了一种社会经济与自然协调发展的"绿色文明"。

20 世纪 80 年代,"绿色旅游"的概念传入中国,并且不断发展壮大。"绿色"是现代人类文明的重要标志。从这个角度来说"绿色旅游"应该是一种比喻的说法,然而确切的定义却是仁者见仁,智者见智。郭因先生在《绿色世界与绿色旅游》一文中强调:美在于整体和谐,这整体不仅是指一个风景区,更不只是指一个风景点,而是指的与这个风景区有关的一切,包括它的周围环境、它的风土人情等。还应包括旅游服务人员的服务质量。由此可见"三大和谐"理论便是"绿色旅游"的含义;蔡家成在《西部旅游开发理论与实务》一书中特别区别生态旅游,指出生态旅游不等于绿色旅游,绿色旅游是指在旅游消费、生产建设、经营服务等各个环节、各个方面所倡导和实行的一种保护生态环境、求得生态平衡的原则和方式;也有人认为所谓绿色旅游是指包括旅游者、饭店、景点管理者、旅行社和导游在内的旅游参与者在整个旅游过程中的各个环节都必须尊重自然、保护环境;更有甚者认为绿色旅游并不复杂,指的是在旅游时,既保证自身得安全,也不伤害动物、植物,同时使环境得到保护。尽管有诸多不同的定义,但总的来说本书认为绿色旅游应该属于旅游活

动的范畴,有以下几点特征:

(1)以自然环境为资源基础。既然绿色旅游是一种旅游活动,就应该具有旅游活动的性质,旅游活动依托自然资源环境,绿色旅游当然以自然环境为资源基础。

(2)运用绿色理念,坚持绿色管理。对于旅游开发商以及经营商要求必须为社会提供舒适、安全、有利于人体健康的产品的同时,以一种对社会、对环境负责的态度,合理利用资源,保护生态环境。

(3)倡导绿色消费。对于旅游者则要求具有强烈环保意识与较高的环境道德水平,在旅游过程中,保证自身的安全,也不伤害动植物,严格遵守旅游点的规章制度,不带走旅游点原生态的任何东西,使环境得到保护。

(4)强调"三大和谐"。绿色旅游不仅像生态旅游强调人与自然的和谐,而且强调人与人之间的和谐,人自身的和谐,就像郭因先生所强调:"人与自然的和谐是基础,人与人的和谐是保证,人自身的和谐是动力。三者相辅相成,缺一不可。"

(5)绿色旅游不等于可持续旅游。绿色旅游只是一种特殊的旅游形式,可持续旅游则是一种原则和方向,偏重于产业发展,绿色旅游是可持续旅游这种原则方向的具体应用。

# 二、绿色旅游实践

## (一) 国外案例

1865年意大利就成立了"农业与旅游全国协会",专门介绍城市居民到农村去体味农业野趣,与农民同吃、同住、同劳作。渐渐地,意大利旅游业中一支新兴的生力军——农业旅游(也称作"绿色假期")发展起来。它始于20世纪70年代,发展于80年代,到了90年代已成燎原之势。目前,意大利的农业旅游已与现代化的农业和优美的自然环境、多姿多彩的民风民俗、新型生态环境及其他社会文化现象融合在一起,成为一个综合性项目,它对乡村资源的综合开发和利用,改善城乡关系,起着非常重要的纽带作用。现在,意大利有超过一万家专门从事"绿色农业旅游"的经营企业,大力组织国内外游客前来休闲度假。而这一切与意大利政府重视环保,发展生态农业有着密切联系。

## (二) 国内案例

中国地大物博,自然资源丰富。截至2014年年底,林业系统保护区总数达2174处,总面积1.25亿公顷,占全国国土面积的12.99%。其中,国家级自然保护区344处,面积达到8112.86万公顷,国家级自然保护区面积占林业系统自然保护区总面积的65%。林业系统自然保护区有效地保护了我国 90% 的陆地生态系统类型、85% 的野生动物种群和 65% 的高等植物群落,涵盖了 20% 的原生林、50.3% 的自然湿地和 30% 的典型荒漠地区。丰富的森林资源、自然保护区给爱山、爱水、爱绿色的人们充分的选择。依托于自然保护区兴起绿色旅游业,资源循环高效利用,最低限度破坏原始生态,实现了自然保护与经济利益的"双赢"。

此外,还有近些年来兴起的依托绿色农业的体验休闲旅游。随着人们生活水平的提高,大众对优质生活有着渴求和追忆,向往自然、淳朴的农家生活。这种普遍存在的"忆苦思甜""自然养生"等心态给生态农业带来了巨大的市场。以"村"为特色,各地纷纷兴建农家乐、生态农业园、绿色农业度假村等,以餐饮、娱乐、健身、亲子为载体,开辟特色体验休闲旅游路线。

如北京蟹岛度假村,该村以产销"绿色食品"为最大特色,以生态农业为依托,以"绿色、环保、可持续发展"为经营理念。蟹岛塑造绿色的主要手段就是发展旅游循环经济。蟹岛保证绿色与循环利用的措施是:不烧煤、不烧油、不烧锅炉,用的是地热、太阳能和沼气,物资能量大循环,基本实现了污染物零排放。在吃的方面,绿色食品重"鲜",蟹岛实现了肉现宰现吃、螃蟹现捞现煮、牛奶现挤现喝、豆腐现磨现吃、蔬菜现摘现做。在住的方面,仿古生态农庄用绿树、菜园、葡萄藤长廊塑造绿色生态的居住环境。在旅游方面,园内采用生态交通,可以体验羊拉车、牛拉车、马拉车、狗拉车、骑骆驼,尽可能地使用畜力交通工具,或者以步代车,不用有害于环境和干扰生物栖息的交通工具。同时对道路交通网要求生态设计,合理的道路设计及绿化屏障是生态交通的重点之一。在娱乐方面,有采摘、垂钓、捕蟹、温泉浴、温泉冲浪以及各种球类健身娱乐项目。在购物方面,销售的都是游客自己采摘与垂钓的无公害绿色农产品,或者是绿色蔬菜盒。

绿色旅游奉行的是可持续发展之路,可以促使旅游资源得到有效保护,实现旅游者与旅游地居民之间的良好沟通。绿色旅游发展模式是可持续发展思想在旅游产业发展中的实践,不但要全面贯彻"绿色旅游"的理念,在引导旅游供应商提供符合环保要求的旅游产品的同时,也要引导旅游消费者致力于环境保护,形成统一的环保意识,并且节约旅游资源,保护旅游环境,最终实现旅游业的可持续发展。

# 第三节　绿色休闲与绿色宾馆

## 一、绿色休闲

### (一)绿色休闲内涵

从字面上看,休闲有两重意义,即消除体力的疲劳和获得精神上的慰藉。概而述之,休闲就是在非劳动时间内以各种"玩"的方式求得身心的调节与放松,达到生命保健、体能恢复、身心愉悦的目的的一种业余生活。按照美国著名休闲学者杰弗瑞·戈比的观点,休闲是人的一种生活方式、生命状态,是从文化环境和物质环境的外在压力下解脱出来的一种相对自由的生活,个体以自己所喜爱的、本能地感到有价值的方式,在内心之爱的驱使下行动;休闲不只是寻找快乐,更是寻找生命的意义和价值。休闲,从根本上说,是对生命之意义和快乐的探索,是个性的发展、自我的完善。

一些心理学家和社会学家提出警告:现在的社会缺乏的不是休闲活动,也不是休闲场所,而是正确的休闲态度与观念。绿色休闲,这一全新的休闲观念应运而生。广义上来说,绿色休闲是在绿色环境所进行的休闲,或兼顾生态保育、环保、永续发展的休闲,或高效低耗对旅游环境损害最小、兼顾节能减碳的休闲。其概念反映在日常生活中,表现为对阳光、新鲜空气的亲近,对生活充满热爱与宽容,对优雅文明的生存风格的坚持,是认真而欣然的生活态度在休闲观上的升华。简而概之,绿色休闲摒弃浪费、奢靡、沉闷与毫无创意的吃喝玩乐,倡导以环保的概念重新导演休闲生活,强调自然与人类的良性互动,用干净的心情梳理凌乱的生活节奏,是看似简单随意、实则饱满丰富的新休闲生活方式。

绿色是造物主赐予万物的生命基因,是自然界生命赖以生存繁衍、生生不息的依托,在社会进步、科技昌明的今天,绿色代表着生命、健康、环保,已经进入了人们生活的方方面面,其出发点到归宿无外乎以"回归自然"为内涵。所谓"绿色休闲"就是人们在尽情享受物质文明,不断提高生活质量的同时,注重人与自然的良性互动,从而进行必要的调整,追求健康向上的休闲方式的一种全新理念。由此看来,心态在绿色休闲的概念中占了尤为重要的比重。然而大学生现今的诸多休闲活动还深深地打着浪费、奢侈、不环保、内涵浅等诸多烙印,为了提高大学生的休闲质量,我们尤其有必要尽全力提倡绿色休闲这一理念。根据国家旅游局 2013 年发布的《中国国民休闲状况调查报告》,中国国民工作日空闲时间仅为 3 小时,占全天的 13.15%,远低于经济合作与发展组织 18 个国家 23.9%的平均值,基本的休闲时间不充分,离绿色休闲的距离还有较大差距。

## (二)学生绿色休闲实践

(1)法国:到工厂学校做葡萄酒。在法国,旅游是学生假期生活的一个重要项目。出国度假这个概念在法国并不突出,法国人往往选择哪个地方更适合自己度假的口味,而不是国别。学生旅游度假十分注重教育目的,而不仅仅考虑消遣和玩耍。如今,法国各地兴起了工业旅游的热潮,即各地的工厂经过一些技术准备,每年假期接待参观者,其中有相当一部分是学生。比如,法国葡萄酒十分有名,在国际上享有盛誉。因此,不少学生利用假期,到法国西部或南部的葡萄酒产地进行工业旅游,对法兰西民族的历史和传统进行具体而形象地了解。

（2）美国：到社区做义工。在美国，大多数学生会选择寒假来完成他们的义务服务工作。如在当地的流浪者收留中心为无家可归的人做饭，或者油漆陈旧的建筑物等，有的学生喜欢远走中美洲国家做义工，但更多的学生则愿意选择家乡作为义务服务的场所。

（3）德国：到农庄亲近自然。在西方国家中，德国称得上是休假的"冠军"。据统计，德国每三天就有一天休息，学生的假期更多。一般来说，德国学生每年享受的各类假日加起来有150天。旅游是德国人生活中不可缺少、百谈不厌的话题，几乎成了全社会的爱好。所以，德国大学生假期的主要活动就是到国外去旅行，其经费很多是自己解决，靠平时打工攒钱，因此他们旅行大都十分节俭，对食宿要求不高，行李常常只是一个背囊，一日游性质的外出旅行是德国中小学生参加较多的旅行活动。

以上活动多是在假期中展开，但无论是哪种选择，都体现在积极向上的生活态度，豁达求知的开阔心态，淡泊平静的意趣追求，助人为乐的真诚意愿。这些休闲活动，并不依托高科技、大投入、强竞争，相反它们都体现着平和的生活真趣，与自然、文化融为一体，尤其值得当下浮躁的大学生来体验。

而较之时间零散的在校时间，我们又可以有别样地选择。编制围巾、手套等衣物饰品无疑是一个好选择。亲手制作的物件，可以传情达意，赠与家人朋友，带给他们自己的祝福和关怀，温暖亲友的心。在选择材料时，注意选择天然材料如棉质、羊毛的毛线，穿戴起来既轻暖舒适，又绿色环保。

尝试用废旧物品制作各种小物品和实用小摆件，变废为宝，还能学以致用，将平日学习中的突发奇想发挥到生活中，不仅增加思考和创作能力，亦可获得心舒气顺的乐趣。

在宿舍种种小盆栽，既可怡情养性，又可美化环境。种植时，可以使用有机肥料，如骨粉、鸡蛋壳，都是不错的营养品。

读万卷书，行万里路。多读书，读好书，从书中吸取营养与宽广的视野、平和的心态、智慧的头脑，试着以名家的心来看待脚下的路。多去名家笔下的景点中去看看，譬如读过《我与地坛》，便可抽个半天时间静静观赏地坛风光，一定别有体会。

社会在飞速发展，生活越发多彩，但很多大学生对"休闲"却缺乏科学的认识，大多数大学生认为睡懒觉、上网、玩手机、逛街购物等这些"玩"的事情，就是最好的休闲。这实则是走入休闲最大的误区。绿色休闲的方式多种多样，但有着突出的特点：摒弃浪费、奢靡、沉闷与毫无创意的吃喝玩乐，倡导以环保的概念重新导演休闲生活，从而在绿色休闲中形成个体与群体、自然与人类的良性互动。大学生作为国家未来的顶梁柱，无论就个人还是社会而言，都应该选择绿色休闲方式，强健体魄、创新生活、调整心态、享受人生。希望大学生朋友们能够更多地接触、享受、倡导绿色休闲，真正将绿色休闲的理念融入生活，从而传播绿色休闲,让生命之树常青。

# 二、绿色宾馆

## (一)绿色宾馆内涵

绿色宾馆是指那些为旅客提供的产品与服务既符合充分利用资源、又保护生态环境的要求和有益于顾客身体健康的宾馆。宾馆的发展必须建立在生态环境的承受能力之上,符合当地的经济发展状况和道德规范,即:一是通过节能、节电、节水,合理利用自然资源,减缓资源的耗竭;二是减少废料和污染物的生成和排放,促进宾馆产品的生产、消费过程与环境相容,降低整个宾馆对环境危害的风险。用安全、健康、环保理念,坚持绿色管理,倡导绿色消费,保护生态和合理使用资源的宾馆,其核心是在为顾客提供符合安全、健康、环保要求的绿色客房和绿色餐饮的基础上,在生产运营过程中加强对环境的保护和资源的合理利用。在安全方面重视消防安全、治安安全和食品安全;在健康方面突出绿色客房、绿色餐饮和卫生操作;在环保方面关注节能、降耗和垃圾处理。作为宾馆业的一个新的经营理念,在更新宾馆的经营体系更利于环保的同时,引导公众"减量化""再使用""再循环"以及"替代"的绿色消费是一个重要内容。

绿色宾馆的四个特点:环保、健康、节约、安全。环保是指宾馆在经营过程中减少对环境的污染,实现服务与消费的环境友好。健康是指宾馆为消费者提供有益于大众身心健康的服务和产品。安全是指宾馆在服务中确保公共安全和食品安全。节约主要是指在宾馆经营过程中注重循环经济,节能降耗,水、电、煤等应减少浪费。

(1)节约用水。积极引入新型节水设备,采取多种节水措施,加强水资源回收利用。宾馆用水总量每月至少登记一次,厕所水箱每次冲水量、水龙头每分钟水的流量、浴池水龙头的水流量、小便池的用水量、洗碗机的用水量等有明确标准并执行。各主要部门要有用水的定额标准和责任制。建立水计量系统,并对用水状况进行记录、分析。严格禁止水龙头漏水。

(2)能源管理。宾馆要有能源管理体系报告,每年至少做一次电平衡监测,各主要部门有电、煤(油)能耗定额和责任制。通风、制冷和供暖设备应强化日常维护及清洁管理,并配有监控系统,对冷柜、窗户的密封情况每年都要检查,并写出检查报告。健全宾馆的能源使用计量系统。积极采用节能新技术,有条件的企业应使用可再利用的能源(太阳能供热装置、地热等)系统。

(3)环境保护。宾馆污水排污、锅炉烟尘排放、废热气排放、厨房大气污染物排放、噪音控制达到国家有关标准。洗浴与洗涤用品不能含磷,使用和用量正确,对于环境的影响降到最低。冰箱、空调、冷水机组等积极采用环保型设备用品。室内绿化与环境相协调,无装饰装修污染,空气质量符合国家标准。室外可绿化地的绿化覆盖率达到100%。

(4)垃圾管理。宾馆要通过垃圾分类、回收利用和减少垃圾数量等方式进行控制和管理。宾馆建立垃圾分类收集设备以便回收利用,员工能将垃圾按照细化的标准分类。对顾客做好分类处理垃圾的宣传。对废电池等危险废弃物有专用存放点。

(5)打造绿色客房。有屋檐客房楼层(无烟小楼);房间的牙刷、梳子、小香皂、拖鞋等一次性客用品和毛巾、枕套、床单、浴衣等客用棉织品,按顾客意愿更换,减少洗涤次数;改变(使用可降解的材料)、简化或取消客房内生活、卫浴用品用的包装;放置对人体有益的绿色植物;供应洁净的饮用水;客房采光充足,有良好的新风系统,封闭状态下室内无异味、无噪音,各项污染物及有害气体检测均符合国家标准。

(6)打造绿色餐饮。餐厅有无烟区,设有无烟标志。餐厅内有良好的通风系统,无油烟味。保证出售检疫合格的肉食品,严格蔬菜、果品等原材料的进货渠道,确保食品安全。在大厅显著位置设置外购原料告示牌,标明主要原料的品名、供应商、电话、质检状态、进货时间、保质期、原产地等内容。积极采用绿色食品、有机食品和无害蔬菜。不出售国家禁止销售的野生保护动物。制订绿色服务规范,倡导绿色消费,提供剩余食品打包服务、存酒等服务。不使用一次性发泡塑料餐具、一次性木制筷子,积极减少使用一次性毛巾。餐厅内有男女分用卫生间,洁净无异味,卫生间面积及厕位与餐厅面积成恰当比例,卫生间各项用品齐全并符合环保要求。

(7)打造绿色管理。宾馆应建立有效的环境管理体系,建立积极有效的公共安全和食品安全的预防、管理体系。建立采购人员和供应商监控体系,尽量选用绿色食品和环保产品。

## (二)绿色宾馆实践

20世纪90年代中期,国外"绿色宾馆"的理念传入我国,在北京、上海、广州等一些大城市的外资、合资宾馆和一些由国外管理集团管理的宾馆中实施"绿色行动",其他也有一些宾馆自发开展了活动。1999年,浙江省全省范围内开展创建绿色宾馆的活动。这是国内首次在省级区域内开展的创建绿色宾馆活动。此后,广东深圳、广西、四川、河北、山东等地开展绿色宾馆创建活动。绿色宾馆的建设给宾馆也带来了经济效益。之江宾馆通过全面推行环保、节能的"绿色管理",一举扭转了连续7年亏损的局面,上缴国家利税500多万元;杭州国大雷迪森广场宾馆将原来50千瓦的水泵换成22千瓦的高效泵,一年节电26万度,节省电费18.98万元。创建绿色宾馆,不仅有利于节约能源,环境保护,更是有利于提高宾馆效益,赢得市场。

德国西南部的巴登—符腾堡州,有一家宾馆名叫维克托利亚,已有百年历史。据宾馆女主人施佩特介绍,这是德国首家零排放无污染宾馆,被评为"世界上对环境最友好的私人宾馆"。

"绿色"宾馆是这样炼成的:一是换装节能灯。仅此一项,电灯的耗电量就骤减80%。二是节水。淋浴龙头全部换成节水型的,浴盆也按人体形态重新设计,在不牺牲舒适度和洗澡乐趣的情况下减少用水量30%。三是采用集隔音、隔热、保暖三位一体的新型玻璃。四是以地下水循环系统替代空调。五是在屋顶安装太阳能集热光板,承担了为旅馆供热和发电两大任务。

此外,宾馆还采取了其他一些环保和节能措施。比如:房间的"迷你"酒吧就比传统冰箱节电30%;厨房采购的食品全是健康的绿色食品。

维克托利亚宾馆整个都是"绿色"的,既减少了大量能耗,几乎不对环境造成一丝危害,同时也没有影响宾馆正常生意。从一开始"绿色"宾馆就大受青睐,国内外许多游客慕名而来,生意十分红火。

# 第四节　绿色理财与绿色支付

## 一、概念内涵

绿色理财是综合考虑资源有限性以及社会效益、环境保护与生态平衡、企业盈利的一种理财模式。绿色理财活动主要是在保护环境和资源可持续利用的基础上,合理组织资金运动和协调企业与有关方面的财务关系。绿色理财是企业在理财过程中要考虑到各种成本、收益,需在原有财会模式基础上加以完善。绿色理财模式包括绿色会计、绿色审计、绿色投资等。绿色会计是适应环境问题的需要和对传统会计修正基础上产生的,它是通过有效的价值管理,达到协调经济发展和环境保护的目的。绿色会计的内容除了自然资源消耗成本外,还包括环境污染成本、企业的资源利用率及产生的社会环境代价评估,全面监督反映经济利益、社会利益和环境利益。绿色审计是指企业对现行的运作经营,从绿色管理角度进行系统完整的评估,包括危险品的存放、生态责任的归属、污染的估计、政府环境政策的影响、绿色运动对企业的冲击、企业绿色形象的优劣等。绿色投资是指企业抓住机遇,投入绿色环保项目,发展绿色产业,进一步提高企业的绿化程度。企业的发展不能仅局限于现有规模,应适当的开发新项目,扩大企业规模,增强企业实力。

绿色理财,是基于绿色生活及环保事业的这个大背景之下的理财产品的创新模式,即是在资金筹集、资金投资、资金回收、利润分配的等一系列的有关理财投资的环节中嵌入绿色环保观念,导入环境保护因素,能够将环境保护和绿色生活的思想融入理财投资当中,其一方面是开创了理财投资的一个新方向,另外,不可否认的是,这种新的理财方式的开创也给现在日益严重的环境问题带来了一定程度的改善,同时也使绿色生活的观念更加深入人心。

目前,随着公众社会意识、环保意识的增强,可持续发展观念日益深入人心,绿色理财也是实现可持续发展的必经之路。绿色理财是以循环经济为理论基础,以低排放、低消耗、低污染、高效率为基本特征,追求财务资源的有效配置和财务关系的合理协调,从而实现经济效益、社会效益和环境效益的相互统一与协调。企业最大限度地利用企业内部各项物质条件,实现资源的重复利用、提高资源利用效率、减少废物排放,减少环境污染和环境破坏。要实现企业在物质上低消耗、低排放、高效率的目的,首先必须在财务管理上做到相匹配,要求企业以绿色理财作为企业经营的指导思想。

绿色理财凸显了企业的社会责任。绿色理财观下,企业不但要追求自身的发展,提高企业的效益,还要兼顾各个利益相关者的价值。这些利益相关者包括企业的股东、债权人、债务人、员工、顾客、原材料供应商交易伙伴等传统理财观念下的利益相关者,也包括政府部门、当地居民、媒体、环保主义等压力集团,甚至包括自然环境、人类后代等受到企业经营活动直接或间接影响的客体。因此对于企业自身的健康持续发展、自然环境的保护具有深远意义,也是当今企业履行社会责任的重要举措。

在 20 世纪 90 年代,全球兴起了一股绿色思潮,绿色管理理念应运而生。随着社会的进步和经济的发展以及个人意识的提高,这种绿色管理理念已经慢慢渗透到企业生产、销售、管理的各个方面。绿色理财在企业财务管理中的作用也日益凸显。这就客观上要求企业根据绿色财务管理的理论目标,实行绿色理财的各种财务活动,制定企业长远发展战略和短期发展计划,统筹企业自身利益与社会利益,兼顾企业的短期利益与长期利益,在追求企业自身盈利、盈余增长的同时,尽量考虑到社会责任、自然环境保护的要求,使整个社会和谐发展。

## 二、绿色理财

绿色理财的内容就是将目前企业财务管理的内容进行改进,即在资金筹集、资金投资、资金回收、利润分配等财务管理过程中,导入环境保护因素,树立环境保护理念,将环境保护的思想融于企业的财务管理之中,建立企业绿色财务管理体系。

一是绿色筹资。一方面,企业应该充分理解和运用政府出台的相关政策和措施。

2007 年以来,我国政府部门接连出台了"绿色信贷""绿色保险"和"绿色证券"三项政策,"绿色金融"制度也初具雏形。另一方面,在传统的股票和债券筹资的基础上,企业应该充分利用、增加绿色筹资,发行绿色股票和绿色负债,调整绿色资本在总资本中的比例,优化企业的资本结构。

二是绿色投资。在投资过程中,绿色财务管理要求企业注重社会效益,在追求自身盈利的基础上,考虑社会效益以及其他利益相关者的利益,保护环境,循环良性发展。另外,绿色投资时还应考虑以下方面:项目是否和可持续发展观念相符,是否与国家的环境管理方面的政策相违背;项目采取环保措施而增加的支出和增加的收益是否合理;项目的环保投资是否能够得到国家在贷款利率和税收方面的支持。这些因素贯穿于项目的立项、可行性分析、项目的实施以及项目终结后的评估整个过程。实务中开发某些具体项目时,根据国家法律和行政法规的要求,企业应该考虑到项目的弃置费用。比如核电站的弃置和恢复环境的义务,这些弃置支出应该按照弃置费用的现值计入固定资产的成本;石油天然气开采企业应该按照其弃置费用的现值计入相关资产成本。为了履行社会责任,高危行业企业需要按照国家的规定提取安全生产费,设置"安全储备"科目,以备支付安全生产,保证员工身心健康方面的费用。

三是绿色分配。为了使企业能够持续的发展,企业需要通过制定合理的绿色利润分配政策来保证企业留有足够的绿色公益金用于再发展。实务中,进行正常的股利分配程序时,在支付股利前按照一定的比例提取一定数额的绿色公益金。绿色公益金的提取相当于企业的内部融资,提取的比例视企业不同条件而定,提取的顺序是在提取法定公积金之后,任意盈余公积金之前。绿色公益金不得挪作他用,只能作为绿色资金不足部分的支出,作为企业履行保护环境、关心员工、回馈社会等方面的支出。

四是绿色会计。传统会计理论不能解决社会责任、环境保护等问题,绿色会计可以促进环境与经济可持续发展的深层融合。绿色会计兼顾企业的经济利益和自然环境资源、社会环境资源耗费,主要以价值形式对企业的绿色财务活动及其他财务活动进行确认、计量、披露、分析以及可持续发展研究。企业可以在报表中增加一些衡量绿色筹资、绿色投资、绿色分配的指标,计量和考察企业对于资源保护、环境改善等方面成效以及存在的问题,以便使企业能针对性地采取措施,改进和加强工作。

# 三、绿色支付

绿色支付是可持续、低碳、健康、安全的支付方式。现代化银行业务的推广使用,使人们充分享受到低碳绿色金融服务带来的方便、快捷、环保,而百姓生活水平的日益提高和购物习惯的改变,又促进了金融业传统模式的改变。

以消费支付为例,2012 年,全国银行卡卡均消费金额 5894 元,同比增长 6.6%。银行卡跨行消费业务 55.46 亿笔,金额 16.48 万亿元。从远古的物物交易到古代的货币支付,从近代的现金交易再到如今的刷卡消费、网上支付乃至移动支付,支付方式正在掀起一场绿色革命。

刷卡支付、网上支付,免去了携带现金,虽然低碳,但要注重安全防护。保管好密码以及个人身份资料信息,提高网络安全意识。

# 专栏 6-1　部分绿色节日介绍

节日作为文化的载体,是上层建筑的一部分,反映了经济基础的情况。正是因为绿色经济与绿色生活的不断发展和推进,使得绿色理念不断深入人心,所以绿色节日应运而生。另一方面绿色节日在人们生活中,通过潜移默化的力量,加深人们对绿色理念和绿色生活的理解和认识,进一步推动了绿色生活的发展。

## (一) 世界湿地日 (2 月 2 日)

湿地是全球价值最高的生态系统。据联合国环境署 2002 年的权威研究数据表明,一公顷湿地生态系统每年创造的价值高达 1.4 万美元,是热带雨林的 7 倍,是农田生态系统的 160 倍。通常湿地是指"长久或暂时性沼泽地、泥炭地或水域地带,或为淡水、半咸水、咸水体,包括低潮时不超过 6 米的水域"。湿地在保持水源、抵御洪水、控制污染、调节气候、维护生物多样性等方面具有重要作用。1971 年 2 月 2 日,来自 18 个国家的代表在伊朗南部海滨小城拉姆萨尔签署了《关于特别是作为水禽栖息地的国际重要湿地公约》。为了纪念这一创举,并提高公众的湿地保护意识,1996 年《湿地公约》常务委员会第 19 次会议决定,从 1997 年起,将每年的 2 月 2 日定为世界湿地日。

## (二) 世界森林日 (3 月 21 日)

"世界森林日",又被译为"世界林业节",英文是"World Forest Day"。这个纪念日是1971 年在欧洲农业联盟的特内里弗岛大会上,由西班牙提出倡议并得到一致通过的。同年 11 月,联合国粮农组织(FAO)正式予以确认,旨在以引起各国对人类的绿色保护神——森林资源的重视,通过协调人类与森林的关系,实现森林资源的可持续利用。1972年 3 月 21 日为首次"世界森林日"。有的国家把这一天定为植树节;有的国家根据本国的特定环境和需求,确定了自己的植树节;据联合国有关组织统计,规定植树节、造林日、绿化周(日)的已多达 50 多个国家和地区。各国具体的气候情况不同,植树节的日期就有所不同。中国的植树节是 3 月 12 日。中国于 1915 年由当时的中华民国政府规定每年的清明节为植树节。1929 年又把它改为每年的 3 月 12 日为植树节,因为这一天是孙中山先生逝世纪念日,孙中山先生一贯重视倡导植树造林,定 3 月 12 日为植树节表示人民对他的敬仰和怀念。绿色森林是人类生命的摇篮,人类生存和发展像离不开太阳一样离不开森林,森林为人类提供了衣食住行,既保证了人类的起源,也保证了人类的发展,世界上许多国家都越来越重视植树造林。

## (三)世界水日(3 月 22 日)

水是生命之源,人们的生活、生产一刻也离不开水。虽然地球表面水资源丰富,但适用于人类饮用的淡水和江河水的总量还不到地球总水量的 1%。地表水资源分布不均,很多国家和地区面临水资源短缺的问题。同时由于工业发展对水体造成污染以及人们生活用水的增多更加重了这一问题,水的问题日益为世界各国所重视。1993 年 1 月 18 日,第 47 届联合国大会作出决定:从 1993 年开始每年的 3 月 22 日为"世界水日",要求各国根据自己的国情就水资源的保护和开发开展各项活动,以提高公众的水意识。

## (四)世界气象日(3 月 23 日)

气候变化、全球变暖、臭氧层耗减、酸雨、自然灾害和极端天气现象等,都是人类生产、生活中至关重要的制约因素,因此必须增强气象意识,对天气气候进行研究。早在 1873 年,在维也纳召开的一次会议上便诞生了国际气象组织。1950 年 3 月 23 日国际气象组织更名为世界气象组织,并成为联合国的专门机构之一。为了纪念这一对人类社会具有重要意义的事件,1960 年 6 月世界气象组织决定将该组织更名日——3 月 23 日定为"世界气象日"。世界气象组织要求其成员国每年在这一天举行纪念和宣传活动,如举行纪念性学术活动仪式、举办气象展览会、放映气象科学影视、发行纪念邮票等,广泛宣传气象工作的重要性及其作用等,以使"公众更好地了解各国气象部门在经济建设各方面作出的卓越贡献,以及世界气象组织的活动情况"。

## (五)世界地球日(4 月 22 日)

第一个"地球日"是由美国参议院盖洛·德纳尔逊发起,主要由丹尼斯·海斯组织,于 1970 年 4 月 22 日在美国举行。这是人类有史以来第一次规模宏大的群众性环保运动。自 1970 年以后的 20 年,地球日的影响逐渐扩大,已经超出了美国的国界。为了促使全球亿万民众都来积极地参与环境保护1990年"地球日"活动的组织者们决定要使当年的"地球日"成为第一个国际性的"地球日",这得到了五大洲各国和各种团体的热烈响应和积极支持。在1990年4月22日这一天,世界许多国家以各种形式进行了庆祝地球日的活动。在"地球日"20周年之际,"地球日"才有了国际性,并称得上是"世界地球日"。

## (六) 世界无烟日 ( 5 月 31 日 )

洁净的空气是生命的要素,减少污染、净化空气、"还我蓝天白云"已成为当代世界各国人民的共同心愿。1987年11月,在日本东京举行的第6届吸烟与健康的国际会议上,把世界卫生组织成立40周年的纪念日作为第一个世界无烟日(从1989年起往后的世界无烟日改为5月31日):告诫人们吸烟有害健康;呼吁全世界所有吸烟者在世界无烟日这一天主动停止或放弃吸烟;呼吁烟草推销单位和个人,在这一天自愿停止公开销售活动和各种烟草广告宣传。

## (七) 世界环境日 ( 6 月 5 日 )

20世纪六七十年代,随着各国环境保护运动的深入,环境问题已成为重大社会问题,一些跨越国界的环境问题频繁出现,环境问题和环境保护逐渐进入国际社会生活。1972年6月5~16日,联合国在斯德哥尔摩召开"人类环境会议",来自113个国家的政府和民间人士参加会议,会议制定了《联合国人类环境会议宣言》,同时建议将此次大会的开幕日定为"世界环境日"。1972年6月5日,第27届联大通过决议将6月5日定为"世界环境日"。联合国系统和各国政府每年都在这一天开展各种活动,宣传保护和改善人类环境的重要性,联合国环境规划署同时发表《环境现状的年度报告》,表彰"全球500佳",并根据当年的世界主要环境问题及环境特点,有针对性地制定每年的"世界环境日"的主题。

## (八) 世界防治沙漠化和干旱日 ( 6 月 17 日 )

荒漠化是指由于气候变化和人类不合理的经济活动等因素使干旱、半干旱和具有干旱灾害的半湿润地区的土地发生了退化,它是绿色文明最大的杀手之一。为使各国政府重视土地沙漠化这一严重的全球性问题,联合国在环境与发展大会以后,就防治沙漠化公约进行了全球性谈判,1994年6月17日通过了《联合国关于在发生严重干旱和(或)沙漠化的国家特别是在非洲防治沙漠化公约》。同年12月,联合国大会通过决议,确定公约通过的日子——6月17日为"世界防治沙漠化和干旱日"。这个世界日意味着人类共同行动同沙漠化抗争从此揭开了新的篇章,为防治土地沙漠化,全世界正迈出共同的步伐。

## （九）国际保护臭氧层日（9月16日）

臭氧层是地球上生命的"保护伞"，如果没有它的保护，所有强紫外线全部射到地面的话，日光晒焦的速度将比烈日炎炎的夏季快50倍，几分钟之内，地球上的一切林木都会被烤焦，所有的飞禽走兽都将被杀死，生机勃勃的地球就会变成一片焦土。臭氧层破坏是当前面临的全球性问题之一。为保护臭氧层，联合国环境规划署多次召开会议，并于1987年9月16日在加拿大的蒙特利尔会议上通过《关于消耗臭氧层物质的蒙特利尔议定书》，随后进行了多次修订。1995年1月23日，联合国大会通过决议，确定从1995年开始，每年的9月16日为"国际保护臭氧层日"。"国际保护臭氧层日"的确立，旨在纪念1987年9月16日《关于消耗臭氧层物质的蒙特利尔议定书》的签署，并要求所有缔约国根据《议定书》及其修正案的目标，采取具体行动纪念这一特殊的日子，这进一步显现了国际社会对臭氧层耗损问题的关注和保护臭氧层的共识。

## （十）国际生物多样性日（12月29日）

生物多样性是指地球上的生物在所有形式、层次和联合体中生命的多样化，是地球上生命形式经过几十亿年发展进化的结果，是人类赖以生存的物质基础。由于频繁的人类活动，致使物种灭绝加剧，遗传多样性减少，这引起了国际社会对生物多样性问题的极大关注。1992年6月5日在巴西首都里约热内卢召开的联合国环境与发展大会，153个国家签署《生物多样化公约》，此公约于1997年12月29日生效。1994年11月缔约国建议把12月29日定为"国际生物多样性日"，1994年12月29日，联合国大会通过决议，宣布12月29日为"国际生物多样性日"，这说明人类已经省悟到生物多样性是人类赖以生存和发展的基础，生物多样性问题已经引起国际社会和各国政府的广泛关注。

资料来源：根据百度百科材料整理。

## 参考文献

1. 聂国春，2013. 绿色支付 安全为先[N]. 中国消费者报，03-08.

2. 陈智慧，2003. 论绿色交通与交通的可持续发展[J]. 现代城市研究，S2：18-20.

3. 党小伟，2013. 北京地区绿色酒店环保行为研究[D]. 北京：中央民族大学.

4. 高德交通，2016. 中国主要城市拥堵排名[EB/OL]. http://report. amap. com/index. do[06-06].

5. 何柳明，2012. 新经济环境下绿色理财观浅析[J]. 财会通讯，23：72-73.

6. 冀海波，2014. 绿色出行，你应该做的50件事[M]. 北京：化学工业出版社.

7. 雷子珺，2015. 乡村旅游绿色评价与绿色运作流程再造[D]. 重庆：重庆理工大学.

8. 李淑云,2009. 基于保健理念的酒店宾馆室内植物应用研究[D]. 长沙:中南林业科技大学.

9. 林飞龙,2004. 绿色交通:实现城市交通可持续发展的有效手段[J]. 生态经济,07:26-28.

10. 潘宣任,2015. 秦皇岛星级酒店绿色管理对策研究[D]. 海口:海南大学.

11. 沈宏益,刘维忠,余红,2015. 推动弱生态区中小企业绿色理财的思考[J]. 财政监督,11:41-43.

12. 生物谷,2016. 各国政府新政策鼓励绿色出行[EB/OL]. 生物谷 http://news.bioon.com/article/6680323.html[03-21].

13. 时尚网,2012. 盘点全球最绿色酒店[EB/OL]. 新浪时尚. http://style.sina.com.cn/lei/hotels/2012-01-13/073089960.shtml[01-13].

14. 佟琼,2014. 绿色出行 文明交通[M]. 北京:北京交通大学出版社.

15. 王宁寰,2010. 节能减排:低碳经济的必由之路[M]. 济南:山东教育出版社.

16. 邬建国,2000. 景观生态学——概念与理论[J]. 生态学杂志,01:42-52.

17. 奚婷,2013. 意大利绿色农业游[J]. 中国乡镇企业,02:83-84.

18. 肖侠,2011. 我国企业实施绿色财务管理模式的问题与对策[J]. 学术论坛,12:119-123.

19. 徐立新,2005. 论生态旅游——绿色休闲时尚的发展[J]. 商业研究,13:205-207.

20. 吴敏洁,2013. 选择绿色出行方式践行低碳生活理念[EB/OL]. http://n.cztv.com/todayfocus/2013/09/2013-09-274075969.html[09-27].

21. 杨浩,2001. 交通运输的可持续发展[M]. 北京:中国铁道出版社.

22. 张茜,2016. 浅析绿色酒店在我国的现状及发展对策[J]. 白城师范学院学报,02:86-89.

23. 张思纯,吕晨,2007. 浅议企业绿色理财目标与外溢环境成本[J]. 财务与会计,19:48.

24. 宗跃光,周尚意,彭萍,等,2003. 道路生态学研究进展[J]. 生态学报,11:2396-2405.

25. 邹统钎,2005. 绿色旅游产业发展模式与运行机制[J]. 中国人口·资源与环境,04:43-47.

# 第七章

## 绿 色 心 境

### 第一节　绿色心境与绿色心理

#### 一、绿色心境

#### （一）绿色心境内涵

"绿色心境"包含两个分概念，分别是"绿色"和"心境"。首先，对"绿色"这一概念的界定。这里的"绿色"并非一般意义上的绿色概念，而是"绿色"所代表的衍生意义。这里的"绿色"指的是一种积极向上、健康阳光的状态，主要代表的意义是轻松、愉悦、自然、健康。其次，对"心境"这一概念的界定。这里的"心境"就是一般心理学意义上的概念。对"心境"的定义为"强度较低但持续时间较长的情感，是一种微弱、平静而持久的带有渲染性的情绪状态，往往会在很长一段时间内影响人的言行和情绪"。综合起来，"绿色心境"可定义为"一种健康自然的长期心理状态，在这种心理状态下，人对外界的刺激表现得理智而冷静，在生活中懂得适当而有效地放松和调节，以使身心达到最佳状态"。"绿色心境"是"绿色生活"的一部分，对绿色生活具有指导意义。

#### （二）绿色心境的意义

绿色心境的目的其实就是为了健康，特别是心理健康。健康即是绿色心境的重要性和必要性所在。但健康不单单只指身体健康，心理健康也是必不可少的。世界卫生组织曾对健康下了一个简称 WHO 的健康定义：是健康完满的身体、精神和社会福乐的状态。而不仅指没有疾病或者虚弱。由此可见，健康需要三维协调：身体方面、精神方面、社会交往方面。不妨把这称为健康三维度。但这三维度重要性不在于这个三维度的区别，在于内在联系。即身体或生理的健康依赖于精神健康和社会交往的正常,精神健康依赖于身体健康和社会交往的正常,而社会交往的正常也依赖于身体健康和精神健康。三维度之所以有这样的联系,是因为人的生存就是三者的内在统一。

人是生物性的动物,永远无法摆脱会有死亡的肉体性和物质性。人也有心灵,心灵的属性不全是物质性,还存在"符号化想象力和理智",从而与其他动物有所区别。人活在自然世界中,而心灵活在自己创造的意义世界中。人的信念与信仰很大程度上决定着人生存的状态。情绪多数情况下会影响我们的健康。人的精神性包括不能还原于物质的心灵和人生不可没有的信仰。而个人的物质创造和意义创造都是在与其他人交流、协作、竞争乃至斗争的过程中进行的,从不是孤独存在的。这便是人存在的社会性。所以人是肉体性、精神性、社会性三维一体的。

既然人是这样存在的,那么人的免疫力也并不仅仅与人的身体状况有关,它与人的精神状态也有密切的联系。而之前的西医本不大注重人的整体性,西医治病的时候不像中医那样注重辨证施治,只针对病理对症下药,将人分成部分,对病不对人。不过好像现代西医也开始重视心理治疗对于生理治疗的重要性。其实历史一再证明了这件事,面对疾病,健康的心态最为关键。如果人们陷入无知的恐惧而不能自拔,恐惧就能将疾病的灾害按几何级数在社会整治经济系统中放大。1994 年印度鼠灾,虽然流行时间特别短,仅有58 人死亡,但是由于社会恐慌,50 万人逃离家园,印度经济损失惨重,仅旅游业就损失 20亿美元。

可见绿色的心境与个人保健防疫非常重要,对维护社会稳定也是极其重要的。绿色生活不能在对疾病和死亡的恐惧下进行。这本身就不是一种健康的心理。一个健全的心态和绿色心境自然而然地会带来绿色的生活,也不会被条框所限制。另外健康的心理状态是一切事业成功的基础。心理健康的人,其个性才能健全发展,才智才可以正常发挥,情绪愉快稳定,思想和行为才可以统一协调。

### (一) 绿色心境的培育实践

培养绿色心境并不是一朝一夕的功夫,而是需要终身学习的。要求一个人为能适应不断发展的时势,包括技术进步和文化转型,不断地学习。像千午前孔子一样活到老学到老。人也必须要有这种学习态度,不断地学习、求索、反省,才可以培养健康的心境。

什么是心境?心境是由信念决定的。有什么信念就有什么心境。相信生病是因为迷信丢了魂的人,看见自己孩子生病了就会去招魂;痴迷"法轮功"的人生了病不去医院,因为相信功力可以治病的谎言;相信科学的人生了病会去医院,等等。人的信念非常复杂,对人的影响也非常复杂。因为人生阅历复杂,人的信念也异常复杂,是在长期不断地学习中形成的。但是心境也不能等同于知识，一个人的知识仅仅是知道的一切。知行断定谋，仅有知，连开始都算不上。但是知是第一步，所以为了拥有绿色的心境，我们必须不断学习扩充知识。

尤其是当代人，全球化、网络化诱惑太多，很难脱离声色世界追求内心的平静。加上由于历史因素，当代人缺少了传统美德的侵染，现实的冲击很容易动摇本来就很脆弱的理想。这跟未来所要承载的社会责任和使命并不协调。所以需要更高道义和精神追求与守护维系健康进取的心跳。

从哲学角度来看，冯友兰先生曾将人的境界分为自然境界、功利境界、道德境界、天地境界。一个人若顺着本能和社会风俗做事，那便没有什么意义。这样的人算是自然境界。一个人有了自我意识，便总处于利己动机而行为做事，处于功利境界。一个人自觉到社会的存在，意识到自己是社会的一分子，从而自觉地为社会做贡献，便处于道德境界。最后一个人意识到社会之上还有一个更大的整体——宇宙，自己明白自己不仅仅是社会的一员，也是宇宙的一员，为了宇宙做事情。那便是最高的境界，天地境界。这个是一种看法，而王国维先生则认为"境非独谓景物也。喜怒哀乐，一人心中之一境界也。故能写真景物，真感情者，谓之有境界。否则谓之无境界"。这种境界是审美层面的，暂且称作审美境界。

审美境界与较高的境界，例如道德境界和天地境界融合互动结合，即是绿色心境的境界。境界虽然有超越意味，但是与我们平常口中所说的心态其实无异。况且平常人的心态能调整到道德境界就很不容易了，极少人能达到天地境界。

不过由冯友兰先生对境界的定义来看，境界依赖于人对人生、社会和世界的格物致知，从而依赖其产生的对应知识。所以我们为了培养健康的心态和尽可能更高的境界，不仅要学习各种各样的科学知识（包括社会科学知识），还要学习哲学、人文学知识。就拿绿色生活的知识来说，科学告诉我们该采取什么具体措施和行动，以求保持身体健康，例如：如何锻炼、如何调节饮食，等等。哲学人文学告诉我们如何以审美和超越的态度来对待快乐、痛苦、生老病死，使我们即使身处危难仍可以保持清醒的头脑和恬静的心态。例如你若试着去了解每年流行病盛行时候心怀恐惧的人们，不难发现他们对医学无知而且境界并不高。知识是对境界的限制。另外，境界低的人对哲学人文并没有持久的兴趣。功利境界的人有较强的自我意识，但有建功立业的强烈愿望，从而在某个工作领域可以获得一定的成就。但是过于务实，没有闲心研究哲学和人文科学，所以少有人有正确的人生生死价值观，这样的人在平时不会暴露出自己的不足，但在危难时刻就会暴露出自己的人格缺陷。

光有了广阔的知识面就够了么？要进入较高的境界，只有知识是不行的，必须把知识转化成信仰才可以,因为人们对自己信以为真的信念才会身体力行。境界高的人不仅仅拥有丰富的知识,而且始终不渝地践行自己所信持的真理。现在越来越细的学科分支和社会分工,是许多人把知识当做牟利的手段,知识只体现为人的工具理性,即为实现特定目的而设计最有效率的手段,只专注于工具理性的人可以拥有较高的知识,但是不会有什么较高的境界。

人固有一死,没有顽疾也会有时刻被夺生命的可能。只不过在通常情况下,我们不特别感受这种可能性。具有健康心态和较高心境的人,不仅能努力做好自己的事情,也能坦然面对无能为力的事情。正所谓"尽人事而知天命"。

另外,再介绍一种非常好的方法培养绿色新境——情感陶冶法。艺术对心境陶冶犹如丝丝春雨,就好比那句古诗"随风潜入夜,润物细无声"一样默默地影响着,深刻并持久。作为德育载体,中国古代文学在这方面有得天独厚的优势。中国五千年文化在世界史占有一席不可动摇之地。加上文字的主要特征便是以情感人。"感人心者莫先乎于情""没有感情这个品质,任何笔调都不能打动人情。"优秀的文学作品正以其丰富而强烈的情感,使读者倾心动情。梁启超在《论小说与群治关系》一文中说:"我本蔼然和也,乃读林冲雪天三限、武松飞云浦厄,何以忽然发指? 我本愉然乐也,乃读晴雯出大观园、黛玉死潇湘馆,何以忽然泪流? 我本肃然庄也,乃读实甫之琴心、酬简,东塘之眠香、访翠,何以忽然情动? 若是者,皆所谓刺激也。"这里所谓的刺激就是艺术作品之中的"情"对欣赏者来说不可抗拒的艺术感染力量。托尔斯泰说:"艺术是这样一种人类活动:一个人用某种外在的标志有意识地把自己体验过的情感传达给别人,而别人受到感染,也体验到这些感情。"

"文,心学也。"从心态上分析,文学更易接触作家作品的本真,也更容易引起读者的共鸣。作家的心态包含作家的人生观、创作动机、审美理想、艺术追求等多种心理因素。先秦诸子的众生相,屈原叛逆不屈、项羽末路悲歌、李斯老鼠哲学、曹植的悲愤、阮籍忧思伤心、陶渊明的出仕和归隐、苏东坡的不偏不倚实事求是,凡此种种数不胜数,在此不再一一列举。千载余情激励着文学家们的创作,同时也滋润着学生们的心灵。饱含中国深厚悠久的文化。这种文化陶冶对个人素养和绿色心境的培养可谓是一方沃土。

追溯历史之后,回顾古代文人的种种心态:进取与退隐,消沉与放达,执著与激昂等等,所有这些对于今天的我们来说有多大的价值和分量? 又以什么样的方式表现? 认真思考之后用所得结果与心得体会来克服心理障碍,加强自我修养。

力争做到以下几点:第一,树立远大理想和乐观主义精神,将个人命运与国家前途联系在一起,放宽眼界,做自己生活的强者不当懦夫。第二,勤奋学习努力进取,增强自信心。第三,发展健康的自我意识,正确估计自己,正确对待他人,严于律己,宽以待人,与人为善,待人真诚,不意气用事。第四,根据主观现实条件调整个人的需要和心理期望,控制个人情绪,维持心理平衡。第五,丰富自己的精神生活,培养自己的审美心理,在审美过程中培养良好的心理品质和积极的个性。

另外,在面对重大挫折时要用积极的自我心理调节从挫折中摆脱出来,尽量避免或减轻心理损伤。以古为鉴,有升华和代偿两种做法。升华即是当个人欲望因条件限制不能满足时,将原由的内部动机转化为社会性动机,想着更高尚的目标追求。比如说失恋而不沉溺于痛苦,而将原有的爱情转化为学业的执著追求。代偿指在某一方面不能取得成功时,可以在自己力所能及的其他方面发挥所长,取得成绩。

# 二、绿色心理

## (一)绿色心理内涵

绿色心理就是健康心理,在身体、智能以及情感上与他人的心理健康不相矛盾的范围内,将个人心境发展成最佳状态,即符合医学角度的健康心理标准;具有绿色心理的大学生拥有积极乐观的心态、符合"绿色"的可持续发展的特点,即大学生能够跟随时代脚步稳定持续发展。

从医学角度看,心理健康是指人的基本心理活动的过程内容完整、协调一致,即认识、情感、意志、行为、人格完整和协调,能适应社会,与社会保持同步。则大学生心理健康的基本标准是:智力正常;情绪稳定,协调;有较好的社会适应性;有和谐的人际关系;反应能力适度与行为协调;心理年龄符合实际年龄;有心理自控能力;有健全的个性特征;有自信心;有心理耐受力。

## (二)绿色心理的重要意义

良好的身体素质和健康的心理,是适应社会竞争的重要保证。高校体育是高校教育的重要组成部分,具有健身、健心的重要功能,是培养大学生心理健康的重要途径。在促进人的全面发展的过程中,作为教育的有机组成部分,高校体育在促进大学生心理健康中具有不可替代的作用(郑学美,2006)。

(1)造就乐观心态。绿色心理使大学生在成长过程中感受到大学生活和学习的自然乐趣,懂得怎样爱父母、爱老师、爱朋友、爱自己、爱学习、爱生活,关心社会的发展和进步,关心祖国的荣辱兴衰,从而形成健康向上、积极乐观的心理素质。即使面对生活中的诸多困难和压力,也能以乐观的态度去面对。

(2)增加信心与勇气。拥有绿色心理的人一定是一个自信的人,对自己充满信心和希望,还会踏实学习、勇于创新,这样的大学生具有乘风破浪的勇气,勇敢的开创自己的未来。即使未知的路还很远,但是他们有无尽的信心和勇气去探索。

(3)加强自我控制力。健康的心理离不开有效的情绪管理,要学会适度宣泄,但又能合理控制。每个人情绪的表现都不同,有的人能喜怒不形于色,而有的人就是控制不住自己又哭又笑。要想管理好情绪,首先要深入自我分析,在此基础上扬长补短、循序渐进,方能不断完善。

(4)有利于自身发展、社会进步。绿色心理可以让一名大学生偏离浮躁、求真务实,找准自己未来的方向、建立自己崇高的理想和正确的人生观、价值观及世界观,就有可能会成为国家、社会甚至人类世界的栋梁,推动社会进步。

## (三) 大学生绿色心理培养实践

绿色心理对大学生的现在和未来发展都十分重要,对于如何培养大学生绿色心理这一问题,本书从社会教育角度、大学生自我角度来阐释。以下是具体做法(张晓琴,2004)。

### 1. 大学教育与引导

正确恰当的大学心理教育也十分重要。学校应根据学生的心理健康状况,有针对性地开设相关课程,同时,通过校刊、院刊、校广播站、校园网、公共平台等载体,普及心理健康常识,使大学生学会自我心理调适,消除心理困惑,提高承受和应对挫折的能力。

拿破仑说过:"人与人之间只有很小的差异,但这种很小的差异却往往造成巨大的差别。"这点小小的差距,无论是老师、朋友、家人等外部因素导致的,还是心理的自我暗示导致的,都在脆弱的心理上被无限放大,造成云泥之别。所以,教育工作者应把创设"绿色"心理环境、培养大学生的绿色心理作为教育教学活动中必不可少的环节,使大学生具备良好的心理素质和面对问题的良好心态,使大学生全力以赴迎接人生的挑战、接受成长的洗礼。

从大学生的生理、心理的发展特点看,大学对大学生心理健康教育的基本内容在于传授心理发展常识、心理保健方法。心理发展常识可以让大学生意识到一些心理问题的普遍性,并不是一个人的特例,不需要因此而苦恼、焦虑、恐惧,甚至自我封闭、远离他人,走向人生低谷。而是采取合理的方法解决这一问题,比如进行自我心理调试、心理恢复,如果需要还可以去心理咨询中心找专业的心理咨询师解决心理的苦恼。于心理保健方法而言,它可以防患于未然,预防灰色心理的产生。

### 2. 自我认同与成长

自尊自爱是创设大学生"绿色"心理环境的开端(季树生,2009),健康的心理,它应该包含以下几个方面:

（1）了解自己并肯定自己，能保持人格的完整与和谐，个人的价值观能适应社会的标准，对自己的工作能集中注意力。

（2）掌握自己的思想行为，在日常生活中，具有适度的主动性，不为环境所左右，但也要具有从经验中学习的能力，能适应环境的需要改变自己。

（3）有适度的安全感，具有自我价值感与自尊心。

（4）适度地自我批评，不过分夸耀自己也不过分苛责自己。

（5）能与人建立和谐的关系，在不违背社会标准的前提下，能保持自己的个性，既不过分阿谀，也不过分寻求社会赞许，有个人独立的意见，有判断是非的标准。

（6）具有相应的独立谋生意愿与能力，理智、现实、客观，与现实有良好的接触，能容忍生活中挫折的打击，无过度的幻想。

（7）理想追求不脱离现实，有自知之明，了解自己的动机和目的，能对自己的能力作客观估计。

不少贫困生自我评价调试能力偏低、自我认同偏差、性格较封闭，这些都会导致心理问题（张晓琴，2004）。大学生作为一个即将走进社会的特殊而且重要的群体，从自身培养以上七个方面的能力和心态十分重要。所以，大学生首先应学会自尊自爱，才是创建属于自己的"绿色"心理环境的开端。

**3. 心灵交流与沟通**

绿色心理的养成还缘于沟通。真正会沟通的人不仅会掌握交流技巧与经验，还是会用心去交流。在同学朋友遇到问题时认真倾听，无论是否给出意见，都会去耐心倾听。同样的，当他遇到一些困难时，他也会去诉说、去发泄。这样就建立了良好的交流沟通关系，他们是互相的天使也是互相的情绪垃圾桶。用心去说话往往事半功倍，最快地解决问题。重要的是，在交流的过程中不仅解决了自己的问题，交到了知心好友，还培养了自己的绿色心理。这项培养技能不是来自外界的辅导帮助，也不是来自"自我认同与成长"（这种培养办法可能会受到心理素质的影响，当内心十分脆弱的时候，这种方法显然不能很好地发挥作用），而是经过经验实践而形成的一种能力，一旦拥有，几乎不会丧失。所以，在几乎算得上是半个社会的大学，心灵交流与沟通的能力对大学生养成绿色心理十分重要。

然而，即使是在大学，已经成年，还是有许多大学生不善于与同学舍友交流沟通，更不用说吐露心声了。所以，此时大学教师也应该主动与大学生交往。例如，中国人民大学校园内就开设了心理咨询中心，由专业心理咨询师值班，在校园各个宿舍楼里有朋辈小屋，那里有高年级的接受过培训的小小咨询师，及时解除某些大学生可能出现的心理障碍，使大学生有了烦恼可以向人倾诉，有了苦闷，可以找人排解，便于师生之间经常性心灵沟通，同学之间友谊的培养，促进学生"绿色"心理环境的形成。

### 4. 树立正确的人生观、世界观

当代大学生的激情尚不稳定,感情丰富而脆弱,知识经验积累不足,在认识上常常具有很大的主观性、片面性和肤浅性,往往以错误和片面的选择来对待理想和现实。因此,高校教育工作者要因势利导,不要太过死板,固定模式。根据实际情况调整教学计划,增加实践活动,在实践中促使大学生在关注自我和关注社会发展之间达成一种平衡。这种平衡要求大学生既不脱离社会实际和社会责任,也不会单纯地沉溺于对自己未来的自我设计之中。从而,树立正确的人生观和世界观,放眼未来。

同时,要注意缓解由于不满现实引起的过度焦虑、无助等不良情绪反应,以及由此产生的不良行为(王丽娟,2007)。很多大学生控诉社会的功利性,说这是一个"拼爹"的时代,总是怨天尤人,认为自己的一切不顺都是他人造成的,却不考虑自己是否做得好不好,有没有达到社会对人才要求的标准。反而导致自身过度焦虑,甚至导致自身不良行为、违法乱纪的后果。

因此,树立正确的人生观、世界观、价值观是大学生养成绿色心理的重要环节,也是精髓所在,拥有正确三观的大学生就真正读懂了"绿色"的含义。"绿色"不仅代表着健康,更代表着积极乐观,正确的人生观、世界观、价值观,是一名大学生最宝贵的财富。

# 第二节　绿色情商与绿色意识

## 一、绿色情商

### (一)绿色情商内涵

一般认为,情商是一种自我认识、了解、控制情绪的能力。绿色情商是美国心理学家丹尼尔·戈尔曼在情商概念的基础上提出的衡量人们生态智慧高低的指标。最初,绿色情商被用来评价企业是否具备最强劲的循环经济动能,并提倡企业发展应注重生态平衡,保护自然世界与人类社会的和谐状态。丹尼尔·戈尔曼认为,绿色情商"是我们适应生态环境的能力","能够让我们了解人类活动是如何影响生态系统的,并将这些知识加以运用,最终减少对环境的危害,就像以前那样……可持续地生活下去"。在当今经济发展与生态环境面临失衡矛盾的背景下,绿色情商对于人的道德与心智发展而言已成为一种社会应然的诉求,并对人的生态文明素质具有重要影响。

绿色情商是人对自然的认识能力和实践能力的综合评价指标,它拓宽了人的自我认知与自我控制的范围,不仅从人与人的关系、人与社会的关系角度衡量情商,也从人与自然之间的伦理关系、能量关系着眼调节人的心理和行为。长期以来,人对自然的认识普遍反映在利用自然和改造自然的层面,鲜见于回报自然或延续自然,这就形成了人与自然之间的对立关系,人仅注重从自然获取物质能量,而忽视对自然的回馈,最终造成自然资源日益减少,生态环境不断恶化,自然灾害频繁发生等严峻后果。马克思在谈到人与自然的关系时指出:"自然界,就它自身不是人的身体而言,是人的无机的身体。"自然对于人而言,是人赖以生存的能量源泉,与人进行着连续的物质交换,并且在这种给予与获取的对立之中,人已然成为了自然之体,与自然形成统一。就是这样一种既对立又统一的辩证关系,体现着人与自然的存在规律,并对人的实践形成了约束。这种约束,一方面来自于客观存在的自然规律,另一方面应当成为驻守在人内心中的戒律,决定人的道德,影响人的情感,控制人的行为。绿色情商,正是人对自然产生道德、情感和行为的评价标准,适用于任何个人以及任何社会群体。

总之,绿色情商在人类社会与自然生态平衡发展的诉求中产生,它着眼于人的可持续发展意识,其评价不仅是对人与自然关系的审视,而且为人的具体实践方法和生产方式提供了指引,具有很强的针对性,同时也为人与自然建立和谐关系开辟了新的思考维度。

## (二) 绿色情商对加强大学生生态文明素质教育的意义

20世纪以来,人类社会在创造现代文明的过程中对自然生态所造成的负面影响日益明显。面对日益恶化的生存环境,人类开始理性地反思自身的价值理念与生产行为。在此前提下,绿色情商概念应运而生。绿色情商与一般的情商概念相比而言,具有较强的针对性和明显的创新品格。绿色情商将情商的范围从人与人、人与社会的关系延伸到人与自然的关系中,以全新的视域探究人对自然理性认识、科学利用、有序循环等方面的自觉心理及道德能力。

作为承担社会未来发展责任的大学生,如何看待并处理人与物、社会与自然、物质力与责任心等生态关系,将直接影响未来社会体系和生态系统的发展趋势。因而,在大学的教育体制中探索、建构有效的大学生绿色情商培养机制具有重要的现实意义。

绿色情商是加强大学生生态文明素质的内在动力。大学生是社会未来发展的推动者,其生态文明素质的具备程度对生态环境的保护与和谐社会的构建都有着重要影响。因此,重视培养大学生的生态文明素质十分必要。

大学生生态文明素质的建立是外部环境与自身因素共同作用的结果。其核心在于大学生从自发至自觉地建立起一系列的生态道德、生态情感与生态行为。这是一个自内向外的过程,是一种在认识、实践、再认识、再实践的相对过程中逐步培养的素质。因而,培养大学生的生态文明素质首先要教育大学生在生态发展中的善恶、对错、是非观念及价值标准,促使大学生在内心建立正确的自我判断和评价体系,进而控制行为。

绿色情商的本质,是基于人对自然建立全面的感知,从而让人有能力"了解自身的行为及其对地球、人体健康和社会系统的潜在影响之间的内在联系"。绿色情商以一般情商为界限,是在从他人角度出发、考虑他人感受、向他人表达关心的能力的基础上建立面对所有生命的"通感"之心,一旦人们感知到自然生态系统发出的"报警"信号并为此感到不安,进而决心改进行为的时候,人也就获得且体现出了这种"通感"之心——绿色情商。

可以说,绿色情商是人培养生态文明素质的核心因素,它既是建立于人内心的评价标准,同时也是驱动人改善生态意识、行为的内在动力。培养大学生的生态文明素质,则应当从绿色情商教育入手,结合大学生自身心理特点,通过人与自然生态良性关系的内化,使其建立自觉的生态行为习惯,并最终将绿色情商升华为一种生态信仰。

### (三)大学生绿色情商的培养实践

培养大学生的绿色情商并非社会生态文明教育的最终目的,而是要全面提高人的生态文明素质,让人在自觉、自为的意识形态下,辩证地对待人与社会、人与自然的关系。社会生态文明的诉求旨在建立一种生态系统平衡发展、人与自然和谐共存、资源可持续发展、物质能量循环交互的大自然发展状态。而绿色情商则是实现社会生态文明目标和提升个人生态文明素质的重要途径,但在具体实施中与之相关的各种教育方式应当被综合运用,有针对性地对特定群体及个人进行培养。结合大学生群体的特点,可从以下几方面加强大学生绿色情商开发与生态文明素质教育(范虹,2009)。

**1. 加强绿色情商认知教育,增强大学生的生态文明意识**

提高大学生的生态文明素质,必须重视培养大学生对生态文明的认知能力。生态文明的认知能力是大学生对一系列生态文明现象、规范、价值等范畴的认识程度,是培养大学生生态文明素质的起点,它与生态文明素质本身成正比关系。在实践中,主体对生态文明的认知程度越高,其生态责任感就越强,越能从道德自律的层面约束自身的生态行为。

大学生必须明确认识到,在人发现和利用自然生态的价值活动中,哪些原则必须遵循,什么行为才是正确的,怎样选择符合道德良心等,即具备一定的理性思维和是非辨别能力,才能最终确立正确的生态文明意识,并自觉与违背生态文明的思想和行为作斗争。

**2. 加强生态伦理教育,培养大学生的绿色情商与生态文明素质**

生态伦理是当代大学生伦理道德体系不可或缺的重要构成。必须加强大学生的生态伦理意识,使其能够自觉地将人与自然生态的关系上升到道德意识的层面。因此,在大学开展有针对性的教育引导至关重要。

(1)发挥教学主渠道作用,注重生态伦理教育。在大学课程体系中,应该加强绿色课程教学体系建设,注重生态伦理教育,使生态伦理教育纳入正规的教学体系,将生态伦理教育与大学生实践有结合,促进大学生的道德践行,实现理论教育与实际生活的密切联系(周兰珍,2007)。同时,学校可根据实际情况,开设相关的选修课程加以辅助、深化,通过更为灵活的教学安排提升生态伦理的教育效果,引导大学生正确对待人与自然的关系,树立科学的自然观与发展观,从而形成良好的生态道德感与责任感。

与其他理论教学相区别的是,在生态伦理教育过程中,首先应本着伦理教育"以己及人""以己推人"的原则展开教学。这就要求教师必须发挥示范带动作用。教师的教育对象是有能动意识、有情感判断的人,大学生一方面会对教师的教学水平、教学方式作出评价,另一方面还会对教师的人格、道德、态度、行为等作出反应。因此,教师的言行示范均对处于身心成长中的大学生有着潜移默化的影响作用。所谓"学高为师,身正为范",教师在教学中,自身必须具备相应的生态伦理意识,能自觉地遵循生态伦理的原则、规范,树立榜样,时时处处体现合理的生活态度、消费观念、责任意识,才能更好地教育和引导学生自觉践行生态伦理的要求。

此外,还应加强社会及家庭对大学生的生态文明教育,努力营造全面的生态文明环境。

(2)发挥传统文化对大学生绿色情商开发的启迪作用。中国传统文化是世界文明史上的光辉一页,是中华民族千百年实践得来的智慧,这些智慧包含了先祖对自然的认识和对自然关系的理解,尽管在传统文化中并未明确体现生态的概念,却以"心""理""物""德""循环"等范畴诠释了人与自然生态的关系并在其中寻求一种平衡。这种诉求正是对人与自然和谐相处状态的高度重视与肯定。事实上,中国传统文化对人与自然生态的理念始终体现着"地势坤,君子以厚德载物"的和谐,这是对自然的宽容与对人的要求,是中国传统生态理念的基本精神(张连春,2012)。

中国优秀的传统文化留下的财富需要继承发扬,其中对自然生态的和谐理念和以此种理念为信仰的循环不息的生存方式更值得后人思考。当代大学生应主动学习国学精髓,发掘先祖对自然理解的智慧结晶,从而继承优秀成分,引导自身形成适合现代社会发展的生态理念,丰富和完善绿色情商。可以说,对中华优秀传统文化的继承和借鉴对当代大学生绿色情商的开发培养有着极为重要的启迪作用。

(3)发挥学生的主体作用,强化绿色情商修养。大学和教师在对大学生进行生态文明教育的同时,还应该有意识地提高大学生自身的绿色情商修养。"打铁还需自身硬",一种精神意识的培养是一个自我观念不断提升的过程,它内化于主体的人格完善中。生态文明素质作为一种修为和规范的体系,只有在外部因素正确引导的前提下,通过大学生的自我学习、自我反省、自我总结以及自我约束才能形成内在的生态信念和践行动力。绿色情商既是对大学生生态文明素质的综合评价标准,也是对大学生提出的生态价值要求。因此，大学生自觉完善自身的绿色情商，提高自我的生态文明修养，是其具备生态文明素质的核心要素。

### 3. 发挥现实教育对大学生绿色情商开发的警示作用

任何一种教育都应建立在现实的基础上，脱离现实则偏离了教育的初衷。从生态环境的现实看，当今社会的生产方式让人在与自然的对立中错误地以"主人"的身份自居，并对自然采取掠夺式的物质攫取。水质污染、空气恶化、气候失常、灾害频生，种种生态失衡现象时常提醒人们调整自己的生态意识，改善生产方式，改进生活行为。人们也充分意识到了人与自然生态之间存在的矛盾，并正在寻求改变，防止矛盾激化而产生严重后果，因为人们已经在与自身生活相关的诸多领域感受到了来自自然的警告。

现实是人最好的"老师"，人在现实的"教训"下越来越懂得审省自我。大学生是处在社会意识前沿、掌握知识并具有理性的特殊群体。大学生的绿色情商一方面要从有序的系统教育中获取，另一方面更要通过对具体生态现象的对比、分析与总结逐渐完善。大学生只有在广阔的现实体验中接触自然，感受生态失衡造成的恶劣影响，才能从标榜天然的产品中、污浊死寂的河道里、雾霾昏暗的天空下、干涸龟裂的土地上真正体会生态系统失衡的畏惧与期许。在感受现实的过程中，绿色情商也会在大学生的内心里自然觉醒并发挥作用。

### 4. 发挥法制规范对大学生绿色情商开发的导向作用

法制规范为社会发展与人的成长树立了刚性的维度，法制规范一方面对"出界"的行为具有惩戒作用，更重要的是，法制规范也对人的思维与行动具有导向性意义（胡晓红，2012）。

大学生在实践中逐渐形成相应的绿色情商，并能够以此为标准适当地对待自然，重视生态平衡，这首先需要从社会层面形成正确有力的导向，确保舆论和意识趋向于理性。大学生的绿色情商既是一个情感培养过程，也是一个理论学习过程，同时又有着较强的实践性，不论是对情感倾向的引导，对理论品质的确立，还是对实践行为的规范，都离不开社会的认同（陈新亮，2010）。因此，在社会范围内建立健全与生态文明相关的一系列法制规范，既能体现社会对生态文明的统一导向，又能促进和巩固绿色情商在大学生群体中的培养，为社会未来的生态发展趋势提供制度保障。

总之，培养大学生的绿色情商是符合当代社会生态发展需要的重要任务，大学、社会、家庭应当给予充分重视。通过改革教育体制，树立正确舆论导向，强化大学生的生态文明意识，健全法制体系等途径切实加强对大学生的绿色情商教育，并在具体的教育过程中拓宽视域，综合运用多样方式，全面提高大学生的生态文明素质，为建设和谐美好的自然及社会生态关系提供意识形态保障（张晓光，2013）。

# 二、绿色意识

## (一) 产生与内涵

人与自然环境的关系问题是人类文明的一个基本问题。人类在长期的发展过程中，逐渐从依赖自然、利用自然发展到改造自然、征服自然。一部人类文明史可以说是一部人类同自然界关系的演进史。在人类文明演进的历史过程中，逐渐形成了敬重自然、重视同生态环境协调的绿色意识。绿色意识最初以不同形式存在于世界各民族的思想智慧之中，具有朴素性、自发性等特点。经过工业文明时代的反省，自 20 世纪下半叶以来，绿色意识已成为具有世界性的人类精神文明范畴(王金红,2001)。

从 18 世纪开始，以西方资本主义国家为代表，人类进入了工业文明时代。资本主义工业文明以不惜一切代价追求经济财富增长，最大限度地实现资本增值为内在驱动力，导致了人类生产与消费活动对自然资源需求的无限性。因此，人类对自然界的改造与破坏逐渐达到了登峰造极的程度，人与自然的关系也日益陷入严重的对立状态。19 世纪中期，资本主义工业文明对自然界的破坏与掠夺已经开始引起一些有识之士的忧虑。恩格斯在《自然辩证法》一文中提出警告：不要过分地陶醉于我们人类对大自然的胜利，要警惕大自然对我们的报复。令人遗憾的是，这一明智的论断在当时并没有引起人们的重视。

进入 20 世纪 60 年代以后，全球范围内生态危机日益严重，公害事件与日俱增，自然灾害连年不断。据有关科学研究估计，全球生态恶化从广度和深度上都在以惊人的速度扩展，其具体表现包括：土地资源逐年衰竭，森林资源遭受毁灭，淡水资源日趋紧张，大气污染相当严重，物种数量迅速减少。除此之外，噪声污染、电磁波污染、光污染、热污染和核污染等新的污染不断涌现。这一切无情的事实迫使西方的有识之士重新审视人与自然的关系，对工业文明的理念进行深刻的批判，寻找人类新的发展方向。西方一些主要国家的科学家、医疗人员、律师、大学师生乃至家庭妇女纷纷组成了"地球之友""自然之友"等环保团体组织，他们高举绿色旗帜，提出了一系列新的主张和要求。例如，主张保护水土资源，净化空气和水源；要求工业实现无毒化和无污染化，对废弃物、垃圾进行再生循环性使用；反对过度的海洋捕捞与开采；反对捕杀野生动物和利用野生动物皮毛、器官制造服饰、药物。与此同时，来自多个国家的科学家、经济学家、教育家、人类学家汇集于意大利罗马，组成"罗马俱乐部"。罗马俱乐部立足于人口—资源—环境—发展这一轴心，对人类未来发展前景进行了新的思考。1972 年，罗马俱乐部发表了一份令世人警醒的研究报告《增长的极限——关于人类困境的报告》。这一报告的中心思想就是：产业革命以来人类经济增长所倡导的"征服自然"的发展模式,其后果是使人与自然处于尖锐的对立之中,并不断地遭到自然的报复。这条传统的工业化道路,导致全球性人口剧增、资源短缺、环境污染和生态破坏,实际上使人类走上一条不能持续发展的道路。为了人类的未来,各国应采取有效的措施,努力稳定人口规模,保护自然资源,开发和利用可再生资源,自觉地改变价值观念,努力探索一条人与自然协调发展的新路。

在西方环保运动的影响下,1972年6月5日,联合国在瑞典首都斯德哥尔摩召开了人类环境会议,这是国际社会就环境问题召开的第一次世界会议,标志着人类从整体意义上对环境问题的觉醒。这次大会通过的《人类环境宣言》不仅对各国环保运动具有极大支持,而且对人类绿色意识的升华具有积极推动作用。进入80年代以后,绿色浪潮席卷全球,导致了以保护生态和环保策略为宗旨的绿党在西方国家的普遍出现。绿党以其新颖的政治、经济和社会纲领而大受绿色意识日益觉醒的选民欢迎,成为西方政治舞台上引人注目的角色。也正是从80年代开始,绿色运动从西方扩展到发展中国家和地区,绿色意识成为具有全球性影响的新型意识形态。

所谓绿色意识,是指人类为谋求人与自然和谐相处而形成的一套思想观念,其主要内容包括生态保护意识、能源节约意识、消费简约意识、亲近自然意识、环境优化意识等。绿色意识的核心是生态伦理和生态价值观。经过世界各国人民的共同努力,绿色意识形成了这样的基本价值观与信念:自然界是一个有机的系统,人类只是这个系统中的一部分。不管人类的科学技术发展到什么水平,人类终归要依赖自然而生存。尽管人的主观能动性对自然界具有重要的影响,但人必须尊重自然规律,自觉控制自己的行为,合理地开发和利用自然资源,协调人与自然的关系。保持地球的基本生态过程和生命维持系统,是人类生存和发展必需的。自然界不仅是人类实践的对象和一切物质财富的源泉,而且是每个人精神生活不可缺少的重要条件。由此,我们不难认识到,绿色意识是人类文明中具有普遍意义的思想文化观念和行为准则规范,是人类精神文明中共识性程度很高的一个范畴。

21世纪已经来临,人类的发展前景既充满希望,又存在许多未卜的凶险。美国匹兹堡大学著名的华人历史学家和社会学家许倬云教授指出,在21世纪,人类将面临国际化或全球化、技术化、资讯化三股力量的冲击,人类文明可能出现的一个结果是,世界上的每一个人都不再有归宿感,不再有可遵循的法规与秩序,人类可能会出现一种新的混沌状态。因此,他呼吁:"我们每个人都应当共同参与来建构一个人类的普世新价值。"在一系列普世新价值中,全球生态伦理是一个重要方面。因此,他指出,凡是有所取于自然的,必须有所归于自然,只有这样,才能使人类文明同生态环境处于和谐平衡的状态(许倬云,2000)。另一位著名的美籍华人学者哈佛大学的杜维明教授也曾指出:21世纪将是文明对话的世纪,在各种人类文明的对话中,必须通过吸收各民族的思想道德资源建立一套新的普世伦理。这种新的普世伦理包括人与自然关系的价值准则规范。综上所述,我们有理由认为,绿色意识必定成为 21 世纪人类具有世界意义的精神资源,在人类精神文明体系中占有更加突出的地位。绿色意识不仅会超越社会制度的局限,而且会超越民族文化的局限,成为连接世界文明强有力的精神纽带。

我国是一个具有悠久历史的文明古国,在博大精深的中国传统文化中,积累了质朴的生态伦理智慧。中国传统中强调"天人合一",就是要求人与自然的和谐相处。在中国传统文化中,不仅有天人合一的哲学思想,也有保护生态的伦理智慧。例如,孟子说:"不违农时,谷不可胜食也。数罟不入夸池,鱼鳖不可胜食也。斧斤以时入山林,林木不可胜用也。"这里强调的就是人要有节制,要从自然界获取,先必须让它休养生息,才能永续利用。管子也说:"山林虽广,草木虽美,禁发必有时……江海虽广,池泽虽博,鱼鳖虽多,罔罟必有正,船网不可一财而民也。"这也是强调要适度开发自然资源,不可竭泽而渔。

然而,纵观中国两千多年的农业文明史,我们看到的是,以黄河流域为中心的中华文明的衰败恰好同生态环境的危机相伴随。我们民族质朴的生态伦理智慧并没有真正切实地在保护生态环境方面发挥作用,具有远见卓识的生态伦理智慧同每况愈下的生态环境状况形成鲜明的反差。造成这一历史悖论的原因,除了历代统治阶级的荒淫奢侈、腐败无能和战争与自然灾害的破坏之外,还有一个不容忽视的原因,这就是,中华民族在农业文明时代的生态伦理智慧仅仅局限在少数先知先觉的圣人贤哲的认识之中,并没有形成大众化、全民化的生态价值观和生态伦理准则。在一个文盲占绝大多数的国度里,精英人物的生态伦理智慧难以在大众中传播;一个无宗教信仰、重实利和现世的民族,更加难以形成对自然环境的关怀。总之,传统中国精英分子同社会大众在生态伦理智慧方面的脱节,使我们这个民族的绿色思想资源被实际的社会行动所驾空、闲置,因而处于空置化状态。

新中国成立以后,为了迅速改变一穷二白的落后面貌,我国一方面加快了工业化步伐,逐渐步入自然资源消耗型的经济增长轨道,烟囱林立、机器轰鸣作为新的城市象征受到人们赞扬。另一方面,加快了农业的发展,扩大耕地面积成为发展农业的一项重要措施。20 世纪 70 年代,全国开展"农业学大寨"运动,在"让高山低头、让河水让路"和"人定胜天"的精神鼓舞下,全国各地大量地毁林造田、填湖造田、移山造田,生态环境遭到了严重破坏。在发展经济的迫切任务下,我们沉迷于"我国地大物博、物产丰富"的盲目乐观之中,忽视经济增长的生态成本与生态效益,一味追求经济数量的增长,造成严重的资源浪费。在生态环境保护方面,我们不仅忘记了老祖宗的教诲,而且听不见世界的声音。1972年,联合国第一次世界环境大会召开的时候,我国正值"文化大革命"的后期,极左思想束缚着人们的观念。因此,对于全球性的环境问题,我们国人采取的是事不关己的态度。中国著名的环保理论家曲格平回忆说,尽管我国派代表团参加了 1972 年联合国环境会议,但我们的参会目的不在于环境保护,而是在于政治斗争,即把参会当作同国际资本主义阵营作斗争的机会。在我国代表团回国后的汇报材料中,对环境与发展这一会议的中心议题几乎只字未提(芭芭拉,1997)。那时候,我们并不相信世界范围内存在生态危机,而相信那只是资本主义社会的政治危机,公害是资本主义制度的罪恶产物,社会主义社会不可能产生环境污染问题。由于受到这样的极左思想影响,我们将全球范围内如火如荼的绿色浪潮阻挡在国门之外,中国人听不到世界绿色运动的呼声。

进入 80 年代以后,随着改革开放政策的实行,中国对世界的了解加深了,同世界的联系也加强了,绿色意识逐渐传播到中国,我们逐渐认识到了中国环境问题的严重性,环境保护被作为一项基本国策提出来,绿色意识开始进入部分国人的头脑之中。1992 年,我国政府参加了在巴西首都里约热内卢召开的联合国环境与发展会议,并成为《21 世纪议程》的积极支持者。1994 年,我国政府发表《中国 21 世纪议程》,表明绿色意识已正式进入官方观念体系之中。应当说,从人们绿色意识的觉醒到环境保护确立为基本国策,可持续发展模式成为新发展模式,中国朝绿色文明的方向迈出了可喜的步伐。

然而,我们也要清醒地认识到,目前我国生态破坏、环境污染的情况还相当严重,绿色意识尚未彻底深入人心,要真正走上可持续发展之路,还显得步履维艰。一位学者严肃地指出,"中国因为缺乏深层的绿色思想的后援而使可持续发展的研究宣传虽然热闹,但不免流于空泛肤浅"(吴国盛,1998)。1997 年,由中央电视台等单位组成的一个调查组对淮河领域污染状态的调查表明,污染的主要制造者是淮河沿岸一些中小型化工厂、染织厂和造纸厂。而这些污染工厂的负责人中,有相当一部分是 80 年代的大学毕业生。事实表明,在我国的思想教育中,绿色意识教育长期以来是一片空白。我们在国人的思想教育中,仅仅注意培养人们"节约用水""节约粮食""节约用电"之类的节约意识是远远不够的,必须从人与自然关系的高度进行系统、全面的绿色意识教育,培养具有绿色意识的社会主义新人。否则,我国难以取得社会经济的协调发展,难以取得社会主义现代化建设的真正成功。因此,培养具有绿色意识的社会主义新人成为 21 世纪社会主义精神文明建设的重要任务(王金红,2001)。

## (二) 绿色意识的地位与作用

绿色意识作为具有世界意义的人类精神文明范畴,对 21 世纪社会主义精神文明建设具有重要的意义。如果说,在 20 世纪,绿色意识还只是社会主义精神文明体系的有益补充的话;那么,在 21 世纪,绿色意识应当成为社会主义精神文明体系的内在范畴,并且在整个社会主义精神文明体系中具有突出的地位和作用(王金红,2001)。

从地位来看,首先,在 21 世纪,绿色意识将逐渐从社会主义精神文明体系的边缘走向主流,同马克思主义的世界观和价值观相融合,形成社会主义的生态伦理观和生态价值观,因而融入社会主义的主流思想道德体系和整个文化体系,成为 21 世纪社会主义主流文化的一部分。其次,在 21 世纪,绿色意识将从社会主义精神文明建设的条件变为社会主义精神文明建设的目标。培养全民的绿色意识、造就有绿色意识的社会主义新人,不仅是社会主义物质文明建设和精神文明建设的条件,而且是社会主义精神文明建设的目标,因为绿色意识的形成不仅有利于促进社会主义社会人的精神世界的完善,而且有利于促进人同所处的社会环境、自然环境关系的改善。最后,在 21 世纪,绿色意识还将从社会主义精神文明体系的精英文化变成大众文化。在 20 世纪后半期和 21 世纪初期,绿色意识还只是社会主义国家中少部分"先知先觉"的精英分子的思想观念,社会大众的绿色意识还比较模糊和淡薄,因而,绿色意识属于具有先锋性的精英文化范畴。在 21 世纪,随着绿色意识宣传、教育和传播的普及,绿色意识将成为多数人的思想观念,广泛渗透到人们的日常生活和工作之中,成为大众文化的一部分(王金红,2001)。

从作用来看,绿色意识对 21 世纪社会主义精神文明体系的发展和完善至少具有以下四个方面的作用(王金红,2001):

第一,开辟新的道德价值资源。21 世纪人类经济和科技的发展,全球化的推进,将使人类产生许多新的道德价值需求,包括经济伦理、科技伦理、工作伦理、生活伦理、交往伦理等,这些领域都需要新的价值资源。我国社会主义精神文明价值体系中,还缺少系统的生态价值观,人与环境协调价值观等绿色价值资源。因此,绿色意识的形成能够为社会主义精神文明开辟新的道德价值资源,满足时代发展的新价值需求。

第二,提供新的行为规范。在传统的社会行为规范体系中,我们形成了比较完备的人与人之间、人与社会之间的行为规范体系,但忽略了人与自然关系的行为规范。即使在社会主义社会中,我们将人与自然的关系视作主体—客体关系,赋予人役使自然、征服自然和改造自然的各种行为以绝对合理的意义,导致人与自然关系日益严重的对立。绿色意识在社会主义行为规范体系中的引入,有利于纠正过去我们在人们与自然关系中行为规范的缺失,形成正确的人与自然关系规范,以及新型的人与人、人与社会关系的行为规范。

第三,创造新的社会风尚。从绿色意识在发达国家的社会影响来看,它不仅促进社会形成了新的消费时尚、新的生活时尚和新的审美时尚,而且促进了重视妇女权利、重视家庭价值和同情弱势群体等新型社会风尚的形成,有利于保持人类社会文化生态的平衡。这些新的时尚和社会风尚,同样是社会主义社会在 21 世纪所必需的。因此,绿色意识的普遍形成,必将促进社会主义社会新风尚的建立。

第四,形成新的精神纽带。尽管全球化是 21 世纪人类社会发展的重要趋势,但由于民族文化差异的存在,世界各国在政治、经济、文化等方面的矛盾与冲突也是不可避免的。要保持世界和平,促进人类的共同繁荣与发展,必须建构一系列新的普世价值,为人类提供新的精神纽带。实践证明,绿色意识能够超越社会制度、政治信仰、宗教信仰、民族种族等因素的障碍,促进各民族的对话、交流与合作,为人类建立新的精神纽带,促进世界和平与发展。同样的,绿色意识作为极具生命力的精神文明范畴,能够为社会主义社会产生新的精神号召力和社会凝聚力,有利于团结各种社会力量共同致力于社会主义现代化建设,为 21 世纪社会主义事业的复兴准备充分的精神资源和社会资源(王金红,2001)。

### (三) 绿色意识的培养措施

有人预言,21 世纪将是绿色文明的世纪和绿色经济的时代。党的十八大报告和国家未来发展十三五规划中,都把绿色作为国家未来发展强盛的重要理念,谋划了坚持绿色发展、改善生态环境的蓝图,绿色已经定位为国家今后发展的主色调。实现国家变革的"绿色革命",首当其冲的是培植公民的绿色观念和绿色意识,公民的绿色意识是绿色经济发展和社会绿色环境建设管理的基础(张立丽,2016)。

**1. 强化舆论建设,努力做好"大宣传"**

实现"绿色革命"关键在于人的绿色觉醒,只有人的意识实现了绿色升级,建设天蓝、地绿、水净、人与自然和谐发展的"美丽中国"才有动力。因此,必须下力气做好绿色宣传与发动的工作。

(1)加大现代传媒宣传。充分利用广播、电视、报刊、网络、微信等现代传媒工具,广泛持续宣传生态经济和绿色文明,形成绿色文明建设的浓烈氛围,促进公民建设绿色文明的觉醒,人人认清绿色建设对健康、家庭、社会、国家强盛的利害关系,实现公民绿色意识的根本觉醒和投身绿色建设的行动自觉,从而形成"绿色建设我有责,我为绿色建设做贡献"的社会互动局面,形成全社会崇尚节俭、科学消费、追求绿色、关心健康、举止文明的崭新风尚,从我做起,从现在做起,奉献绿色文明建设。注意从道德培养上宣传绿色文明,不断把绿色文明建设上升到道德建设层面。

(2)加大绿色科普宣传。绿色代表生命、健康和活力,是充满希望的颜色。国际上对绿色的理解通常包括生命、节能、环保三个层面,因此要加大对生命、节能、环保的科普宣传,提高公民的科技知识素养。当前,有的城乡绿色文明建设不力就与知识型社会建设不够有关,公民对绿色建设还停留在"政府要求"的层面,还不能从科技知识的认知统一上形成绿色行动,甚至还存在单纯为了自身经济利益的利己主义,只顾赚钱,不管环境,成为绿色发展的"贫困户"。要注重对绿色建设科普知识的一事一议宣传,见缝插针地普及科普知识,使公民真正从知识角度知晓每一项生产生活行动的得失,懂得每项事情的做法是否利人利己利社会,做到明是非、晓利害、知取舍,真正建好知识型企业、知识型社区、知识型社会。

(3)加大绿色典型宣传。促成公民的绿色觉醒,就要广泛打造绿色氛围,形成绿色建设的趋势,积极选出和培养党政机关、社团、学校、企业、街道社区、家庭个人等方方面面的播绿护绿典型,推广好他们的造绿保绿经验。要注重典型的自我发育成长,防止有意扶植的人为栽培典型倾向,鼓励社会单位和个人的创绿竞争,防止绿色文明建设的形式主义和绿色典型墙内开花墙外香的消极影响。

(4)加大活动促动力度。充分利用地球日、世界环境日以及水日、植树节、爱鸟周等重要时节,发动政府机关以及工、青、妇等群团组织联系合作,开展文艺演出、知识竞赛、读书演讲等活动,加大绿色建设宣传,组织针对性促绿活动,增强公民对环境建设的忧患意识、使命意识和法律意识,强化绿色建设的责任观念。

**2. 突出素质提高,积极抓好"大培训"**

公民的绿色素养和国家的历史文化、地区开放程度、个人受教育程度、周围具体环境、家庭背景、个人阅历等综合因素有关。公民的绿色意识能力来源于公民的绿色素质水平,提高绿色意识除了系统组织宣传教育外,还要规范组织绿色素质升级培训。

(1)建好素质培训平台。搞好绿色培训工作的基础建设,首先要引导大家看清绿色投资回报很大一部分不是用货币单位来简单衡量的,新鲜的空气、清洁的水源、宜人的环境等"绿色产品"是经济社会赖以持续发展和广大群众共同分享的财富。当前,在全球"绿色革命"的浪潮中,无论是国家层面还是社会层面,都在加大绿色投入。随着我国把生态文明上升到与经济建设、政治建设、文化建设、社会建设并列的重要地位,必然要催化出更多的新技术、新产业、新商业模式,虽然绿色投资周期长、资金量大,但未来各级政府为了更好地适应绿色投资的新形势,必然要加大投入,可探讨把各级党校、行政学院建成各级绿色素质培训的平台基地,为政府机关、企事业单位、社会各界提供更规范、更好的绿色培训考核服务。还要注重现代"互联网+"技术的概念和开发运用,拓展"互联网+环保+文化"的新格局,系统传播生态科学、生态道德和生态审美意识,弘扬生态文化,夯实绿色意识基础,生成公民绿色价值观念。

(2)规范组织培训。首先,要抓好公务员队伍的制度化培训。把绿色知识培训纳入干部培训计划,坚持利用党校、行政学院组织公务员和事业编人员绿色知识轮训制度化,每年定期组织系统培训考核,把绿色培训考核纳入政府机关先进评比和公务员个人职务升迁考核的重要内容,坚持绿色知识理念逢"晋"必考,以考促"绿",把机关人员人人变成播绿护绿的明白人和带头人,人人成为绿色使者。其次,要抓好学校学生的纳入培训。本着绿色培训从娃娃抓起和开展素质教育的原则,系统开展青少年绿色知识的学校培训,采取化学、体育等学科课堂教学纳入渗透、组织学生参与绿化、美化、净化校园活动、举办环保知识和环保信息搜集竞赛等各种做法,灌输绿色知识,培养绿色理念,养成绿色习惯,形成绿色自觉。再次,要抓好街道企业员工的结合培训。主要结合企业生产生活实际,由党校和行政学院教师、政府环保部门和企业自身定期组织低碳减排、绿色环保、节约能源、清洁生产等为主题的专题报告培训,普及清洁生产的技能方法。结合参加社会开展的主题活动,增强职工的绿色意识和行为主动。最后要抓好农村的绿色知识培训。农村的绿色建设,师资和骨干是关键,要把农村的绿色培训和科技培训结合起来,在学校、政府为农村培训农业技术骨干中,刻意加大绿色环保内容。注意农村绿色文明建设的培训渠道拓展,发挥网络、广播电台、电视台、宣传栏、农技推广站等培训咨询功能,努力培养现代绿色意识农民,抹平农民工开始进城务工时与城市居民的"绿色身份差"。

**3. 搞好综合管理,做实社会"大监督"**

培养公民的绿色意识,宣传教育和素质培训固然重要,但离不开必要的执法管理和行为监督。行为监管和促动对意识提高有很强的实效性和彻底性,能够加快公民的意识升级。

(1)积极借鉴境外经验。发展绿色经济,实行绿色行动,境外有些国家和地区已经走在了前面。新加坡实行了异常严厉的环境行政管理办法,严管重罚随地吐痰、乱扔纸屑、在不允许场合吸烟等不文明行为,凡被发现其中一项均要被处罚 500 新元,而且处罚有记载。随地吐痰,第二次发现加重到 2000 新元,第三次发现加重到 5000 新元。在我国香港,随地吐痰、乱扔垃圾、非法张贴、犬只粪便污染街边最低罚款 1500 元,最高罚款 2.5 万元。澳大利亚走路时乱扔杂物要被罚款。境外的严管经验,为我国的绿色文明建设提供了借鉴。

(2)加强绿色行为的监管监督。首先,要强化政府执法部门的监管力度。政府的执法部门对社会绿色经济建设和公民绿色意识培养负有重要的监管责任,在"护绿"执法中,要坚持"法无明文规定不为过"的原则,努力在执法内容和规矩上发好安民告示,防止出现"不教而诛"和"不告而罚",更要杜绝"罚款"创收的违法行为,真正做好罚款和罚款费用使用的透明化。在对待罚款管理上,既要克服"不想罚、不敢罚"的懒政行为,又要克服"一罚了事"的简单化倾向,如有需要,尽可能对被罚款者做好解释说服工作,把罚的过程当做教育的过程。其次,要鼓励新闻媒体勇于绿色监督。拓展新闻媒体的监督范围,扩大网络电视的监督版面,提高现代传媒的监督热度,保护舆论监督的正当权利。最后,要发动社会团体敢于监督,推开公民之间的相互监督。实行"毁绿"监督的奖励制度,鼓励企业出资奖励社团和群众的"毁绿"举报者,建好社团和民众参与监督的举报与奖励平台,大力宣传"护花使者"的先进事迹,形成绿色文明建设惩恶扬善的良好风气。

（3）不断增加监督管理的科技含量。积极采纳电子拍照监控、计算机网络管理、电视曝光等现代科技设备的"护绿"作用,尽可能用科技的力量减少现场执法,实行绿色管理的捷径化、简单化、即时化、科学化,使执法者逐步把精力转移到制定完善法律法规和不交罚款者追踪办案上来,提高执法的公正性(张立丽,2016)。

## 参考文献

1. 芭芭拉·沃德, 勒内·杜博斯,1997. 只有一个地球[M]. 长春:吉林人民出版社.

2. 白雪涛,2005. 马克思生态哲学思想的当代价值[J]. 南京工业大学学报:社会科学版,04:9-12.

3. 鲍里索娃,伊萨科娃,董进泉,1992. "绿色"哲学——社会发展的可能途径[J]. 现代外国哲学社会科学文摘,01:12-14.

4. 本·阿格尔,1991. 西方马克思主义概论[M]. 北京:中国人民大学出版社.

5. 陈新亮,王英,2010. 加强大学生生态文明教育刍议[J]. 中国成人教育,19:59-60.

6. 丹尼尔·戈尔曼,2010. 绿色情商[M]. 北京:中信出版社.

7. 丹尼斯·米都斯,1997. 增长的极限:罗马俱乐部关于人类困境的报告[M]. 长春:吉林人民出版社.

8. 邓楠,1995.《中国21世纪议程》:中国可持续发展战略[J]. 中国人口·资源与环境,03:5-10.

9. 范虹,2009. 论我国大学生生态伦理意识的培养[J]. 云梦学刊,05:128-130.

10. 郝丽,刘乐平,2002. 健康心理学研究与数据挖掘[J]. 健康心理学杂志,03:183-184.

11. 胡适,2013. 人生有何意义[M]. 北京:九州出版社.

12. 胡晓红,2012. 大学生生态文明教育现状及途径探析[J]. 长春师范学院学报,08:113-114.

13. 季树生,2009. 关于创设学生"绿色"心理环境的探讨[J]. 辽宁教育行政学院学报,12:144-145.

14. 季羡林,1998. "老骥"谈人生[J]. 人民论坛,01:54.

15. 李建明,王丽,2008.《中国健康心理学杂志》论文现状的分析报告[J]. 中国健康心理学杂志,06:705-706.

16. 李屏南,2005. 论社会建设目标的新发展[J]. 马克思主义研究,05:13-16.

17. 李兆健,陆新茹,王庆其,2007. 致虚极,守静笃——《庄子》的健康心理学思想研究[J]. 上海中医药大学学报,04:20-22.

18. 卢风,2003. 健康·心态·境界[J]. 群言,07:16-18.

19. 马克思,恩格斯,1979. 马克思恩格斯全集 第42卷[M]. 北京:人民出版社.

20. 马克思,2004. 资本论(第一卷)[M]. 北京:人民出版社.

21. 马忠,2011.《论语》中的健康心理学思想探析[J]. 孔子研究,03:106-113.

22. 欧胜虎,2009. 健康心理学的形成、发展及展望[J]. 中华文化论坛,S1:153-155.

23. 佘正荣,1992. 略论马克思和恩格斯的生态智慧[J]. 宁夏社会科学,03:18-23.

24. 沈人同,2007. 健康的心态与和谐社会的构建[J]. 石油化工管理干部学院学报,9(2):15-18.

25. 王金红,2001. 绿色意识与21世纪社会主义精神文明[J]. 科学社会主义,01:24-27.

26. 王丽娟,2007. 浅谈大学生心理健康与高校思想政治教育的关系[J]. 宁夏师范学院学报,01:157-158.

27. 许倬云,2000. 我们走向何方[J]. 开放时代,05:5-12.

28. 杨伯峻,1987. 孟子导读[M]. 成都:巴蜀书社.

29. 于海涛,2011. 当代大学生的心理健康问题及对策研究[J]. 教书育人,(24):69-70.

30. 张立丽,2016. 公民绿色意识培养浅议[J]. 沈阳干部学刊,05:43-44.

31. 张连春,赵宝新,赵丽新,李敏,2012. 中华优秀传统文化对情商素质开发的启迪作用[J]. 河北北方学院学报:社会科学版,06:93-95.

32. 张晓光,赵宝新,王永利,2013. 刍议绿色情商对大学生生态文明素质教育的意义及对策[J]. 河北北方学院学报(社会科学版),04:60-63.

33. 张晓琴,陈松,2004. 高校贫困大学生心理问题探析[J]. 黑龙江高教研究,06:150-152.

34. 赵汀阳,1998. 学问中国[M]. 南昌:江西教育出版社.

35. 郑学美,2006. 我国高校体育对大学生心理健康的影响研究[D]. 成都:四川大学.

36. 周兰珍,2007. 生态伦理与大学生的生态道德教育[J]. 淮阴师范学院学报:哲学社会科学版,03:404-406.

37. 周明伟,2008. 绿色生活是建设生态文明的基本要求(摘要)[J]. 今日国土,10:20.

# 第八章

## 绿色交往

### 第一节　绿色恋爱与绿色交友

#### 一、绿色恋爱

**（一）绿色恋爱内涵**

　　绿色恋爱是一种健康的恋爱方式，没有偏激，没有不公平，没有双方互相的伤害和撕心裂肺的疼痛。这也是当今社会最缺的一种恋爱方式，它不是快餐恋爱，也不是一碰就脆的恋爱。它也不是一种如烟花一般灿烂，却又如此短暂的轰轰烈烈的恋爱。它有那种相爱的激情，也有长久的细水长流的亲情，如年份已久的美酒，细细品来回味甘甜。

　　恋爱，被定义为两个人基于一定的物质条件和共同的人生理想，在各自内心形成的对对方的最真挚的仰慕，并渴望对方成为自己终身伴侣的最强烈、最稳定、最专一的感情。

　　恋爱通常是走向婚姻殿堂的必经之路，恋爱的成功往往决定以后婚姻生活的幸福度，而恋爱的心理更是重中之重。不少的恋爱失败，往往是由于心理障碍所造成。下面几种的心理障碍则是需要调整的。

　　（1）以自我为中心的心理。有这种心态的人，只要求恋人围着自己转，听自己的话，为自己服务，迎合自己的性格需要，而不顾对方的需求、兴趣、爱好和价值。因而也就很难得到异性的爱。有这种心态的人，只有改变只顾自己的价值观念，同时学会关心、体贴、尊重别人，才能说是具备了恋爱成功的基本条件。

　　（2）求全心理。有人把恋人过于理想化，把标准定得太高，超过了实际可能性。这样极大地缩小了择偶范围，减少了恋爱的成功率。特别是大龄青年，求全心理更为突出，结果一误再误。有这种心态的人要从理想化回到现实中来，及时调整择偶标准为时未晚。

（3）自卑心理。有自卑心理的人，并不一定就是条件很差。也有的是由于生理缺陷或职业原因或有过某些过失而产生。自卑心理易使个人孤立、离群，不愿在公开场合露面，不愿与异性交往。遇到理想异性时因担心对方看不起自己，不敢大胆追求而失去时机。有这种心态的人要振作精神，树立自信、自强的心理。

（4）从众心理。有这种心态的人表现是对恋人的看法缺乏主见。别人说好则自觉得意，别人说不好则会觉得不理想，往往因随波逐流而断送了自己的爱情。有这种心态的人，广听众议是好的，但要认真地分析判断，拿定自己的主意。

（5）男权心理。有这种心态的人不仅男性认为要比女性强，而女性也认为男性应该比女性强，女方要求男方的地位、文化水平要比自己高些，而男方地位、文化水平低于女方时，则没有勇气去追求女方，这是封建社会夫权统治思想的残余，有的青年男女还自觉地受到这种观念的束缚。克服这种心理的关键在于青年男女要真正领悟爱情的真谛，树立男女平等的思想。

（6）迷信心理。由于封建迷信思想的影响，有人为了自己的婚姻求神拜佛，算命看相，因而阻碍了青年男女恋爱关系的建立和发展，甚至酿成不幸。有这种心态的人应该树立科学观念，清除愚昧邪说的影响。

而绿色恋爱的心理则应是一种犹如《诗经》所说的：

> 关关雎鸠，在河之洲。窈窕淑女，君子好逑。
> 参差荇菜，左右流之。窈窕淑女，寤寐求之。
> 求之不得，寤寐思服。悠哉悠哉，辗转反侧。
> 参差荇菜，左右采之。窈窕淑女，琴瑟友之。
> 参差荇菜，左右芼之。窈窕淑女，钟鼓乐之。

这是一种君子的恋爱方式，对于自己喜欢的人，有勇气去追求，会努力去争取。但应当是两人相互平等的地位，没有大男子主义，也没有女权主义，两者相惜相爱，相敬如宾，举案齐眉。千万不能有死缠烂打的想法和被拒绝后报复的心理，这样最终都只会伤害了你爱的人和爱你的人，会给双方带来不好的结果。绿色的爱情方式并不是占有，而是无私的付出，并不奢求回报。就像一句话说的：我爱你，这就够了。但这样也要注意尺度，不能过度关心她（他），让你的关心变为了她（他）所害怕的事儿。若如此，那便不再关心，放手，让她（他）去寻找属于她（他）的幸福。放手是恋爱中最有勇气的做法，祝福则是恋爱中最伟大的行为。绿色恋爱则应有放手的勇气和祝福的心理。

## （二）绿色恋爱实践

绿色恋爱建立在恋爱双方主动积极的情感接触基础之上，纳入了环保和可持续发展的新亮点,强调两性相处与和谐自然的完美结合,以健康和养生作为爱情的源源不断的活力源泉,赋予两性关系生机和能量。本书将从现实恋爱生活必须面临的选项出发,从简易的饮食、出行、运动、娱乐的养生保健概念到积极乐观的恋爱精神状态,寻求维系长久交往关系的最佳绿色恋爱法则。

**1. 烹调营养膳食滋养爱情**

绿色恋爱法则第一条——一起在家烹饪自制营养美味。热恋中的情侣总能在美食的包围下更显兴奋,促进交流并滋长情感。贴心的恋人懂得为彼此调整"均衡膳食"并追求"合理营养",因此选择安全、无公害、无污染的绿色食品,在倡导绿色消费的同时既能保护环境又保障身体健康,是恋人的不二选择。在合理的膳食补充身体营养,美容养颜,为日常工作交往倍添活力的同时,可以同恋人一起享受烹调美食的幸福时光。

中国人习惯以五谷为主食,搭配足量蔬菜和肉食,兼食水果以保证膳食平衡。专家将大致的合理膳食解释十个字:"一、二、三、四、五、红、黄、绿、白、黑。""一"是一天一袋牛奶,补足充足钙质;"二"是 250 ~ 350 克碳水化合物。"三"是三分高蛋白。多吃鱼类蛋白质可软化动脉,预防冠心病和脑中风;黄豆有治疗乳腺癌、直肠癌、结肠癌等 5 种抗癌物质,其丰富的植物雌激素对女性多多益善。"四"是有精有细不甜不咸三四五顿七八分饱。棒子面、老玉米、红薯等粗粮和细粮搭配,每日控制七八分饱。"五"是 500 克新鲜蔬菜和水果,丰富的维生素不仅预防癌症,还能为身体提供弱碱。"红"是一天一个西红柿可以减少前列腺癌 45%,对男性十分有益。红辣椒可改善情绪减轻焦虑,缓解恋人的不安情绪。"黄"是含维生素 A 的红黄色的蔬菜,如胡萝卜、西瓜、红薯、老玉米、南瓜。"绿"是抗癌茶多酚的绿茶。丰富的抗氧自由基延缓衰老,延年益寿,减少肿瘤、动脉硬化。"白"是指降胆固醇和甘油三酯的燕麦粉和燕麦片,有利于治疗糖尿病和减肥。"黑"是指降低血液黏稠度的黑木耳,预防脑血栓和冠心病。

此外,聪明的恋人请准备好六大保健饮品——绿茶、葡萄酒、豆浆、酸奶、骨头汤和蘑菇汤。想要把自己最美的样子呈现给对方,记得每天 8 ~ 10 杯温开水,保持皮肤丰润光泽;苋菜、椰菜、青菜等绿色蔬菜含有大量维生素与矿物质;西瓜、哈密瓜,既补水分又供营养;瘦肉、鸡肉、鱼肉,提供丰富的蛋白质、铁质;粗粮、豆类,供给皮肤所需特殊养分;脱脂奶与低脂奶、乳酪,热量低而含钙多,可柔软皮肤强壮筋骨;柑橘类水果,含丰富维生素 C 防止面部微血管破裂与色素斑形成;猪皮,胶原蛋白及弹性蛋白颇多,可增强皮肤弹性。从现在开始调整合理饮食,为爱情加足动力!

**2. 牵手漫步街头走遍乡间**

绿色恋爱法则第二条——牵手走遍大街小巷,呼吸自然新鲜空气。比起在宝马里哭泣,不如靠在爱人坚实的臂膀坐在小小的单车尾座一路摇摇晃晃承载美好的青春。单车、步行、公交车、地铁、轮滑,选择绿色的出行方式既节能减排,又能享受贴近彼此的每一个细微瞬间。在周末,情侣朋友可以一起拼车到恬静的乡村度假,在绿色的海洋中遨游,看遍自然吐露的风光,倾听农民朴实无忧的生活,感谢生命的无限丰盛。倘若地处城市工作繁忙,可以备好自制的三明治和寿司,挎着装满水果和原麦吐司的篮子到免费的风景区和公园野餐,安静地聆听属于两个人的慢时光。约会不仅限吃饭、看电影、逛商场,选择义演、义卖和青春四溢的大学音乐会,投身充满爱心的探访孤独老人和失聪小孩的志愿活动既为社会做贡献,又让恋人更珍惜彼此。

简约的低碳旅游方式加速纯真情感的发酵。传统情人节习惯奢侈的烛光晚餐和九百九十九朵玫瑰,很少人知道每年八月十四象征最纯洁爱情的"绿色情人节",倡导拉上爱人享受户外大自然,清爽而清新的低碳绿色旅游,度过健康而愉快的一天。欣赏生机盎然的花海,置身广阔美丽的风景当中,贴近活泼有趣的农场——花海、马场、教堂、垂钓,还有露营、餐厅、野外烧烤、绿色采摘,新奇有趣而又让爱人惊喜。低碳是一种社会责任、一种行为习惯,只要用心,在低碳旅游中"行、住、游、食、购"都可以做到低碳:提倡步行和骑自行车。实在要自驾,最好拼满一车人,实现能效最大化;住酒店不用每天更换床单被罩,不使用酒店的一次性用品;合理安排路线,途中回收废弃物,做好生活垃圾分类。尽量不在景区留下自己的痕迹;不用一次性餐具,自备水具,不喝瓶装水,尽量食用本地应季蔬果;尝试以货易货;尽量选用本地产品、季节产品及包装简单的产品。热恋中的你记得为环保尽一份力。

### 3. 强壮健康身心维系爱情

绿色恋爱法则第三条——打造健康体魄,心境常扫常新。缺失健康的躯体让爱情失魂落魄,恋爱关系中健康的体魄必不可缺。世界卫生组织(WHO)在给健康的定义中明确指出:健康不仅仅是没有疾病和衰弱,而且是体格、精神和社会交往的健康状态。健康包括三个方面:一是躯体健康。是指身体不单单没有疾病,而且还有生命质量的满意度。因为身体是我们生活的根本,健康的身体是长寿的先决条件。二是心理和行为健康。它包括认知、思维、情感、意志和行为,很显然,吸烟、酗酒、吸毒等不良行为是不健康行为。三是人类与其所生存的自然环境与社会环境的融洽与和谐,即良好的社会适应能力。除了第一部分提到的合理膳食以外,适度运动、平衡心理、良好的生活习惯、生活环境等都是十分有效的养生保健方法。

恋人之间相互督促以养成坚持长期运动的绿色生活方式:走路、跑步、上楼梯、跳舞、游泳、跳绳、练瑜伽、自行车、登山、健身操、太极拳、打球,每周有三到五天的有氧运动,不仅可以提高心肺功能和耐力水平,提高机体抗病能力,有效减肥,还能调整心态,锻炼意志,增强毅力。

维持绿色的心境有益于为爱情保鲜。绿色心境是在任何困境下都笑看风雨,怀抱希望,以积极乐观的心态直面人生。"境由心生",争取把自己和爱人拽出悲观和绝望的困境,以"善、乐、宽、淡"的良好的平衡心态面对每一件事。正常的智力、积极的情绪、适度的情感、和谐的人际关系、良好的人格品质、坚强的意志和成熟的心理行为是维持心理健康的必要基础。

恋爱双方的互相支持、宽容和理解,共同陪伴彼此成长,一起解决问题和困境将令一段感情变得充盈、稳定、丰满而成熟。维系长久交往关系应融入与时俱进的养生保健概念,同时寻求积极乐观的恋爱精神状态。绿色恋爱法则不仅适用于热恋的情侣,也适用于亲近的朋友和家人。

绿色恋爱应该是快乐的。恋爱关系要让双方都产生快乐的感觉才是绿色恋爱。这种快乐,来自于双方的认同、理解、关心、爱护和分享。

绿色恋爱应该是深入认识对方和自己的过程。恋爱关系中双方都要坦诚。这不是一件简单的事。随着信任的建立,双方逐渐卸下社会生活中惯性从众的伪装,暴露自己真实的行为方式和想法。真实而又独特的自我往往是脆弱的,但在恋爱关系中,双方都坦诚相待,互相接纳,更加亲密。所以,绿色恋爱也是一个接纳自己,分享自己的过程。

绿色恋爱还应该注意到外部性。恋爱时人们常常只注意到彼此,但是忽视了外部环境。但是绿色恋爱应该避免负外部性,积极创造正外部性。例如,公众场合展现亲密关系应该注意分寸,注意保护环境、爱护动植物等。

# 二、绿色交友

## (一) 绿色交友内涵

绿色交友也指绿色人际。人际,是人际关系的简称。人际关系,是人与人交往所形成的各种关系的总称。绿色人际关系指的是在宏观绿色理念指导下发展形成的优质、无害的关系。宏观绿色理念即是敬畏自然,顺应自然规律的思想。在这样的指导理念下,人际交往以真诚自然为原则,遵循人类普遍的心理规律,所形成的关系必须是有益于交往双方成长与发展、无害于社会。

### 1. 绿色交友的心境是自然而非偏执的

心境的自然,是一种平和、无欲无求的状态,也可视其为绿色心境。这样的心境必然源于全面、成熟的世界观和价值观。所以绿色心境背后的世界观应该是全面、联系、发展的。这与马克思主义哲学的基本观点相同。这不是巧合,而是健全的哲学的必要特质。

首先,世上的所有事物之间都有各种各样的联系。与一个人交往时,就在与这个人建立联系。这样的联系使得双方的行为会对对方造成影响。而联系又是多种多样的,有暂时的、长久的,强的、弱的,当下的、长远的。这就要求人具有全面的眼光,看到一段关系中牵涉到的各种联系,全面地看待关系对于双方的利害,并以对各方利益损害最小的方式正确处理此关系。而不是只看到一个方面,就断章取义、形成错误认识,导致错误行动,造成关系的恶劣,对与之相联系的各方造成不良影响。此外,人们还要认识到世界是发展的。"一切都在变化",唯独这句话本身的正确性不会变化。所以每一段关系都是动态的,而不是静止不变。关系中的各方,都要注意到环境以及人本身的变化,关注到关系的改变,实时地做出反应,才能很好地将维持关系。

总的说来,良好的心境源自于辩证法的智慧。这种智慧不仅在马克思主义有体现,在中国的儒释道三派思想中都有体现。儒家所强调的"中庸"就是辩证法中的"不走极端"。要认识到世界的复杂性、联系的多样性。一切并不是非黑即白,事实往往处于对立之间。道家的老庄智慧也蕴含辩证法,并且老庄学说都是以平和的心态感悟人生,是绿色交际中良好心境的体现。佛教思想就更为宽和,让人的心变得包容,容易拥有绿色心境。

与良好的心境相反,偏执的心态就容易导致片面、极端、不理智。在绿色交友中,这是万万不可取的。

**2. 绿色交友的关系是自然健康的而非扭曲的**

自然的人际关系,代表一段关系是由关系中的各方在真实情景中,以真诚的态度开始交往活动,没有刻意的伪装。人们在生活场景或工作场景中遇到的人,随着时间愈加熟知其人格与品德。一般情况下,人们所拥有的关系都是自然的。但也有些关系在开始之前就被其他目的牵扯,比如间谍与敌人的关系。

健康的人际关系,意味着一段关系中各方平等,互相尊重,互相支持。健康的关系有利于关系中的双方,能带给彼此情感上的慰藉或者工作事业上的支持,而不是索取关系中的各方所拥有的能量和资源。一种健康的关系,最首要的就是平等与尊重。关系中的各方都平等地享受这段关系带来的利益,也共同地维系着关系,并拥有平等的权力。不能是其中的某一方控制着其他人,不顾及各方的感受。

**3. 绿色交友要求的是健全的人格**

绿色交友是个比较宽泛的概念,指的是人们交往的各种关系。因为这些关系中有的强、有的弱,所以在规定对绿色人际关系的要求时更多体现为表面现象。只要交友交往表现出的人格具备宽和、热情的特质,就可以开展绿色人际关系。

根据中国人人格结构中的人际关系维度,人际关系人格维度包括宽和与热情两个次级因素,反映的是对待人际关系的基本态度。高分者待人友好、温和、与人为善并乐于沟通和交流;低分者把交友交往看做是达到个人目的的手段、自我中心、待人冷漠、计较和拖沓盲目。宽和反映的是交友交往的基本态度,热情反映的是交友沟通的特点。宽容随和的人待人温和、友好、宽厚和知足,不宽容的人表现计较、暴躁易怒、冷漠和自我中心。热情的人沟通积极主动、活跃,行事成熟、坚定,冷漠的人则表现被动、拖沓和盲目(王登峰,2008)。

### (二)绿色交友原则

除了必要的人格特质,良好的交友交往中也有重要的原则需要遵守。

(1)平等原则。首先,与人交往应做到一视同仁,要平等待人。面对种族、性别、民族、阶级等问题,要理性而弃偏见。只有平等待人,才能得到别人的平等对待。

(2)尊重原则。尊重包括两个方面:自尊和尊重他人。自尊就是在任何情况下都要尊重自己,正视自己的价值和言行,不要自暴自弃。尊重他人就是要尊重别人的生活习惯、兴趣爱好、人格和价值。学会换位思考。

(3)真诚原则。只有以自己真实的人格去交往,不伪装,才能与他人的人格产生共鸣,收获真正的绿色交友。

(4)宽容原则。如前面所说,交友交往是动态的,所以也不会一帆风顺。人与人的交往中,由于彼此性格、习惯、表达方式的差异,难免会产生一些不愉快,甚至产生一些矛盾冲突。面对不同,我们就要学会宽容别人,不斤斤计较。正所谓退一步海阔天空,退出纷争,去找到关系深层的问题,找寻更好地处理关系的方法。

(5)互利原则。互利是指双方都在满足对方需要。交友交往是双向互动。你来我往才能长久保持关系。在交往的过程中,双方应从利益和情感两个方面,互相关心、互相爱护。

绿色人际关系保持了"绿色"的内涵,就是安全、健康、环保、可持续。做到以上原则,关系才能健康、无害和可持续。

# 第二节  绿色婚姻与绿色家庭

## 一、绿色婚姻

婚姻,在人口学中的定义是:男女两性依照一定的风俗、伦理和法律的规范建立起来的夫妻关系。这是狭义的婚姻概念。在现在看来,这个观念未免显得过时。因为现实生活中,有很多新情况发生。例如,同性婚姻在有些地区是被允许的、选择同居的年轻人逐渐增多。

婚姻关系是长期的同居状态下的伴侣关系。重点在于双方的情感联系,并不一定是法律意义下的婚姻关系。因为同是绿色的亲密关系,所以绿色婚姻的基础应该是绿色恋爱。

但是绿色婚姻与绿色恋爱的显著不同在于相处模式和牵涉的社会关系面。恋爱中,双方都有各自的生活。相处的时光对于恋爱中的人来说是脱离琐碎生活的温柔乡。两人一起经历新鲜事,看美丽的风景,积累足够的美丽和感动,再奔赴自己的平淡生活。但是婚姻关系中,双方都进入同一个生活空间。双方必须一起经历不同生活方式带来的摩擦,面对生活中的种种繁琐。恋爱通常只是两个人小范围内的事,可以不牵涉到双方的家庭和朋友。但是婚姻就意味着进入彼此的生活,双方的社会联系网络一定会有很多牵连。

以上所说的两点不同,决定了婚姻是比恋爱更复杂的关系。婚姻中既有爱情,又涉及更多的社会联系。绿色婚姻,就是在绿色恋爱基础上发展而成的和谐共处、平衡各种关系的二人生活。婚姻生活是漫长而琐碎的。两个人不能只依靠表面上的合适就选择进入婚姻。选择和另一半开始日常的生活,就必须发自内心地认同对方、接纳对方、愿意与之分享。

(1)绿色婚姻中双方相互支持,而不是一味索取。婚姻生活是漫长的琐碎日常。时间会在不知不觉中消耗人的情感和精力。若是婚姻中的双方不及时给予对方以理解和支持,为对方补足元气,那么两人的感情会逐渐无力,生活也很难往好的方向前进。

(2)绿色婚姻中双方宽容相待,而不是控制改变对方。不同的人会有不同的生活习惯,思维方式和审美趣味。当两个人生活在同一个屋檐下,首先互相尊重,之后还要放下成见,努力理解对方。这样才能在各种问题上达成有效共识,逐渐积累默契,变得越发协同一致。在日常相处中,人们不应因为婚姻中双方距离过近而忘记绿色人际交往原则。

(3)绿色婚姻是环保节约的。婚姻关系中的双方应共同承担其爱护环境的社会责任。在家居装修、日常用品、生活理念上都应做到环保和节约。

# 二、绿色家庭

## (一)绿色家庭内涵

家庭,是基于婚姻关系、血缘关系和收养关系形成的社会生活共同体,是人口再生产的单位。绿色家庭,则是基于绿色婚姻关系而形成的。

与婚姻相比,家庭突出的特点就是包含了下一代。所以绿色家庭的重要特征就是有传承绿色理念和绿色思想的作用。首先,绿色家庭必须是内在关系和谐友爱的。这能给下一代的成长提供优良环境,是使他们经历合格社会化的首要保障。而下一代的合格社会化,使他们具备培养绿色关系的能力。其次,绿色家庭还必须在生活细节上做到环保节约。这样从小处开始、从幼时开始培养起新一代人的环保意识和知识,才能达到人与自然和谐共处的社会共同目标(袁玲双,2006)。

关于绿色家庭,有人给出了以下 10 个标准:①家庭绿化(室内、阳台绿化),认养小区绿色植物。②垃圾分类处理。③废电池回收。④节水。节水要求:每人每日用水在 0.36 立方米以下。⑤使用无磷洗衣粉。⑥不吃野生动物。⑦至少有一名家庭成员参加社区环保自愿队伍,对违反环保的行为进行劝阻或教育。⑧降低家庭生活娱乐噪声。⑨参加社区举办的讲座等各项活动。⑩以下要求必须做到两条或两条以上:a.不使用一次性餐盒和筷子,外出购物、买菜使用购物袋、菜篮。b.不使用燃油机动车。c.选用绿色产品,坚持绿色消费,使用无氟冰箱、空调、节能电器。d.家庭禁烟。

## (二)构建绿色家庭

### 1. 倡导绿色家庭理念

建设绿色家庭的前提是要倡导良好的家庭理念,即家庭伦理道德,它体现了家庭文化的核心价值,并且会成为家庭成员的行为准则。自古至今,家庭理念随着历史的推进而不断发展变化,为了适应时代的要求和社会主义和谐社会的大环境,在构建绿色家庭的过程中应该注重以下几个理念(袁玲双,2006)。

(1)坚持孝道。"孝心",是儒家伦理道德学说的核心内容之一,是中国社会最高的道德准则,"百善孝为先","孝"是伦理的基础,是做人的根本,一个人没有孝心,就不可能有良心。现代许多公司在招聘员工时把"孝敬父母"列为首要条件,一些地方政府在考核官员时也把这一条列为重要品行之一,整个社会对于"孝"在做人品格中的作用理解是十分深刻的。

(2)坚持平等。家庭成员之间的平等关系是构建绿色家庭的基础。家庭中发生冲突在所难免,引起冲突的原因也因家而异,但主要是因为男女不平等。这主要表现为家务劳动分工不平等、家庭暴力和重男轻女现象仍然存在。因此,要构建绿色家庭,必须从根本上平等看待家庭中的每一成员,无关年龄和性别。

(3)坚持节俭。绿色家庭自然要绿色消费,节俭是必不可少的。目前社会上物欲横流,消费至上,攀比成风,导致人与人之间的关系非常浮躁,有许多家庭矛盾、社会上的违法案件都是由于对物质金钱的过度追求而引发的。中华民族是个注重节俭的民族,勤由节俭败由奢。朱子治家格言中提到"一粥一饭,当思来处不易;半丝半缕,恒念物力维艰"。

如果我们能够奉行节俭的美德,清心寡欲一些,降低对物欲的追求,少一些攀比,量入为出地消费,不仅能使我们的心态更加平和,而且能使我们的家庭关系更加稳定。

(4)坚持诚实。个人的诚实是社会诚信的基础,对于一个家庭来说,诚实是一种高尚的人格,是一种道德的力量。个人诚实的品格是在儿童社会化的养成教育中形成的。一个和谐文明的家庭必定是一个诚实守信的家庭。因此,家庭成员之间、夫妻关系之间应当开诚布公,坦诚相见,彼此之间充分信任,才能建立绿色和谐的家庭关系。

### 2. 营造绿色家庭环境

绿色的家庭环境不仅代表健康舒适、绿色环保的居住环境,也表现为积极向上、互敬互爱的思想环境。因此为了构建绿色家庭,应该从这两方面入手来营造绿色家庭环境。

一方面,中国古代就有"天人合一""人宅相扶"的自然哲学观点,家居环境要讲究顺应自然规律、与自然和谐,还应讲究保护自然、有利自然,这是家装的自然生态概念。良好的居住环境不仅有利于人的生理健康,还有利于人的心理健康。所谓绿色家居设计是指遵循科学的可持续发展原则,使所设计的家居在整个使用过程的各个周期内,都只对环境产生最小影响的一种设计方法。在进行绿色家居的时候应该把握以下几个特征。第一,生态实用性。两千多年前,罗马的一位建筑理论家就指出,建筑具有三个因素:适用、坚固、美观。绿色家居也一样,首先要满足人们的实用需要。不过,绿色家居除了满足"住"的实际需要外,还要满足现代人的生态需要。所谓生态需要,是指保护生态环境、倡导人与自然协调发展、追求生态平衡的需要。第二,审美和谐性。绿色建筑特别重视人与自然、建筑与环境的和谐关系。绿色家居作为生态美的具体存在,通过一定的生态景观体现。例如,中国园林建筑、寺庙、楼塔亭台,充分反映了文化景观与自然景观的和谐统一,人文性与自然性交相辉映、水乳交融。如法国巴黎的"空中花园"令人流连忘返,一幢幢高楼大厦的平顶,栽种着各式各样的花卉树木。近年来,荷兰也盛行绿色建筑。它的特点是屋顶平铺草皮,四壁利用太阳能发电供应热水,排水管用陶瓷代替化学塑料,用雨水冲洗卫生间,建筑材料均使用生态材料,避免混凝土等化学材料,既有很好的环保功能,又有鲜明的艺术创造性。第三,系统综合性。建筑是综合艺术,而绿色家居更是如此。绿色家居综合了科学与艺术、生命与自然等各个因素。每一座绿色建筑都是一个系统工程,综合地再现社会经济、文化、政治、艺术的整体面貌。绿色家居不能脱离它的自然环境、社会环境,它是城市躯体的"细胞"。

另一方面,父母应该应在家中营造健康积极的思想环境,从而正确地引导孩子的成长和发展。家庭是孩子的第一课堂,营造一个互敬互爱、健康向上、共同学习与和谐有序的家庭氛围对每个孩子的健康成长是至关重要的。一般说来,生活在和谐家庭中的孩子,由于家庭成员之间和睦相处、互敬互爱、尊老爱幼,孩子身心发展都是健康的,成长都是顺利的;反之,家庭成员之间如果关系紧张,经常发生冲突,也会在孩子的心理、品德、学业上产生影响,个别孩子甚至走上违法犯罪的道路。所以要不断丰富家庭文化的内容,营造健康向上的家庭文化氛围,优化孩子的成长环境,教育子女崇尚科学反对迷信,讲正义,讲进取,树立正确的人生观、价值观,促使子女身心健康发展。

### 3. 建立和谐家庭关系

和谐的家庭关系是绿色家庭的核心内容。为了建立和谐的家庭关系,应该做到以下几点。

(1)承担家庭的责任。一个人在你选择了成家的同时,也就别无选择地承担了家庭责任,不管你愿意与否,责任是不可选择的。那么和谐家庭的纽带是什么?当之无愧的是"责任"。责任是家庭的支柱,家庭是责任的大厦,家庭的责任不仅仅是你自己和爱人两个人的家庭,更重要的是你的亲情圈子的大家庭责任。也就是说,每一个家庭成员对于家庭建设应当负有不可推卸的责任,这种责任可以是物质上的,也可能是精神上的,共同承担家庭责任,是一种最起码的要求。应当强调的是,家庭关系是一种平等的关系,包括权利义务相等。在传统观念中,妻子一般承担贤妻良母的角色,家务和孩子教育属于妻子的"份内事",男人只顾挣钱养家。但国外有许多研究表明,在一个家庭中,如果能够夫妻共同分担家务,有利于夫妻关系的和谐,如果父亲能够比较多地参与子女教育,有利于孩子人格的健康成长。对于孩子来说,如果让他们承担一些家务,也能培养他们的责任感。

(2)遵守家庭的秩序。不同的家庭之间也有不同的秩序和规范,比如说,尊老爱幼、上慈下孝等,一个和谐的家庭必定是一个长幼有序的家庭,家庭成员之间应当明确各种角色关系,遵守家庭的规范。家庭是爱的学校,家庭是培养成熟的心智和健全人格的地方,而且家庭也是培养秩序和建立理想世界的基础。

(3)珍惜和创造家人共处时间。和谐的家庭关系是需要交流的,尤其是现代是信息社会,各种信息量比较大,对每个家庭成员的影响力是非常大的,尤其是一些负面信息,容易使人迷失自我。因此家庭成员之间要经常沟通,彼此之间多交流,在某些重大问题上达成共识。有了困难大家一起面对,形成一个强有力的家庭支持系统。另外家庭成员之间情感的交流也非常重要,美国汽车巨人亚科卡有一句名言"给予始于家庭",对家人的关爱,并不是仅仅是表现在你挣了多少钱,更重要的是要多花时间陪伴家人,尤其是老人和孩子。所以和睦的家庭需要家庭中所有成员的共同努力,从增进家人感情角度考虑,不妨订一些家庭规则,比如说全家人尽量在一起吃晚餐,或者共度周末。有条件的话,全家人一起到郊外旅游,通过这种全家人共同参与的活动,可以消除隔膜,增进家庭氛围,共享天伦之乐。

### 4. 培养绿色家庭生活方式

"绿色生活"是指从本身做起,带动家庭,推动社会,改变以往不恰当的生活方式和消费模式,重新创造一种有利于保护环境、节约资源、保护生态平衡的生活方式和行动,是道德高尚、行为文明的体现。绿色生活是新世纪的信息,它引导着企业界去发展绿色技术和清洁生产;绿色生活是新世纪的要求,它鼓励政治家去承担人类可持续发展的责任;绿色生活是新世纪的时尚,它体现着一个人的文明与素养,也标志着一个民族的素质和力量。因此在构建绿色家庭的过程中培养绿色生活方式是必需的。在日常生活中,我们可以从小事做起,在细微的地方发扬绿色生活的理念,而家庭中的每一个人都应该为此努力,具体做到以下几点。

(1)垃圾实行分类投放和使用环保厨卫设备。我国是世界最大的发展中国家,也是世界垃圾制造大国之一。目前我国人均垃圾排放量高达每人每天 1.5 千克,大部分家庭仍然是将厨余垃圾、日常生活垃圾放入垃圾袋中,扔在社区内垃圾堆里,对环境造成极大的不良影响。实行分类投放和使用环保厨卫设备,可以大幅度有效降低垃圾处理的费用,减少对环境的污染。居民在家中或单位等地产生垃圾时,应该将垃圾按照本地区的要求做到分类贮存或投放,而且还应注意以下几点:一是投放前,纸类应尽量叠放整齐,避免揉团;瓶罐类物品应尽可能将容器内产品用完再投放;厨余垃圾应做到袋装、密闭投放。二是投放时:市民应将家中、办公室产生的生活垃圾分别投放到居住小区院内、不同楼层设置的垃圾分类收集容器中,并按标识的规定投放。三是投放后:应将垃圾分类容器盖子盖好,以免污染环境。使用环保厨卫设备对环境保护有重大的作用。如使用家庭垃圾清除机,可以大大减少袋装垃圾,降低处理费用和对环境的污染。

(2)养成节约粮食的习惯。节约粮食应包括两个方面,一是合理饮食,二是防止浪费。我国的粮食浪费特别是餐桌上浪费之大非常惊人。据估计,中国人在餐桌上浪费的粮食一年高达 2000 亿元,被倒掉的食物相当于 2 亿多人一年的口粮。与此形成鲜明对照的是,我国还有一亿多农村扶贫对象、几千万城市贫困人口以及其他为数众多的困难群众。这种"餐桌上的浪费"已引起政府和大众的高度关注。对每个公民来讲,应该要尽到厉行节约,防止浪费,保护环境的义务。

(3)少用清洁剂类产品。清洁剂类产品一方面其合成需要大量的能源和物质消耗,另一方面用后排放会对环境造成污染。那么,生活中应如何减少对其使用呢?①降低衣物洗涤频率。②碗筷清洗不用或少用清洁剂。在家庭碗筷一般较少,清洗前把有油污的碗具不要摞起来,以免油污黏在没有油污的碗具底部,而应单独放置,用刷子、清洗球或丝瓜丝放小水将油污擦洗以后,再和没有油污的碗具等一起清洗,完全用不着清洗剂。③洗澡时少用或不用洗洁用品。特别是夏季,每天可能都要洗澡,可以简单冲洗一下,隔一段时间用一次洗洁用品即可。这样防止洗洁用品对皮肤和身体的过度刺激,对身体大有好处。

(4)戒烟和少饮酒。现在我国 27 个省(自治区)的 1700 余个县市栽种烟草,总产量占世界的 1/3,中国的烟民达 3.6 亿人,比日本的人口还要多。我国是人口大国,基本的粮食消耗就很大,粮食安全问题也是中国威胁论的主要论据之一,而大片种植烟草的土地必然影响粮食生产。酿酒行业作为粮食的深加工产业,由于用粮较多,全国乃至全球的粮食供给必然影响着酿酒业自身的用粮安全,尤其是粮食酒对粮食价格的上涨敏感度越来越高,也应引起高度重视。因此,戒烟和少饮酒对粮食安全和环境保护有重要作用。此外,吸烟和饮酒对身体也有很大的危害。如烟草中烟碱可引起动脉痉挛引起动脉缺血,引起脑梗塞、心肌梗塞的发生。长期大量饮酒可导致慢性酒精中毒,对人体造成多方面的损害等。

(5)减少纸张和一次性塑料袋的消耗。节约纸张、回收废纸可以大大降低原材料的消耗。据有关资料统计,少浪费 1500 张纸,就可以保留一棵树,少浪费 100 万张纸,意味着节约 680 棵树;一个办公室节约 6 吨纸垃圾,相当于拯救 120 棵树。可见节约用纸和回收废纸对保护环境的重大意义。塑料结构稳定,不易被天然微生物降解。这就意味着废塑料垃圾如不加以回收,将在环境中变成污染物永久存在并不断累积,会对环境造成极大危害。如废塑料随垃圾填埋不仅会占用大量土地,在土壤中不断累积,会影响农作物吸收养分和水分,导致农作物减产影响农业发展等。因此,我们平时购买日常生活用品可以用家里的一些永久性且易携带的袋子,以减少塑料袋的使用,并且会给我们携带提供方便,可以说是一举两得。

## 专栏 8-1  绿色家庭实践案例

近些年,通过"绿色家庭"的评选活动,各地涌现出一大批优秀的"绿色家庭"。北京顺义区高丽营镇文化营村郭秀玲是一位普通的家庭妇女。多年来,郭秀玲把营建"绿色家庭"作为家庭建设的主要目标并收到了很好的效果。郭秀玲家里在洗衣物、洗浴时,尽量使用香皂、药皂、洗衣皂等,在清洁餐具卫生设施时都选用无磷洗衣粉和含氧清洁剂,她通过自己使用的效果和经验,经常向亲戚朋友及周围熟悉的人讲解如何使用环保型卫生用品。她总把家里打扫得整洁有序,虽没有闹市广厦的豪华,却有小楼庭院之幽雅。除了把自己家里打扫干净、装扮漂亮,郭秀玲也不忘庭院之外的村径,每天勤于打扫,保持一尘不染。村民们看在眼里,记在心里,自然也就不忍心在路上乱扔脏物和废弃物了。

正是这样一个普通的家庭在营造绿色家园的同时,引领着整个小区的绿色家庭创建,形成保护绿化人人有责、家家参与的社会风尚。郭秀玲的丈夫是村里的环保监督员,他说:"一花独放不是春,万紫千红春满园",仅仅自己一家创建成绿色家庭是远远不够的,只有全社会成员都拥有了绿色观念,那么,整个社会才会更文明、更和谐。如何做一名绿色使者,把"绿"的种子播撒到每一个角落。身为环保监督员,他在每年举办科普进村庄活动中,给各个企业、居民发放了购物环保袋以及相关环保书籍、废旧电池回收箱,还向居民发出绿色消费的倡议。他们不但把家里的废旧电池放到电池收集点,还把废旧手机电池送到移动公司的手机电池回收箱。

资料来源:http://www.01hn.com/shijicailiao/105263.html

## 参考文献

1. 傅立群,2007. 论和谐家庭的建构[J]. 杭州研究,(4):168-175.

2. 礼村,2000. 绿色生活方式[J]. 今日中国(中文版),(4):74-75.

3. 李宏,王漫雪,代树峰,2005. 浅谈绿色家庭的建立[J]. 环境,(z1):163-164.

4. 李志刚,2009. 中国公民环保读本,绿色生活一本通[M]. 南宁:广西师范大学出版社.

5. 梁家年,2002. 浅议绿色室内设计[J]. 三明高等专科学校学报,04:122-124.

6. 麦克·布卢姆菲尔德,麦克·里斯高,马克·罗斯兰,2007. 绿色城市:可持续社区发展指南[M]. 北京:企业管理出版社.

7. 宋秀兰,1992. 风靡日本的"绿色家庭"[J]. 中国花卉盆景,11:9.

8. 坦尼娅哈,2008. 绿色生活[M]. 北京:新华出版社.

9. 王登峰,崔红,2008. 中国人的人格特点(Ⅵ):人际关系[J]. 心理学探新,04:41-45.

10. 闫晓梅,2007. 和谐家庭建设与新家庭价值理念的构建[J]. 中共山西省委党校学报,06:43-45.

11. 杨雄,刘程,2008. 当前和谐家庭建设若干理论与实现路径[J]. 南京社会科学,09:99-105.

12. 姚海涛,2010. 论和谐家庭的内涵及其构建[J]. 学术论坛,08:51-54.

13. 袁玲双,王斌,肖红,2006. 倡导绿色生活方式创建绿色环保型家庭[J]. 齐齐哈尔大学学报(哲学社会科学版),06:117.

14. 张莹,2006. 关于构建和谐家庭的几点思考[J]. 泰山乡镇企业职工大学学报,03:5-6.

# 第九章

## 绿色工作

## 第一节　绿色工作与绿色职业

### 一、绿色工作

#### （一）绿色工作内涵

目前，关于绿色工作的概念还没有统一的界定。联合国环境规划署（UNVEP）、国际劳工组织（ILO）和国际工会联盟（ITUC）、国际雇主组织（IOE）共同撰写的《绿色工作报告》将绿色工作定义为：在农业、制造业、安装业、维修业以及科学技术领域、管理领域和服务业有助于保护或者恢复环境质量的工作。具体来说，这些工作包括有助于保护和恢复生态系统及生物多样性的工作，通过推行节能高效的策略来减少能源、原材料消耗的工作，实现无碳化经济的工作，减少或避免产生所有形式的废物和污染的工作。当然，绿色工作不是绝对的，并不仅仅包含上述各项，仍需满足劳工运动的长期目标及需要，例如：适当的工资、安全的劳动环境和劳动者权利，其中包括组织工会的权利（UNEP，2008）。

国际劳工组织总部高级政策专家彼得先生（Peter Poschen Eiche）对绿色工作还做过如下解释：体面的、绿色的工作是有助于经济可持续增长并帮助人们摆脱贫困的工作。它是实现促进就业与减少贫困双赢的良机，是适应并减缓气候变化所必须采用的共利之策。国际劳工组织总干事胡安·索马维亚（Juan Somavia）也强调，越来越多的能源成本密集型生产和消费模式得到了广泛的关注，这是迈向高就业、发展低碳经济的最优时机。当前，绿色工作恰是一个三重功效的红利分配：可持续发展的企业、贫穷的减少和就业中心经济的复苏。国际劳工组织的《绿色工作报告》将绿色工作的概念总结为：改造经济、企业、劳动场所及劳动市场，逐渐减少企业和经济部门产生的环境影响，最终达到可持续发展的水平,实现低碳、可持续发展的体面劳动。绿色工作有助于减少对于能源和原材料的消耗,避免温室气体的排放,使废物和污染的危害最小化,并且有利于恢复生态系统的服务功能,如清洁水资源、保持水土、保护生物多样性。加拿大劳工组织对绿色工作做出的定义为:绿色工作是一种对自然资源需求减少,利用可再生能源、节能高效、劳动密集且不产生有害污染和废物的可持续工作。美国旧金山大学的宾德休斯·拉奎尔教授(Pinderhughes Raquel)在《绿色工作:不断增长的绿色经济所创造的工作》一文中指出:绿色工作是绿色经济中的蓝领工作,即企业的手工劳动就业所制造的产品和提供的服务可直接改善环境质量的工作。

从以上各方对于绿色工作的解释和把握不难看出,对于绿色工作的界定大体上保持了相同的方向和基调,更大程度上呈现的是彼此互为补充、完善的关系。2009 年 3 月,在北京召开的绿色工作经验研讨会上,进一步将绿色工作的内涵概括为以下四个方面:一是降低能源消耗和原材料的消耗——非物质化经济;二是避免温室气体的排放——去碳化经济;三是将废物和污染降至最低;四是保护生态环境,恢复环保服务(UNEP,2008)。我国对于绿色工作的定义基本采用了国际劳工组织的解释。简而言之,绿色工作是集环境保护工作、社会保障工作于一体,将对环境的影响降到最低,促进体面劳动的发展,最终实现社会可持续发展的生产性工作。

需要注意的是,现有的一些职业和工作,例如教师、护士、自来水业、公园维修业、育林业、污染处理业等,基本上是"绿色"的,但我们一般不将这类工作归为绿色工作。因为绿色工作是相对于传统工作而言的,是一种新型可持续性的工作,更多强调的是降低对环境的破坏,同时也要求对劳动者工作环境、工作条件、工作方式的"绿化"。也就是说绿色工作在一定意义上是一种应对环境问题和劳工问题的转型工作,是一种动态改变型工作,而对于像教师、护士等某些不会产生污染、对人体危害甚小的固定职业来说,不应将其包含在内。另外,有些工作如污染处理业、废品回收业等,大体上也是符合绿色宗旨的,但要使其真正成为绿色工作仍需要从根本上进行改变。如水净化和水处理业的氯净化系统的改革;工厂引进减少废物的设施;育林业和农业寻求对化学农药的依赖最小化……只有进行上述的改变和调整,这些工作才可以被称作是绿色工作。

### (二)绿色工作实践

加拿大、美国、德国、孟加拉国等绿色工作开展较早,发展迅速,成效显著。

加拿大是开展绿色工作最早的国家,长期的研究为该国绿色工作发展提供了丰富的理论成果。2001 年 3 月,加拿大劳动工会接受并修订了《绿色工作创造工程》的第一份报告——绿色工作背景文件,并于 2003 年正式审核通过。报告中详细介绍了绿色工作的发展背景,从理论现实等多个角度全面论述与绿色工作密切相关的多个概念:可持续发展与绿色工作、绿色工作的政策与项目、税制改革与绿色工作、环保法规与绿色工作等。清晰明确设置了加拿大本国的政策、法律,结合实际制定了行之有效的战略方法。2008 年 5 月26~30 日召开的第 25 届加拿大劳工立法会议上,加拿大劳动工会在 2001 年背景文件的基础上进一步扩充了报告的具体内容。将研究重点投向提高能源效率、发展可再生资源等领域,并提出降低碳排放等要求,制定碳使用收费政策。同时强调绿色工作是一项过渡性的工程,并提出了 10 条建设性意见,以十分坚决的态度表明加拿大劳动工会将要完成的有助于绿色工作的具体目标,为进一步解释相应政策的合理性又对以上 10 条做出了详尽的原因分析。

美国将发展绿色工作的起点,放在发展能源战略之中。美国前总统奥巴马在竞选时曾说:"我们还要为未来创造更多的绿色工作。我的能源计划是在未来十年中投入 1500亿美元建立绿色能源部门,而这将在未来的 20 年创造出多达 500 万个新的工作机会。"美国 2009 经济刺激方案中将全部经济投资 7870 亿美元中的 600 亿美元用于绿色工作的相关项目:400 亿美元用于清洁能源项目,200 亿美元用于新修改的税务鼓励机制。加州大学伯克利分校的三位专家麦克斯·威、丹·科曼、珊娜·派媞蒂亚在《绿色经济的扩大就业潜力——美国的观点》一文中系统论述了能源产业的发展对绿色工作的推动作用,并用相关数据进一步说明已开展的能源项目所创造的大量绿色工作效益。美国前总统小布什于 2007 年底签署并得到国会一致通过的《2007 年能源法案》中的《绿色就业法》为美国国民提供充分的就业保障及职业教育,同时还为需要技术革新的特殊个人——退伍军人、失业人员、寻求致富之路的个体以及曾被监禁的非暴力罪犯提供绿色工作培训基金。

德国工会联合会(DGB)1999 年与政府、环境方面的非政府组织联合会及公司联合会共同合作,设立了"工作与环境联合计划",通过节能措施和提高能效的措施对现有建筑物进行改造,提高建筑物的隔热性能,采用先进的加热技术,利用再生能源,如使用光电系统或太阳能供热系统。这项计划预计将在施工、隔热服务、供热服务、清洁服务、空调保养和建筑物维护等方面创造成千上万的绿色工作机会。2001~2005 年,德国政府为这项计划提供了约 18 亿美元的资金支持,2006~2009 年,德国政府继续为这项计划提供 81 亿美元的资金支持。截至 2008 年 12 月,通过优惠利率贷款形式发放的投资总额已达 260 亿美元。自 2006 年起,通过向再生能源领域扩展,德国已经创造了 23.5 万个绿色工作机会(包括风力、太阳能、生物燃料等方面的工作),预计到 2020 年将创造 50 万个工作机会。目前德国约有 1.8 万人从事环境行业的工作,比整个汽车工业的工作人数还要多(沃纳·施耐德,2009)。

孟加拉国政府积极响应"绿色工作倡议",制定相应的政策和方案,并组织各机构部门实施。孟加拉国政府推出的一项法律规定：所有的新产业必须取得环境部清洁许可后才能够开始运营。截至 2009 年，孟加拉国已经开展的绿色工作项目主要有乡村能源组织的太阳能家庭系统工程(SHS)、沼气工程、炉灶改进工程、植树造林工程等。此外其他两个大型非政府组织科学与工业研究协会与废物关注组也陆续开展了系列工程。孟加拉国一家私人企业 GrameenShakti 公司所开展的家用太阳能系统(SHS)项目，提供了近 2 万个绿色工作岗位，同时还培训了 1500 名农村妇女作为可再生能源的技术员和企业管理人员。

我国应充分结合自身的实际情况，对国外绿色工作成果进行比较分析，交叉综合利用各国绿色工作的发展模式，制定绿色工作的发展政策，以分类促进、双向发展的方式发展我国的绿色工作。我国地域广阔、人口众多，各地经济、文化发展不均衡，依靠单一力量，以单一方式确立适用中国的绿色工作模式难度颇大。因此，借鉴加拿大自上而下与美国自下而上的绿色工作模式，将市场自发创造绿色工作与政府推动创造绿色工作这两种方式充分结合，以政府推动为主，借助市场自由发展与政府强制发展的双重力量，建立双向发展模式才是适合中国绿色工作发展的最佳路径选择。一方面，鼓励自主绿色创业，通过免费创业培训、定额减免税费和提高小额担保贷款等措施鼓励自主开展绿色工作项目，自下而上逐级开展绿色工作；另一方面，自上而下分类制定绿色工作发展的专门政策，实现产业政策、环保政策、就业政策的并重与同步。建立绿色工作认证制度，促进企业开展绿色工作；建立绿色职业资格认证体系，促使劳动者向绿领转变；绿化公共就业服务体系，使绿色信息迅速、准确传达给企业主与劳动者。

# 二、绿色职业

## (一)绿色职业内涵

绿色职业作为一个新兴的概念，其理论基础和实践经验还相对欠缺，加之国家之间的发展特点各有差异，绿色职业的概念在国际范围内尚无定论(信欣，2012)。陈红彩(2014)、孙慧丽(2012)、王亚平(2012)李成和彭瑜(2015)等学者认为绿色职业是在 2008年，由国际劳工组织、联合国环境规划署等国际组织首次提出，并界定为："在农业、工业、服务业和管理领域有助于保护或者恢复环境质量，以减缓人类面临的环境危害为目的的职业。"后续有不同的国家、组织、学者对绿色职业的内涵进行阐述。美国劳动力信息委员会(WIC)将绿色职业定义为：以提高资源使用效率、扩大可再生能源使用、支持环境可持续发展为本质任务的职业即为绿色职业(信欣、张元，2012)。美国政府"绿色新政"对绿色职业的支持使得各研究组织对绿色职业表现出了极大的积极性。各部门观察绿色职业的角度主要有两个方面：一方面是职业活动生产的产品和提供的服务是否绿色，即产出绿色产品或绿色服务；另一方面是分析整个生产过程是否绿色（马妍，2012）。欧洲职业发展训练中心（2010）在一则简讯中强调发展绿色职业的技能应该着重改进现有的技术能力，而不是构建新的"绿色技能（Green Skills）"（信欣，2012）。"生态加拿大"（ECO Canada）非常有影响力的《2010 年劳动力市场研究》则强调，绿色经济对劳动力的影响主要不是通过新职业的创生，而是通过对已有职业的改造和重新配置。现有的工作人员必须学习新的技能和（或者）拓宽他们已有的技能组合（谢良才，2016）。从这林林总总的观点中可以看出，当前国外的学者和组织主要从环境保护、能源节约再利用、减少污染和浪费、调节气候等方面来界定绿色职业（王亚平，2012）。

　　国内学者根据中国社会经济发展实际状况出发，对绿色职业进行理解。信欣（2012）认为绿色职业的判断标准可以概括为：在自然资源和自然环境两大层面上，能够直接完成以下五方面任务中至少一项的职业即为绿色职业：①提高非可再生资源投入的使用效率；②提高非可再生资源的回收再利用率；③生产和利用可再生资源；④防治污染排放；⑤保护生态环境。王亚平（2012）认为绿色职业首先是职业，它有着职业的技能性、创造性和生存性的一般特征。绿色职业是有特色的职业，它有着自身的特点，其内涵是四维一体的，四维分别是环保性、人文性、科技性和可持续性，它们统一于绿色职业。李成、彭瑜（2015）、马妍（2012）将绿色经济活动中以提供绿色产品或服务为主要工作任务之一的职业种类界定为绿色职业。信欣、张元（2012）认为绿色职业区别于其他职业的特点在于其在资源利用和环境保护两个层面的独特价值，而依据现有的绿色职业定义，这两个层面的价值和任务属性又可以进一步划分为生产可再生能源或替代能源、提高能源和原材料使用效率以及防治污染和保护环境 3 方面。

　　从以上观点可以看出，绿色职业并不是新兴的职业，而是已经存在于各国的职业体系之中。并且根据社会经济发展、资源使用情况、环境污染程度、科技发展水平、社会保障体系等因素的变化，绿色职业的标准会相应发生变化。就目前而言，众多学者观点的共同点在于，绿色职业是能够达到保护环境、防治污染、提高资源使用效率这样效果的职业。

## （二）绿色职业产生

　　绿色经济是实现自然资源持续利用、生态环境持续改善以及经济社会可持续发展的一种经济形态，其目的就是实现环境、经济和社会的全面、协调发展。职业产生于人类社会最基本的生产劳动过程，是人们参与社会分工、完成经济各个环节协作性劳动的具体途径。因此，经济的绿色转型也进一步引发了人们对绿色职业的关注（信欣、张元，2012）。绿色职业是受经济发展影响，在其主客体要素得以"绿色"更新和重新组合的基础上所形成的新型职业形态。而绿色经济也进一步扩充了职业的内涵(信欣,2012)。

能源和环境是当前世界各国普遍关注的两大问题,能源枯竭和气候变化已经对人类的生存环境和经济社会发展造成了威胁(穆静静,2012)。2008年联合国发布了《绿色职业工作前景》(Green Jobs)的报告,报告展望了未来绿色职业工作的发展前景和必要关注的问题。如果全球不在10年内向绿色经济转型,各国都将面临失业等社会问题和经济危机。这份报告出炉的背景正值全球面临最严重的全球性经济危机,忽视绿色能源政策和绿色职业工作将是这一危机中最严重的错误,扩大和发展绿色职业工作是摆脱困境的出路之一。报告认为,未来绿色职业工作的前景非常光明,各国必须大力发展和扩展绿色职业的领域,这也是第三世界国家行之有效的解决困难的办法(信欣,2012)。绿色职业发展兼具环境与经济双重动力(陈红彩,2014),一些国家正将绿色新政作为应对金融危机的重点,作为经济刺激计划的一部分,美国政府不久前宣布了一项"绿色就业与培训计划",从而创造出大量绿色岗位。在欧洲,绿色计划将创造上百万个工作岗位(信欣,2012)。在可持续发展战略的背景下,绿色职业的兴起对中国经济发展转型、促进劳动力就业、改善环境等方面都同样具有重要作用。

### (三) 绿色职业发展历程

随着全球气候变化的加剧和世界各国经济竞争的日趋激烈,"绿色竞争"将会对世界新经济格局的产生带来深远影响。目前,世界各国都在迅速发展绿色经济和绿色职业。美国2009年出台《美国清洁能源安全法案》,按计划,在未来10年内,美国在可替代能源上的投入将达到1500亿美元。韩国2010年出台《低碳绿色成长基本法》,此外又出台了《绿色建筑法》《智能电网法》,并将GDP的2%投入绿色成长(2009~2013)的计划。根据澳大利亚国库部目标,到2050年,该基金总额将达1000亿澳元,届时减排达80%,清洁能源发电达40%(目前仅为10%)(陈红彩,2014)。

信欣(2012)以美国为例,通过整理美国七个地区的绿色职业研究报告发现,美国划定的绿色职业领域也多集中于诸如可再生能源生产、绿色农业、绿色建筑业等与生产和科研相关的部门,而基本不涉及立法、行政等管理部门。这从一定程度上说明,当前的绿色职业更加偏重于生产和科研一线,而整个职业体系也将会通过清洁技术的研发利用和生产过程的节能环保控制逐步实现"绿色扩散",从而带动整个经济向绿色方向转变。

绿色职业的概念虽然是在近年来才悄然兴起,但是在我国当前的职业体系中,承担促进自然资源持续利用和环境质量稳步提高任务的职业已经存在,如沼气生产工、农村节能员、护林员等(信欣、张元,2012)。2015最新版《中华人民共和国职业分类大典》对具有"环保、低碳、循环"特征的职业活动进行研究分析,将部分社会认知度较高、具有显著绿色特征的职业标示为绿色职业,共标示 127 个绿色职业,并统一以"绿色职业"的汉语拼音首字母"L"标识。这是我国职业分类的首次尝试,旨在注重人类生产生活与生态环境的可持续发展,推动绿色职业发展,促进绿色就业。绿色职业活动主要包括:监测、保护与治理、美化生态环境,生产太阳能、风能、生物质能等新能源,提供大运量、高效率交通运力,回收与利用废弃物等领域的生产活动,以及与其相关的以科学研究、技术研发、设计规划等方式提供服务的社会活动。

# 第二节　绿色就业与绿色创业

## 一、绿色就业

### (一)绿色就业内涵

为了可持续发展,需要对人类的经济活动和生存环境进行绿化,也就是对产业结构、产品生产的技术和工艺、产品生产的组织方式、生活方式等进行绿化。从实践出发,绿化具体包括六个方面:一是多发展对环境影响小的产业,主要是生态农业、生态旅游、有机食品、可再生能源、服务业、高新科技、植树造林等;二是限制发展对环境影响大的产业,主要是能源、冶金、建材等重化工业,造纸等轻工业;三是绿化、净化生产过程,通过开发新的生产工艺、降低或取代有毒有害物质的使用、高效和循环利用原材料、降低污染物的产生量、对污染物进行净化治理等;四是城市和农村的公共环境设施建设和维护,以及公共环境保护与治理;五是生态环境保护与修复;六是围绕经济绿化发展绿色服务业,包括绿色信贷、绿色技术、绿色设备、绿色保险、绿色认证等。就业本质上是一种经济关系和经济行为,受劳动力市场供求机制调节,受产品市场影响。产品供给的总量和结构、产品生产的技术和工艺、产品生产的组织方式等,决定就业的数量、结构和就业模式(张丽宾,2010)。

绿色就业是一个全新的研究领域,全球都正处于对这一问题的日新月异的深化认识的过程中。迄今为止,还没有被普遍接受的关于绿色就业的定义(人力资源和社会保障部劳动科学研究所课题组,2010)。国内外对绿色就业的认识,也是基于不同的角度,有着不同的认识(刘晓,2012)。

绿色就业术语首次出现是在澳大利亚自然保护基金会和澳大利亚工会理事会共同发布的《工业中的绿色就业报告》。此后,不断有研究和论文引用了该术语(周亚敏等,2014)。

2007 年,在国际劳工大会上联合国环境规划署(UNEP)和国际劳工组织(ILO)以及国际工会联盟(ITUC)共同发起了绿色就业倡议(周亚敏等,2014),倡导世界各国实行"绿色就业计划",协调环境、经济和就业三者之间的关系(赵保滨,2014)。

2008年《绿色工作:迈向可持续的、低碳世界的体面劳动》对绿色就业进行初步定义,绿色就业是指"在农业、工业、服务业和管理领域任何有利于保护或恢复环境质量的体面的工作岗位"。这个定义强调了就业的环境功能:①降低能源和原材料消耗;②控制温室气体排放;③减少废物和污染;④保护和恢复生态系统;⑤帮助企业或社区适应气候变化。重点是,UNEP认为绿色就业应该是体面的工作,比如可以提供足够工资的好工作,有安全的工作条件、就业保障、合理的职业前景以及工人权益等(周亚敏等,2014)。国际机构提出"绿色就业"概念,发起绿色就业倡议的根本目的有两个:一是想表达"向绿色低碳经济转型所创造的绿色就业机会大于被摧毁的非绿色就业机会"的观点,以便从就业角度呼应国际社会"向绿色低碳经济转型"的观点;二是将绿色就业纳入体面就业,进一步提高国际劳工标准(人力资源和社会保障部劳动科学研究所课题组,2010)。

美国明尼苏达州Task Force机构将绿色就业定义为"绿色经济的就业机会,包括绿色产品、可再生资源、绿色服务和环境保护四个产业部门的就业"(刘晓,2012)。

中国的研究者也在尝试定义绿色就业,人社部劳科所(2010)将其确定为国民经济中相对于社会平均水平而言,低投入、高产出,低消耗、少排放,能循环、可持续的产业、行业、部门、企业和岗位上的工作。"低投入、高产出"泛指与提高组织管理水平、进而提高生产效率相关的就业。提高生产效率意味着各种生产要素的节约,具有资源节约、环境友好的倾向,是我国从粗放到集约的经济增长模式转变的主要方面,对整个经济都具有基础性的决定性作用,应成为中国绿色就业的要素;"低消耗、少排放"主要指与通过提高技术水平实现通常意义上的能源、资源节约和减少污染物排放相关的就业,是绿色就业的基本要素;"能循环、可持续"既是指总体上生态体系的自我修复和经济、社会发展的可持续的思想,也是指与循环经济、污染治理和生态环境保护相关的就业。

人力资源和社会保障部劳动科学研究所绿色就业发展战略研究课题组(2010)对绿色就业做了狭义和广义之分:狭义的绿色就业是指工作本身,即工作本身符合环保意义和标准,指不直接对环境产生负面影响以及对环境产生有利影响的工作,包括提供的产品和服务、生产使用的工具及生产过程等都应该是绿色的;广义的绿色就业是指符合低碳排放、节约能源、减少污染和保护生态环境四个方面标准的产业、行业、职业、企业,即总体上对环境有正向净效应,对环境的影响低于部门平均水平。

张丽宾(2010)提出"绿色就业"强调的是就业的环境功能,而不是就业本身的劳动属性,即绿色就业并非绝对不对环境产生影响的就业,是指那些对环境的负面影响程度显著低于通常水平、能够改善整体环境质量就业,并且绿色就业在整个就业中所占的比重,与发展水平和发展方式相关,具有动态发展性。绿色就业就是采用绿色技术、工艺和原材料进行生产的就业,就是从事绿色产品生产和服务的就业,就是直接从事环境和生态保护工作的就业。所有从事经过绿化的经济活动的就业都是绿色就业。所有从事绿色经济活动的就业都是绿色就业(张丽宾,2010)。

李虹、董亮(2011)以生态效率理论为基础对绿色就业进行解释。他们提出发展绿色就业的本质是提升产业的生态效率,促进以"存量经济"为主,讲究生活、生产方式变革的绿色、可持续经济体系构建。

周亚敏等(2014)认为绿色就业是对传统增长理论的修正和完善。具体而言,绿色就业是对环境具有正向效应,能促进能源节约与污染减少的工作,其单位产出的污染物影响及负荷较小,同时这些绿色岗位能够提供体面的工作。这一定义的理解需从三个维度入手:环境维度、社会维度和经济维度。在环境维度方面,绿色就业必须是环境友好型、可持续、节约资源的就业;在社会维度方面,绿色就业必须是体面的工作,能够为其劳动力提供有保障、有尊严的岗位;在经济维度方面,绿色就业必须是有高附加值、能够创造收益的就业。

从上述观点可以看出,国内外学者及机构都从多维度对绿色就业的概念进行阐述。从经济发展角度来看,绿色就业体现出经济发展与环境保护相协调,实现可持续发展的理念;从社会治理的角度来看,绿色就业承担社会效益和环境效益的双重责任,不仅可以促进就业、改善就业条件,而且有助于减污降排、保护环境。

不过,综上研究可以发现,这些对绿色就业的界定主要是从就业分类的视角,按一定的特征标准对就业进行重组,从而导致目前对绿色就业的认识不成体系。与此相关的,虽然对绿色就业的认识都与环境保护及低碳发展有关,但何种程度的环境友好及体面工作才能被认定为绿色就业,还需要进一步阐释(周亚敏等,2014)。

## (二)绿色就业产生

近年来,随着环境和能源问题被日益提上议事议程,全世界都开始审视自身的行为,都开始注意经济和环境的协调发展。向着可持续发展的方向转变、探索一条能够解决环境,能源和就业问题的道路、实现经济增长与环境保护同向发展的愿望显得特别强烈。于是,绿色就业理念应运而生(郑立,2010)。

在谈论到环境的可持续发展以及向绿色经济、低碳经济转型时,往往会过多地强调其成本,而忽视这种转型过程中所带来的就业机会。事实上,从"绿色就业"的角度看,这一经济发展方式转型不仅避免了大量的污染物、温室气体排放,同时还有助于创造就业岗位,从而增加经济和社会的双重价值(李虹、董亮,2011)。世界各国已经逐渐认识到,绿色就业是实现低碳经济和可持续发展的重要途径。近年来,绿色就业在世界范围逐步兴起,美国将绿色就业作为促进就业,拉动经济增长的重要手段;欧盟将绿色产业视为"新的工业革命",制订发展环保型经济的中期规划,以实现促进就业和经济增长两大目标;日本公布"绿色经济与社会变革"政策草案,通过环境政策实现创造就业岗位,解决环境问题(李青青,2012)。向绿色就业模式转型,既是世界经济发展的潮流,也是我国经济发展的内在要求(郑立,2010)。

### (三) 绿色就业发展历程

我国政府一直重视环境保护工作,制定和实施了一系列的政策措施,在 13 个重点行业关停淘汰落后产能;推进传统产业技术改造,提高能源利用效率,实现节能减排;提高资源综合利用水平,大力发展循环经济,加强环境污染治理,大力发展环保产业;加强生态农业建设,实施六大林业工程,增强碳汇能力等。在这一过程中,一些就业机会被摧毁,一些工作岗位的技能要求发生了变化,还有一些就业机会被替代,但同时又有一些新的就业机会被创造出来(人力资源和社会保障部劳动科学研究所课题组,2010)。

绿色就业在我国已有较长的发展过程。我国环保事业从 20 世纪 80 年代就开始了,已形成环保产业;植树造林从中华人民共和国成立以来就开始了,年年植树造林;太阳能产业从 20 世纪 90 年代开始发展,已具有相当规模;风力发电这些年发展迅猛,生物质能发电也得到发展;工业企业三废治理力度不断加大,淘汰落后产能陆续关停了一些污染和能耗大户;发展循环经济、废品回收利用正在规范发展。在这一过程中,已形成一定规模的绿色就业(人力资源和社会保障部劳动科学研究所课题组,2010)。中国政府已经强调,有必要建立一个环境可持续发展、节能的社会,要在第十二个五年计划(2011~2015 年)转型过渡到低碳经济和促进绿色就业(周亚敏等,2014)。

目前,中央政府已经强调促进绿色就业的重要性,主要通过宣传活动向人们介绍绿色就业的概念,提高绿色就业的意识;从事绿色就业的战略性研究以指导政策与战略;加强适应绿色就业岗位的技能培训;鼓励绿色清洁部门的创新以刺激绿色就业。政府的目标是:截至 2020 年,创造 220 万个绿色就业岗位,实现绿色产业增加值占 GDP 的 15%。大规模的环境投资将会催生一系列新的绿色服务产业,比如生态系统服务、碳资产管理服务、碳交易、合同能源管理等(周亚敏等,2012)。

根据世界观察研究所(Worldwatch Institute)一份报告称,未来 8 年,快速发展的中国经济将创造无数的绿色就业机会。该报告从中国的能源、交通运输以及林业三方面入手,进行了详尽分析,指出仅 2020 年,中国将至少提供 450 万的绿色就业机会。

# 二、绿色创业

## （一）绿色创业内涵及特征

作为一个新兴的研究主题，绿色创业在名称表述上如前文所列还不完全一致，概念界定上也尚未统一，但这并不影响本研究对绿色创业基本内涵达成共识。目前关于绿色创业的代表性定义有：绿色创业就是"识别、评价和利用经济机会的过程，这些机会出现于市场失灵状态下，有利于企业保持可持续发展，而且与环境具有密切联系"（Dean T，2007）；绿色创业关注的是那些把"未来"产品和服务带到现实当中的机会，绿色创业就是对这种机会的识别、创造和利用的过程，同时还包括由谁完成以及将会产生什么经济、心理、社会和环境结果等问题（Cohen B，2007）。总体来看，现有研究对绿色创业的理解基本一致，即整合商业创业和可持续发展两个概念分析企业创业活动，强调对机会的识别与利用，目的是实现环境、社会和经济的共同发展（Shane S，2000）。

从绿色创业的概念层次看，本研究认为绿色创业的内涵有狭义和广义之分。狭义的绿色创业是指既有企业出于追求在成本、创新或者营销方面的优势而实现绿色化，或是创立一个提供环保类产品和服务的创新性企业，这种绿色创业是短期、局部的；而广义的绿色创业则是建立在环境创新基础上的一种创新性、市场导向、个体推动的价值创造形式，或是出于绿色化目的而创建新企业，并且这类企业是以"可持续"为目标（Schaltegger，2002），这种绿色创业是长期、全面的。绿色创业的实施个体被称为"绿色创业者"，他们通过创建那些在设计、工艺等每一环节都"绿色化"的企业，寻求如何实现事业可持续发展的途径（Isaak R，2002）。对绿色创业者而言，追求个人伦理价值观推动了环保主义理念和创业动机的整合。环保主义体现了关怀自然、保护生态的"可持续"价值观，而创业活动则是创业者个人环境价值观推动的结果。环境价值观引起的创业动力是第一位的，其次才是识别某些机会领域，创业是唯一一种可以直接把个人价值观融合进来的商业模式，因而比其他强制性变革更有可能推动环境保护。同时，环境保护的伦理属性还可以强化创业（Anderson A，1998）。

理解绿色创业的基本内涵，还要把握如下三个特征。

首先，在组织途径、形式和方式上，绿色创业是创业型的。所有的绿色创业者都承担了创业的风险，他们的创业结果是无法预计到的，失败的可能性也随时存在。与其他创业者相同，他们必须敏锐地认知并开发一个商业机会，通过资源的整合将创意转化为现实，同时构建和发展一套新事业规划并管理其成长过程。与任何新创事业的产出都具有不确定性一样,绿色创业不是政策制定者一声令下就能实现或自动存活成长,其成功也需要一个合适的创业系统:一个创业者或小的领导团队,他们负责创业项目的实施;同时,存在一个合适的市场利基;配备相应的人力资源;足够的启动和成长资本;获取便利的商业支持和建议,不论是从个人还是公共机构。但这仍然不全面,环境、机会和外部市场等创业因素对绿色创业同样重要。

其次,绿色创业的商业活动总体上会对自然环境产生积极的影响,促使其发展更具可持续性。一种可能的情况是,绿色创业作为一种结构体系,内部的各个要素和环节都会对环境产生或中立或积极的影响;但另一种更现实的情况是,整个绿色创业过程中某些方面是绿色的,而其他方面仍有可能是"棕色的"(不利于环境的)。事实上,因为我们生存在一个并不完美的世界,现实情况是很少有新创企业保持100%的绿色,浪费、污染或非环保资源的使用随处可见。不过,绿色创业创造并实施的项目对所处环境体系的综合影响是积极的。这也反映了组织与环境互动的关系。创业环境在本质的意义上是一种制度环境(Desai M,2005),需要组织遵从"合法性(legitimacy)",也就是某一组织向相同层次或更高层次体系正当化其存在权利的过程,因此,绿色创业也为组织获取其生存和成长所需要的其他资源提供了可能(Immerman M A,2002)。

再次,绿色创业者具有"意向性"(intentionality)。绿色创业者有自己的个人信仰体系——自身一整套价值观和理想抱负,往往能认识到自然环境的保护问题,并有一种推动环境朝向可持续道路发展的意愿,而且这对自身都具有重要意义。但是,这种对绿色创业的"意向性"也不是至高无上的,不同绿色创业者的"意向性"程度往往也是不同的。在一些新创企业中,利他主义(altruistic)的目标要比财务收益和财务流动性还要重要;还有一些企业,利他主义的地位与传统的经济和财务收益是相当的;同时仍有其他企业仍然把利他作为排在财务流动性之后的第二位目标。但是,针对"意向性"这一方面,我们可以把绿色创业与"无意识绿色创业"进行区分,后者指的是创业者开办的新企业经营是具有环境友好的特质的,但是,这种结果更多的是一种商业过程之外不曾预料到的副产品,而不是源于有意识地对绿色问题的关注(李华晶,2009)。

## (二)绿色创业类型分析

Schick、Marxen 和 Freimman(2002)根据创业者关注生态环境的程度把绿色创业分为绿色奉献、绿色开放和绿色抵制三种。

(1)绿色奉献型创业(eco-dedicated start-ups)。绿色奉献型创业是指为了实现绿色生态目的而实施的创业,这种绿色创业自始至终都具有强烈的生态意识,并且高度关注生态环境。一方面,绿色奉献型创业主动追求生态目标,按照生态优化标准来设计产品及服务;另一方面对环保市场保持更长远的前瞻性,并且把开发环保市场看做是提升自身竞争力、战胜传统企业(即非绿色企业)的重要手段。这类创业者非常注重环保技术和材料投资,并且坚信经过自身的努力,一定能够收回这方面的投资,并建立优于传统企业的竞争优势。这种绿色创业风险较大,回报周期较长,因而更需要政策支持。

(2)绿色开放型创业(eco-open start-ups)。绿色开放型创业的基本特征在于创业者参与绿色创业的动力来自于对利润的追求,对绿色投入缺乏主动性,但并不抵制,而是采取开放的态度接受绿色创业的主张。这种创业者比较关注生态环境,他们的绿色参与热情主要来自于顾客或者市场对绿色产品和服务的需求。这种创业者参与生态活动的底线是有钱可赚,他们进行绿色创业是为了通过满足市场上的绿色产品和服务需求来赚取利润,决不会平白不故地为了满足建设环境友好型社会的绿色要求而进行"无为"的投入。影响这种绿色创业的主要因素是时间和绿色环保信息的可获得性。但是,这种绿色创业可以被看作是生态建设的重要推动力量,因为这种创业者对绿色化采取开放的态度,并且能够接受绿色化的经营理念。

(3)绿色抵制型创业(eco-reluctant start-ups)。绿色抵制型创业是一种对待生态问题态度消极的创业。这种创业者把绿色化看作是一种经营负担,把所有的生态投入都视为经济损失。他们往往是极不情愿地执行环保方面的法律法规。绿色抵制型创业者采取绿色环保措施只是迫于法律法规的强制性。

绿色创业人数不断增多,对生态环保建设的开展提供了智力支持。参与生态建设和环境保护既是兴趣爱好也是社会发展的趋势。高校在人才培养中不断提高的绿色意识,是在校绿色创业的起源,走绿色创业之路符合高校发展趋势和自身特点。国家提出建设节约型社会,为创业指明了发展方向,创业者又为环境保护提供人力资源。一方面绿色创业增强了的环境保护意识和技能,培养了环境保护素质,为国家环境保护事业的发展提供了智力支持;另一方面绿色创业带动和影响了全社会关注环境保护树立可持续发展意识。因此,绿色创业已经成为国家生态建设和环境保护的重要力量。

### (三)促进绿色创业的相关建议

(1)各级政府要准确把握绿色创业的发展方向,不自断扩大绿色创业的影响力,吸引和凝聚更多的,加入绿色创业,使之成为我国环境保护的急先锋。当代最具创造力和活力的创业者必将在生态环保事业中承担更大的责任。要不断教育引导创业者在绿色创业中沿着科学的方向发展,发挥自身优势影响和带动全社会树立环保观念,积极投身环保事业。因此要培养我们高度的社会责任感和历史使命感。

(2)将绿色创业作为高校创业就业工作的核心力量,纳入高校人才培养体系提高综合素质。与经济发展同步发展国家生态环保事业发展的人才。所以，必须从国家生态绿色事业的长远发展认识绿色创业的作用和地位。高校要为参与环境保护，展示个人才能、挖掘自身潜力提供广阔的舞台。

（3）国家要高度重视绿色创业的作用和影响，正视绿色创业发展面临的问题和困难，将其作为绿色领域重点对象纳入政府支持体系。在政策上给予倾斜、在资金上给予支持，为绿色创业的发展提供良好环境。高校也要重视绿色创业的建设和管理充分发挥绿色创业在环境保护方面的积极作用，准确把握绿色创业的发展方向，引导他们积极投身国家生态环境保护事业（郭东萍，2014）。

# 第三节 绿色办公与绿色休憩
## 一、绿色办公

### （一）绿色办公内涵

"绿色办公"指在办公活动中使用节约资源，减少污染物产生、排放，可回收利用的产品。也就是说，在办公活动中尽量减少资源和能源的消耗，减少不利于环境的因素。但"绿色办公"并不是"办公绿色"。它不是指办公环境要绿色、办公用品要绿色、办公室装修建材要绿色，而是指办公行为中要考虑到对环境的影响并且尽量减少负面影响（李珮，2009）。

提倡厉行节约也是"绿色办公"的基本要求。政府推行绿色采购，包括办公用品、各种设备、各种服务、各项工程等的采购，都必须符合国家绿色认证标准要求（李珮，2009）。

### （二）绿色办公实践

#### 1. 国外实践

20世纪90年代，德国制定了《循环经济与废物管理法》，确立了"3R"原则，首先是减量化原则（reduce），指减少进入生产和消费过程的物质量，从源头节约资源的使用和减少污染物的排放。生产中通常要求产品小型化和轻型化，产品的包装简单朴实。其次是再利用原则（reuse），指制造产品或包装容器能够以初始的形式被反复使用，抵制一次性物品的泛滥使用。最后是再循环原则（recycle），指生产出来的产品在完成它的使用功能后能重新变成可以利用的资源。

美国"绿色"建筑委员会颁发的"绿色"认证，则是要求办公场所能够达到节水节能、物资分类和室内环境质量标准。这一证书颁发的主要对象是利用"绿色"理念在节能降耗中发挥表率作用的办公建筑,例如一些设立在大型公交枢纽旁以降低私家车使用量,或者回收废旧材料循环使用的企业和机构办公楼等。

为节约开支、降低成本,美国各大企业和政府机构纷纷把"绿色办公"列入日程。全球最大的连锁式零售商美国沃尔玛百货公司在多家分店内装上太阳能板;加利福尼亚大学洛杉矶分校为所有员工提供混合动力车,当地政府机构也准备效仿;包括美国银行在内的众多大企业都在环保理念指导下建造办公大楼;世界传媒大亨鲁珀特·默多克也宣布,他旗下所有公司在 2010 年前实现二氧化碳零排放。

最近,谷歌和微软成为引领绿色办公时尚潮流的佼佼者。谷歌注重人性化,其办公环境被上班族称为"仿若置身公园"。谷歌工作园区的环境更像是大学的林荫街,而不是办公场所,员工骑着自行车,或者溜着电动滑板车穿行于葱郁的草坪与道路之间。

公司的人造皮革沙发是由可再生的材料制成,地毯是可回收、可再生利用的,楼梯是由仿原木材料制成的,墙壁的粉刷采用低挥发性的有机油漆,谷歌的一些房间使用了蓝色可再生的隔音材料,大部分的房间配有绿色植物。谷歌的椅子使用了 92% 的可循环利用材料。谷歌的水系统使用了逆渗透过滤器,这种系统出来的水的质量甚至比运动型饮料的水质还好。

微软强调利用绿色能源及可再生材料,其在美国加州的总部大楼楼顶安装了 2000 多片太阳能电池板,总面积超过了 3 万平方米,在用电高峰时刻,它能够产生 480 千瓦的电力,这些电量足够给 500 个家庭提供能源,目前,微软总部 15% 的电力由这套太阳能发电系统供给。

建于 1999 年的微软硅谷园区,内部照明系统使用"人走即灭"的运动感应装置,大楼的地毯和门使用可循环使用的材料,景观美化也使用了耐旱的植物。此外,微软工作园区还采用了一套先进的冲洗管理系统,它会根据天气的变化调节供水量,这套系统每年能够节水 1100 万加仑。微软使用的纸张当中,至少包含了 1/3 的可循环利用材料,总部每月能够回收约 130 吨再生物质。

当然,除了美国,世界其他国家也积极响应绿色办公。日本丰田汽车总公司在托兰斯的绿色办公大楼,为工作人员提供自然采光和颇具环保特色的水循环利用。瑞典政府则是全球首个倡导所有官员追求"绿色办公""绿色生活"的政府。它所有办公室都换上了节能灯泡,并要求政府官员带头开耗油量小的轿车、吃无污染的蔬菜、使用特制洗衣粉用冷水洗涤衣物。政府还与瑞典最著名的服装品牌合作,为官员订制了以有机棉为原材料的服装(李珮,2009)。

**2. 国内实践**

2004 年,国家发改委与中国节能投资公司联合编制了《公众节能行为指南》,倡议"绿色办公"从身边做起,内容包括:暂停使用电脑时,如果预计暂停时间小于 1 小时,将电脑置于待机状态;如果暂停时间大于 1 小时,关机断电;电脑主机、显示器、打印机、饮水机、复印机、碎纸机等办公设备减少待机能耗,长时间不使用时关闭电源;降低显示器亮度,当电脑在播放音乐等单一音频文件时,可以关闭显示器;平时使用完电脑后要正常关机,应拔下电源插头或关闭电源接线板上的开关;减少使用一次性文具,纸张正反面打印,开展无纸化办公;设置回收纸类制品的垃圾箱;采购节能产品和设备;夏季办公楼空调温度设置于 27~28℃;随手关灯,杜绝白昼灯、长明灯;办公楼采用节能建筑材料;办公室自然采光,自然通风;安装自动关闭的水龙头和照明灯;为节能环保车预留停车位;为骑自行车上班的员工提供淋浴室和更衣室等。

2006 年年末,财政部和国家环保总局联合发布《环境标志产品政府采购实施意见》和首批《环境标志产品政府采购清单》,明确今后政府机关、事业单位、团体组织在用财政资金实施采购时须优先选择"绿色产品",逐步推广政府绿色采购制度。特别是 2007 年 3 月 14 日,国家环保总局和财政部又联合发布《关于调整环境标志产品政府采购清单的通知》,进一步扩大环境标志产品政府采购范围,政府采购清单中节能产品种类由原来的 18 类 4770 种扩大到 33 类 15087 种,其中空调机、双端荧光灯和自镇流荧光灯、电视机、电热水器、计算机、打印机、显示器、便器、水嘴九类产品为政府办公强制采购节能产品。

目前,我国各地政府都在努力尝试"绿色办公"。在北京房山区长沟镇镇政府办公楼的开水房里,工作人员早上上班打水的时候都只打半壶水。他们称,以前每天早晨打水的时候,每个壶里都剩半壶,就被白白地倒掉,浪费掉了。现在是喝多少打多少。打印用两面纸,上下班坐班车等已成为了长沟镇开展"绿色办公"活动的重要内容,镇里统计一个月就可节省各项开支近 5 万元。

上海市人民政府的后勤保障部门创造了"绿色办公"氛围,制定空调器的管理制度,根据气温变化调整空调温度设定与开启时间;司炉工每天统计煤气耗用量,电工每天详细记录照明、动力、空调的电耗,资料员每周、每月、每年汇总水、电、煤气的耗用量。制定灯具按需开启制度,根据季节昼夜长短变化随时调整,将消防通道的 130 多支日光灯管改装成声光控制延时开关,一年可节电 3.8 万余度。

江西南昌市机关事务管理局也曾颁布文件,要求南昌市行政中心各单位做到节能减耗。政府行政楼附近 300 多盏景观灯每晚提前 1 小时关灯,仅此一项,每月至少节约用电 4500 度(李珮,2009)。

# 二、绿色休憩

我们人生大部分有效时间都在工作中度过,我们的价值也是靠工作来体现,因此如何提高生产率是每个人的必修课。工作中若想提高效率,靠蛮干可是不行的,因为很快你就会耗光你的时间和精力,正所谓:亢龙有悔,盈不可久。事实上,在职场中那些工作勤奋的人,他们并不是一直在工作。他们每工作一段时间后就休息一会,以帮助他们更高效的工作。所以绿色休憩指的是在长时间工作与学习中进行有间隔的短暂休整,以保证身心健康和高效工作的一种作息安排。

那么分配时间和精力的正确姿势是什么? 番茄工作法就是其中一个选择。番茄工作法是简单易行的时间管理方法,是由弗朗西斯科·西里洛于 1992 年创立的一种相对于GTD 更微观的时间管理方法。使用番茄工作法,选择一个待完成的任务,将番茄时间设为25 分钟,专注工作,中途不允许做任何与该任务无关的事,直到番茄时钟响起,然后在纸上画一个 X 短暂休息一下(5 分钟),每 4 个番茄时段多休息一会儿。番茄工作法极大地提高了工作的效率,还会有意想不到的成就感。

这 25 分钟的工作时间我们好好工作,这没有问题,但是休息的 5 分钟时间里,很多人却不知道该干什么,经常呆坐于电脑前,茫然不知所措。如果不能充分利用这 5 分钟好好休息,那么下一个番茄钟的工作效率势必会受到影响。

这短暂的 5 分钟休息可以给我们带来改善身体健康,缓解眼睛酸痛、促进血液循环等,有效缓解焦虑情绪,提升人的记忆力、集中力和机敏性等好处。下面就是几条高效利用 5 分钟休息时间的小妙招:①听几首自己喜欢的歌,闭上眼睛,享受音律之美。②站起来,伸伸懒腰,随便走动 5 分钟,比如可以去走廊散散步,爬爬楼梯,到楼下转一圈等。③静静地看着窗外风景,什么也不想,让思绪停一会。④和同事聊聊天,在欢声笑语中,紧绷的神经不知不觉就会放松下来。⑤喝水,吃点美味的零食,最好是营养价值高的,如酸奶、坚果等。⑥趴桌上小憩几分钟,这种方式效果出奇的好。⑦收拾桌面,整理物品和文件等,小小的整理也能带来令人愉悦的成就感。⑧散散步,去户外进行一次轻快的散步是最好的休息方式之一,它不仅能促进你的血液循环,而且能让你呼吸到新鲜的空气,沐浴到灿烂的阳光。⑨冥想,理清头绪,有时候我们试图采用蛮力方法来解决我们工作上所面临的问题。也许我们退一步考虑时,潜意识里就会突然冒出来我们一直要寻找的答案。让自己的注意力暂时分散到一些无需动脑的事物上,事实上会更有助于你解决问题。⑩休息时视线一定要离开电脑,也不要玩手机。

# 参考文献

1. 百度百科,2017.番茄工作法[EB/OL]. 百度百科. http://baike.baidu.com/link? url=_LciFOQc-5pBUvo8T-MheouQsckWzcExjyg1yap4XQWVAwyAX4lHAGaHRCiZJXU-1KlRnq2v2u46WiVzzGHRxlhTMGX5SP1bRV 3Q2-vWMA3DP3duUM8GCwdmZfmtwfqPpEmdSruoEDzTVzV4SUb7Nxj_[04-16].

2. 傅彩云,2008. 大学生心理烦恼与困惑的调查研究[J]. 内蒙古财经大学学报,(6):8-10.

3. 高嘉勇,何勇,2011. 国外绿色创业研究现状评介[J]. 外国经济与管理,33(2):10-16.

4. 郭东萍,2014. 当代大学生绿色创业发展方向研究[J]. 技术与市场,21(5):373-374.

5. 黄沫,田思路,2006. 气候变化背景下"绿色工作"的理念与实践[J]. 阅江学刊,2011(2):32-38.

6. 黄玉浩,2006.大学生实习的烦恼[J]. 记者观察,(10):45-47.

7. 教育频道编辑,2012. 工作间隙适当休息可提高工作效率[EB/OL]. 3158 招商加盟网 http://jiaoyu.3158.cn/20121101/n2351270598906.html[11-01].

8. 李华晶,邢晓东,2009. 绿色创业内涵与基本类型分析[J]. 软科学,23(9):129-134.

9. 李珮,李媛媛,曾莹莹,2009. "绿色办公":21 世纪环保新潮流[J]. 生态经济:中文版,(5):22-27.

10. 刘美君,陈喆,李昊昱,2008. 大学生实习现状分析及对策[J]. 时代人物,(3):58-59.

11. 刘树忠,2011. 以企业化管理模式提高大学引进人才的使用效率[J]. 中国人力资源开发,(2):101-103.

12. 人力资源和社会保障部劳动科学研究所课题组,游钧,张丽宾,2010. 中国绿色就业的发展[J]. 中国劳动,04:6-14.

13. 沃纳·施耐德,2009. 德国的"工作与环境联合计划"[Z]. 中国北京绿色工作经验交流研讨会.

14. 吴利玲,2011. 论对高校实习生的绿色人力资源管理模式[J]. 邵阳学院学报(社会科学版),10(4):54-56.

15. 兴趣使然的帮主,2016. 1 分钟学会 10 个工作间休息的小妙招,会休息的人才会工作[EB/OL]. 简书. http://www.jianshu.com/p/f35cecf46d2a[11-28].

16. Anderson A R, 1998. Cultivating the Garden of Eden：environmentalentrepreneuring [J]. Journal of Organizational Change Management,11(2):135-144.

17. Cohen B, Winn M I,2007. Market imperfections, opportunity and sustainableentrepreneurship[J]. Journal of Business Venturing, 22(1):29-49.

18. Dean T J, Mcmullen J S, 2007. Toward a theory of sustainable entrepreneurship：Reducing environmental degradation through entrepreneurialaction[J].22(1):50-76.

19. Desai M A, Gompers P A, Lerner J,2004. Institutions, Capital Constraints and Entrepreneurial Firm Dynamics：Evidence fromEurope[J]. Ssrn Electronic Journal.

20. M Matiur Rahman,2009.Green Job Assessmentin Agriculture And Forestry Sector of Bangladesh[EB/OL]. http://www.ilo.org/haka/Whatwedo/Publications/lang-en/ocName-WCMS 10 6515/index.htm[04-10].

21. Immerman MA ,Zeitz G J,2002. BeyondSurvival：Achieving New Venture Growth by Building Legitimacy[J]. Academy of Management Review, 27(3): 414- 431.

22. Isaak R,2002 The Making of theEcopreneur[J]. Social Science Electronic Publishing, 2005,(38):81-91(11).

23. Juan Somavia,2013. The Green Jobs Programme of the ILO［EB/OL］.http://www. ilo. org/wcmsp5/groups/ public/dgreports/- integration/documents/publication/wcms107815.pdf［03-15］.

24. Lucien Royer,2016.Make Green Jobs Deliver On Challenges for Development［EB/OL］. http://old. global-u-nions.org/pdf/ohsewpO 7n.EN.pdf［05-05］.

25. Peter Poschen,2018.Green jobs：Definitions, approaches and contribution to low -carbon development［EB/OL］. http://www. ilo. org/public/english/region/asro/beijing/download/ greenjobs/peter keynote. pdf［11-01］.

26. MS Islam,2017. Bring Green Energy, Health, Income and Green Jobs to Rural Bangladesh［EB/OL］. http:// www.ilo.org/public/ english/region/asro/beijing/download/greenjobs/islamp.pdf［05-18］.

27. Schaltegger S,2002. A Framework for Ecopreneurship［J］. Greener Management International,2002(38)：45-58 (14).

28. Schaper M,2002. The essence ofecopreneurship［J］. Greener Management International,38(38)：26-30(5).

29. Schick H, Marxen S, Freimann J, 2002. Sustainability Issues for Start-UpEntrepreneurs［J］. Greener Management International,38(38)：56-70(15).

30. Shane S, Venkataraman S,2000. The Promise of Entrepreneurship as a Field ofResearch［J］. Academy of Management Review, 25(1)：217-226.

31. UNEP/ILO/IOE/ITUC,2008.Green Jobs：Towards Decent Work in aSustainable［J］. Low-Carbon World,(9).

32. Walley L, Taylor D, 2010. Opportunists, Champions, Mavericks. ? A Typology of GreenEntrepreneurs［J］. Greenleaf, volume 2002(June)：31-43(13).

# 第十章

## 绿色康养

### 第一节　绿色健身与绿色运动

#### 一、绿色健身

#### （一）绿色健身内涵

根据 2014 年的国家统计年鉴,2013 年全国居民人均可支配收入是 18310.75 元,而在医疗保健方面的支出约为 912 元,占全国居民人均支出的 6.9%。从这个比例来看,我国居民在健身方面的支出占比很小。同时,我国的基础健身器材和健身场地仍然有很大的缺口。据中国国家体育总局统计,中国有 6000 多个大型体育场馆,相比发达国家来说明显落后。而面向群众的中小型体育馆,其数量缺口则更大。据上海市体育局的有关官员的说法,上海市目前的运动场地难以满足市民的健身需求,上海市市民现在面临着健身难、健身贵的问题。在上海尚且如此,遑论其他地区。按照凤凰网的相关报道,中国人当前的健身状况与德国 40 年前的水平相仿。可见,我国国民的健身问题亟待解决。

而在 2014 年 10 月,中国政府网公布了《国务院关于加快发展体育产业　促进体育消费的若干意见》,正式将全民健身上升为国家战略,提出到 2025 年体育产业总规模超过 5 万亿元。同时,随着我国居民收入的逐步增加以及健身意识的增强,居民在健身方面的支出也在逐步增加。可以说,我国的国民健身行业有着巨大的发展前景。因此,在这个时期,探讨绿色健身方式对于国民健身以及相关行业的发展就有了重要的指导意义。

绿色运动是指在自然环境中的体育运动。体育运动不仅能够使人的身体保持健康,并且还有健康人们心理的好处。同时也有证据表明,观看、处于或者和天然的环境相互作用对人有积极影响,例如减轻压力和增加应对压力的能力,减轻精神疲劳,集中注意力以及提高认知能力。因此,在那些成熟的领域中产生了绿色运动的概念,如环境心理学中的注意恢复理论,它倾向于专注与观看自然对心理和生理的影响(Kaplan,Ulrich,2015)和关于体育运动对心理上的好处的良好再认知工作。

这一定义强调了在自然当中运动和健身,并且强调了自然对于人类的生理上和心理上的帮助。固然,"绿色健身"的概念中,健身和自然的统一是重要的,除此之外,环保、节约、经济、科学也是十分重要的。因此,"绿色健身"的定义为:在自然或者其他适宜的环境中,人类做的对于环境有益或者无害的,同时又能节约资源的科学的健身运动。

## (二)绿色健身实践新模式

### 1. 网络健身

在当下,"互联网+"的概念正是炙手可热,大到金融行业,小到小组会议,都能看见互联网的身影。自然,新时代的健身活动必然也是少不了互联网这一味材料。

网络健身的含义是,利用电脑以及配套的设备,通过网络,做到足不出户就可以达到锻炼身体的目的。这种方式不仅科学有效,而且同传统的健身方式相比,更是经济又节省时间。网络健身的产生和发展,是 IT 族和互联网发展壮大的结果。在 IT 圈里,大部分的生活模式都是白天长时间坐在电脑前面奋战,下班之后大部分还要加班,回家之后已经是筋疲力尽,脑子里想的都是回床上去好好补个觉,自然不可能想到去健身房锻炼。即使偶尔想要娱乐一下,也是看看电视、玩玩电脑或手机。因此,网络健身应运而生。网络健身可以把类似网络游戏的纯 3D 软件与健身者的室内运动结合起来,是健身者在室内运动中体验逼真的户外运动和场馆运动,还能和别的健身者一起比赛。它能带给健身者一种不同于传统的室内运动,又不同于常见的网络游戏的全新感受,将娱乐和健身统一起来。

网络健身可以分为以下几个步骤。第一步:在网络健身平台上创建自己的账户,然后选择运动模式。第二步:将家里的运动器材同电脑连接起来。例如,如果你要慢跑,你就可以把你自己家里的跑步机连上网络,然后登录网络健身平台,你就可以利用电脑模拟出各种不同的跑步场景,做到足不出户就能跑遍世界。同时,你还可以和你的小伙伴们一起跑步,甚至进行一场马拉松竞赛。但是如果你觉得跑步机太贵了,那你也可以选择趣味手柄类的健身项目,例如网球、乒乓球,甚至拳击、高尔夫等。

网络健身能够达到传统健身方式那样的锻炼效果,而且还有许多独特的优点。例如,你的健身计划可以不用再考虑天气因素,同时也不需要在节假日的时候提前预约健身房的名额,省去了健身房的会员费,并且,足不出户,随时随地都可以进行锻炼。这样的健身方式集经济、便利等优点于一体。不仅如此,它还具有能够科学安排锻炼进程和方式的特点。

在网络健身中,你可以请一位"虚拟教练"。这位"虚拟教练"能够根据每一个健身者的身体素质,来生成属于你的健身计划,并且还会给你提供科学有效的健身建议和意见,还能在你健身的时候一直陪着你。最重要的是,由于网络健身娱乐性比较强,健身者有可能沉迷于网络。因此,当你沉迷网络健身系统时,这位"虚拟健身教练"还会出来给你提示或者警告。

此外,你也可以聘请一位现实生活中的健身教练。在你提供了基本信息之后,他就会给你制定专门的健身方案,并且会通过邮件、电话、网络等方式来同你沟通交流。此外,你还可以通过网络健身平台查阅到一些关于健身的小知识,并且还能够把自己的经验放到平台上同其他网友交流,一起分享健身的喜悦。

网络健身的绿色之处就体现在其科学、便利和经济之上。它突破了传统健身方式的地域限制,使得每个人都可以将健身房"搬"回家。对于提高全民体质来说,网络健身的出现降低了健身活动的难度,提高了健身活动的普及率(忆加,2009)。

### 2. 森林浴

森林浴是指人们到森林中或到绿树成荫的公园里,在那里多滞留一些时间,呼吸清新的空气,沐浴一下阳光,放松一下精神,同时通过适当的运动,如林中步行、做操、跑步、打太极拳等,充分感受森林中的那种气息和氛围增进健康,防治疾病(谭胼,2008)。

森林有多种生态作用,它是地球产生氧气的肺,同时又是消声器,还能够成为净化空气的净化器。可见,森林对于环境的净化作用之大。因此,人们在森林当中做健身活动,也就能够起到事半功倍的效果。

首先,森林浴可以有效地消除疲劳,甚至森林浴已经成为了一种医疗手段,来医治那些因长时间生活在城市中而患"文明病"的患者。不少国家都已经设立了专门的森林医院,专门利用森林浴来医治这样的患者。那些因工作压力太大而导致身心障碍的人,经过3~4周的森林疗养,可彻底消除身心疲劳。在进行森林浴的时候,配以深呼吸运动为佳,因为这样可以吸入森林当中的有利物质,而排出体内的浊气。

其次,森林浴还有降低血压的作用。据日本森林综合研究所对森林浴的研究显示,吸入杉树、柏树的香味,可降低血压,稳定情绪。专家让18名受试者闻杉树木屑的香气,在前后90秒的时间里测试他们的血压、脑血流等,结果都发生了不同程度的变化。其中血压降低3%~4%,流经大脑的血流量趋于减少,情绪逐渐稳定。当人的情绪抑郁时,唾液中的激素会增加,但是处在模拟森林温度、湿度的人工气象室中就会减少,每毫升唾液中可测出0.4微克的激素,与森林中测得的0.3微克相近。在森林浴时,血压和抑郁激素的含量都会降低。对于高血压人群来说,经常性地进行森林浴可以有效地缓解高血压症状。

同时,森林还能够增进人类健康长寿。古语有云:"游涉乎云林,周驰乎兰泽,弭节乎江浔",可以"陶阳气,荡春心","山林逸兴,可以延年"。世界上有名的长寿村多半都处在绿水青山之中,大片的森林或植被为它们提供了清新的空气和优美的环境,不仅造就了长寿村的神话,同时也吸引了大量学者前来研究这一长寿之谜。

森林浴最好的时间是在一年中的5~8月,一天之中的上午8点到下午5点。因为在每年的5~8月的这段时间内,太阳直射角大,光照强,森林的光合作用比较强,而且温度也比较适宜外出。同时,森林浴最好是在阳光充足的晴天进行,原因也是因为光合作用比较强。森林浴按不同的运动方式可以分为4种:"步行浴""睡浴""坐浴""运动浴"。顾名思义,"步行浴"就是在森林当中随意步行,浏览景色,放松心情;"睡浴"就是在森林中躺在睡椅、草地、吊床上等,闭目养神;"坐浴"就是在森林当中静坐,缓解疲劳;"运动浴"就是在森林中做一些日常运动,既可以是跑步、踢球,也可以是唱歌、跳舞。

森林浴的另一个好处是经济。因为它不需要特殊的场地和工具,只需要找一片合适的树林即可,既可以是城市公园,也可以是自然保护区。在健康身心的同时,还能够领略自然风情(谭胗,2008)。

### 3. 滑　草

相较于滑雪、滑冰等项目,滑草这项运动是一项新兴的环保绿色运动,同时对于公众来说也更加陌生。随着绿色环保意识的增强以及各项健身活动的发展,滑草这项运动也在公众当中迅速普及起来。

滑草是利用滑鞋、滑橇等工具在专门种植的草坪上进行的一项体育健身运动。这项运动始于20世纪60年代的欧洲,由于它具有健身、刺激、安全等特点,吸引了大量最求速度和刺激的人。因此这项运动在崇尚冒险精神的欧洲迅速地流行了起来。滑草运动在90年代初引入中国。在广州、福建等地开始出现专门用于滑行的草地,使得这项运动进入了正式发展的轨道。1995年,福建省出现了该省首个滑草场。该滑草场有一条长60米、宽10米的滑草道,滑草道的两边有护栏,在滑草道的底部均铺有海绵软垫。这样的高标准既保证了滑行者紧张、刺激的体验,又能够充分保障滑行者的安全。尽管滑草运动现在对于公众来说相对陌生,但是我国各大中城市都已经建了不少的滑草场地。

滑草运动的绿色之处在于,这项运动的草地,草坡都是纯天然的绿色植物,因此随着这项运动的流行,可以增加绿化面积。同时滑草运动往往需要质量比较高的草皮,并且草场的面积也往往比较大,通常一个滑草场就要占据整个山坡。因此,滑草运动也做到了运动和自然的统一,在进行这项紧张刺激的运动的同时又可以欣赏山坡下的风景,这也是滑草运动和滑雪、滑冰的不同之处。并且相较于传统的滑雪和滑冰运动,滑草运动的危险性更低,你可以毫无顾忌地坐上"雪橇"呼啸而去(李盛仙,2002)。

# 二、绿色运动

## （一）绿色运动内涵

法国的启蒙思想家伏尔泰的名言"生命在于运动"，它确实是一语道破天机，揭示了生命的奥秘所在，成为颠扑不破的真理。随着科学的发展、医学的进步，人们越来越认识到运动与休息、劳与逸的重要性，只有二者处于相对平衡状态下，生命才能健康。

体育运动能改善和提高大脑和中枢神经系统的功能，改变大脑的供血和供氧状况，使人头脑清醒、思维敏捷。可以使大脑皮层的兴奋性增强，神经生理过程中的均衡性与灵活性提高，并且还可以使大脑皮层的综合分析能力增强，中枢神经系统对身体各器官系统调节作用提高。

体育运动能促进人体内脏器官构造的改善和功能的提高。体育运动时，由于人的体内能量消耗增加，代谢产物增多，新陈代谢旺盛，血液循环加速，从而使血液循环系统、呼吸系统、消化系统、排泄系统的机能都得到改善。特别使机体的重要脏器——心、肺在构造上发生改变。如心脏产生运动性肥大、心肌收缩力增强，心脏容积增大，每搏输出量增大，安静时频率变慢，从而出现心脏工作"节省化"现象。同时，还会导致肺活量增大，呼吸深度加深，肺通气量增大。体育运动还能提高机体的免疫功能。我国研究材料表明：长期坚持长跑的人，其血清免疫球蛋白增多，免疫调节功能增强，NK 细胞活性增强，这有利于提高机体应激能力，增强机体对疾病的免疫力和病后康复力，并能推迟人体衰老的生理过程。从而达到防病治病，延年益寿的效果。

回顾 20 多年前我国社会的发展变迁，科学技术的进步和改革开放的发展，使得我们的生活环境和劳动条件发生了巨大的变化，机械化、知识化、信息化和高科技化，构成了现代生活的基本特征。然而，科学技术的迅猛发展，在为我们提供了许多优越条件的同时，也给我们带来了新的危机——运动不足及运动不足病。运动不足病是指与以运动不足为主要原因有关的一组疾病。一般包括肥胖病、心肌梗塞、冠心病、高血压、动脉硬化症、神经官能症、腰痛病、电视症、电脑网络症等。

目前人们对身体锻炼的低参与性可能与人们对健康知识的认识有误有关，人们应立即参与积极、持续的体育锻炼。科学的数据表明，参与规律性的、中等强度的体育锻炼明显有益于身体健康。确切地说"生命在于科学适当合理的绿色运动"。

但是并非只要参与运动就有益于健康，在谈运动的好处时，不能回避运动不当所带来的害处。过分运动对身体有什么损害呢？据运动医学专家研究表明，激烈的、长时间的运动,如跑马拉松时,身体会分泌一种类似鸦片、有麻醉作用的物质,称为因多芬。它可使人在运动中感觉不到痛苦,尤其会失去心脏病发作的前奏感——胸部剧痛。故常有长跑者昏倒或心脏病发作的情况发生。另外,免疫系统的淋巴细胞也会当因多芬产生过多时,失去抵制外来病毒的作用,引起免疫功能失调,使感冒、肿瘤或癌症得以发病。

激烈过分的运动会产生许多对身体的组织和肌肉破坏性很大的氧自由基,造成血浆内锌与铁的降低及流失,使体内矿物质失去平衡。剧烈运动还会使心跳加快,血压升高,使运动中心脏病发作的危险性大大增加。

既然剧烈运动会有如此多的危害,那么为什么还要提倡运动健身呢?因为科学的运动是有助于身体健康的。据德国和美国哈佛大学的科学家研究报道,如果一个平时少运动的人,突然去做过分的运动,如快速跑步赶火车、汽车、飞机,搬重物上高楼等,这种突然间的身体运作会使心脏病发作的危险性增大 6~100 倍;而经常科学运动的人,从事同样急速的运动,心脏病危险性仅有 2 倍。这是一个非常悬殊的差别。

综上所述,绿色运动应该是指以增强体质、保证健康为目的,符合人体经络学、运动医学、形体美学等特点,并且有规律、循序渐进、持之以恒的科学运动方式。

### (二)绿色运动原则

按照人体发展的基本规律,合理地进行体育锻炼,可以促进身体的生长发育,改善和提高各器官系统的功能,提高身体素质,增强体质,推迟衰老,延年益寿;反之亦然。因此,进行体育锻炼时,要保证科学高效,应遵循以下基本原则:

(1)全面性原则,指通过体育锻炼使身体形态、机能、素质和心理品质等都得到全面和谐的发展。要达到这一点,就要选择能活动全身的运动项目,如跑步、游泳,并在运动过程中辅之以其他的项目,不要选择过分单一性的锻炼项目。

(2)经常性原则,指应坚持长期、不间断、持之以恒地进行体育锻炼。众所周知,生命在于运动,运动宜贵有恒。如果长期停止锻炼,各器官系统的机能就会慢慢减退,体质就会逐渐下降。一次性的体育活动可以提高人体的免疫机能,增加人体的抗疾病能力,但这种作用在运动后的第二天或第三天就消失了,所以要想保持身体旺盛的体力和精力,就必须坚持运动,不能三天打鱼两天晒网。

(3)渐进性原则,指体育锻炼的要求、内容、方法和运动负荷等都要根据每个人的实际情况,由易到繁,运动负荷由小到大,逐步提高。人体各器官的机能不是一下子可以提高的,它是一个逐步发展、逐步提高的过程。所以人在进行体育锻炼时,要逐渐地增加运动量,要由小到大、由易到难、由简到繁,坚持锻炼,切不可心急求成。

(4)个别性原则,指参加体育锻炼的人,应根据自己的实际情况,选定锻炼内容和方法,安排运动负荷。每个参加体育锻炼的人,年龄、身体等情况都不尽相同,因此锻炼者应根据自身状况进行正确估计,从实际出发,使锻炼的负荷量适合自己的健康条件。只有根据每个锻炼者的年龄、性别、爱好、身体条件、职业特点、锻炼基础等不同情况做到区别对待,才能使运动具有针对性,保证运动过程的高效。

（5）自觉性原则,指进行身体锻炼,出自锻炼者内在的需要和自觉的行动。锻炼者应把锻炼的目的与动机和树立正确的人生观联系起来,这样,才有助于形成或保持对身体锻炼的兴趣,调动和发挥更大的主动性和积极性,使体育锻炼建立在自觉的基础上,以期更好的锻炼效果。

（6）安全性原则,指从事任何形式的运动都要注意安全,如果运动安排得不合理,违背科学规律,就可能出现伤害事故,那样就得不偿失了。所以,为了保证运动的安全,我们需要加强自己的安全意识。如在运动前要做好充分的准备活动;运动时要全身心投入,不要开玩笑或者打闹;在运动时要选择合适的运动环境并且注意控制自己的运动量。

### （三）绿色运动实践

合理的运动安排也是至关重要的,运动内容和运动时间的安排是绿色运动的核心。适量、合理、科学的锻炼是促进和保持身体健康最简单的方法,目前国际上推崇的运动方式是有氧运动。有氧运动是一种增强人体吸入、输送并使用氧气的耐久运动,即在运动时,心率保持在$(220-年龄) \times (60\% \sim 80\%)$以下。在运动过程中,人体吸入的氧气大致与消耗的氧气相等,这类运动的特点是运动的强度低,有一定的节奏,持续的时间长,方便易行也很自然,比较适合我们（尼尔曼,2008）。

**1. 有氧运动优点**

有氧运动方式有慢跑、健身步、球类运动、游泳、滑冰、登山、体操、跳舞、骑自行车、太极拳、舞剑等。有氧运动有以下优点:

①增加血液输送氧气的能力,肺活量和血液总量都会得到提高;②改善心脏的功能,降低血液中胆固醇含量,防止心脏病的发生;③通过不断的运动刺激,防止骨骼中钙质流失,预防骨质疏松症;④有效消耗体内多余的脂肪,配合以营养调节,是最理想的减肥方法;⑤增强肠胃蠕动,加速营养物质的消化吸收和废物的排泄;⑥提高人体免疫力,预防致癌因素对机体的侵袭;⑦有效改善人的精神状态,使人快乐轻松。

**2. 有氧运动方式**

（1）步行。步行就是走路,1992年,世界卫生组织就提出:"最好的运动是步行。"步行作为一种全身运动,可以达到积极休息和轻微锻炼的目的,对人体各器官、各系统的机能都有良好的调节作用。步行能使大脑皮层兴奋、抑制和调节过程得到改善,从而达到消除疲劳、放松、镇静、清醒头脑的效果；步行时由于腹部的肌肉收缩、呼吸加深、膈肌运动加强，使胃肠蠕动增强，从而起到帮助消化的作用；步行还能使肺的通气量比平时增加 1 倍，有利于呼吸系统功能的改善。

步行分为散步、健身步、远足。

①散步。步行的速度在每分钟 90~120 步，每次 30~60 分钟，散步时身体自然放松，抬头，步伐轻盈、均匀。

②健身步。健身步有一定的步幅、速度、距离的要求，不同于散步和慢跑。其步幅比一般步行要大，上身正直，两臂前后摆动自然，并与走步的节拍配合，呼吸深缓，意念集中，速度逐渐加快，距离逐渐加长。每天走 5000~6000 米，心率保持在每分钟 140 次以下。

每天运动前要做准备活动，活动身体的各个部位，尤其是腰部和下肢关节。结束时要逐渐减速，不要马上坐下来，应调整呼吸，充分放松，做几节伸展操，使脉搏尽快恢复。健身步的时间最好安排在早晚，晚上应在睡前 1~1.5 小时前进行。

③远足。远足是长距离的步行，可以从短程开始，而后逐渐加长距离，需要一定时间练习和适应，远足期间可以适当休息，以短时间休息可以消除疲劳为度，逐渐加长距离。

（2）跑步。有人把跑步称为"心脏健康之路"。跑步是项全身运动，跑步时氧的需求量增加，呼吸加深，因而使呼吸系统得到锻炼；跑步使肌肉紧张活动，使血液循环加强，流经冠状动脉的血量成倍地增加，从而使心肌获得较多的氧气和养料。长时间跑步，心肌发达、力量增强、搏出血量增加，休息时心率减慢，"心力储备"得以明显提高。健身跑指的是强度低、速度较慢、距离较长的慢跑。此类跑步减肥效果较好，因为跑步时利用体内脂肪组织作为主要能源，因而能有效地消耗体内多余的脂肪，降低血中脂类的含量，达到减肥的目的。1 小时的健身跑，能消耗 300~600 卡热量，即可以消耗 30~40 克的脂肪，1 个月下来，就能减轻体重 1.36 千克。

健身跑的方法是：每周至少进行 3 次，每次 15~20 分钟。开始时运动量不要过大，随着身体的适应性逐渐加大运动量，习以为常者每天可以跑 30 分钟左右。

（3）游泳。游泳的好处很多，游泳时，人体各系统都得到了改善，人在水中游动时，皮肤和血管受到水的按摩，促进皮肤毛细血管血液循环和表皮细胞的代谢，使皮肤健康光滑有弹性；由于水的阻力是空气的 800 多倍，游泳时呼吸机能得到改善，肺活量也能增加；同时，由于水中的温度较人体的温度低，游泳时人体的热量散发较快，促使体内多余的脂肪消耗，有利于减肥。

游泳虽然有很多的好处，但作为一项运动，也有必须注意的问题，在游泳前，要做好充分的准备，首先要经过医生的体格检查，确定是否适合游泳。在剧烈的活动或强劳动之后，不要马上游泳，因为游泳时体能消耗大，容易在水中出现危险。此外，一般情况下，水温要比体温低十几度,游泳时,人体的能量消耗很大,在水中停留时间过久,容易发生心慌、憋气、抽筋、腹痛等,所以,在水中停留的时间不宜过长,一般游泳 15 分钟后,需要上岸休息,每次游泳的时间不宜超过两小时。

(4)滑冰。滑冰是一项北方地区的冬季运动,不但可以防病抗寒,还可以锻炼人的意志。

滑冰主要利用的是腰腿部的肌肉,经常滑冰可使腰、背、腿部的肌肉发达,也可使髋、膝、踝关节的柔韧性、灵活性提高,使循环系统和呼吸系统的能力增强,身体各部分的协调能力提高。

滑冰前要做准备活动,特别是髋、膝、踝关节等部位,要充分活动后再滑冰,以免扭伤和摔伤。初学者要注意休息,因为下肢疲劳后很难保持平衡。休息时要把鞋带解开,使脚部的血液循环畅通,加快消除疲劳。

(5)球类运动。球类运动的项目很多,如足球、篮球、乒乓球、排球、羽毛球、网球、手球、冰球、台球、保龄球、高尔夫球等。

球类运动使人体的主要肌肉群都能够得到锻炼,因此对于各组织器官的功能都有益。由于球的飞行速度快,球场上变化多端,使锻炼者反应灵敏,身手矫健。此类活动对公安民警十分有益,如有条件可以经常进行,既能锻炼身体、保持健康,也能保持良好的心理平衡。

运动追求着身体乃至精神和社会文化的健康。人类是生物的存在、生命的存在,同时又是历史的存在、社会的存在。体育运动与人的健康关系中,充分地体现了这种多元综合性。运动可以使人的身体强壮、健美,使人从外在形体和内在生命素质上,透射出对生活追求的勇气和智慧;同时,它为社会输送着活力,以其不可替代的方式导引人们塑造自身、塑造生活。

绿色运动是当今世界倡导绿色生活模式的背景下新提出的运动理念,在社会飞速发展的今天,人们被束缚在忙碌的工作以及繁重的生活压力下,而多媒体的发展为我们创造便捷时,也一步步吞噬着我们的身体健康,运动不足病开始蔓延。而绿色运动的意义正是在于把处于亚健康的人们从办公室、家里、学校解放出来,通过科学合理的运动,不仅达到绿色生活模式中的健康标准,更要拥有绿色生活模式所体现的那种积极向上的生活态度来面对巨大的社会压力。

# 第二节　绿色疗养与绿色作息

## 一、绿色疗养

### (一)绿色疗养内涵

"绿色疗养"是在地球生态环境中,个体生命在主客观与地球生态的统一。个体在主观上对地球大自然及其生态环境的热爱与爱护,在客观上是个体生命能量与地球整体能量的统一,从而构成个体生命能量的健康运动与生存。绿色疗养就是环境保护和环境可持续发展教育。这种认识源于绿色是"草和树叶茂盛时之色","象征着新鲜、鲜活、甜美",是"生机盎然的生态之色","象征着青春活力、生命",是对绿色的最基本内涵的最直接理解。一些单位和个人将体育设施安排在绿色环境中,将体育活动和体育教学和训练寓于绿色环境中,就是基于这种理解,所以也是对绿色疗养内涵的上层认识,也可称为浅绿色疗养。

还有人认为绿色疗养就是尊重生命、关爱生命、敬畏生命的教育。这种认识源于"绿是生命的本源",世上凡是"生机盎然""茂盛"者都是有生命的,而体育又是生命之道,是身体与身体的互动、是心灵与心灵的融洽、是智慧与智慧的对话、是人格与人格的交融、是灵魂与灵魂的碰撞。生命是美好的,然而个体生命与自然永恒相比则是短暂的,因此绿色疗养尊重生命、关爱生命、敬畏生命。所以一些单位和个人把体育安全卫生教育内容和措施纳入绿色生命教育,做得好者被誉为"绿色疗养先进集体"(或个人),就是基于这种认识。这是对绿色疗养内涵的中层认识,也可称为嫩绿色疗养。

其三,认为绿色疗养就是激励潜力、激发活力,从而实现有生命力、持续力、和合力、生生发展的体育。这种认识源于"五大发展理念"和"五个更加关注";源于对绿色疗养的潜力激发和深入开发,是绿色疗养内涵的升华和最新发展,这是对绿色疗养内涵的深层次认识,也可称为深绿色疗养。

## (二)绿色疗养实践

(1)日本 FUFU 山梨保健农园。日本于 2004 年成立森林养生学会,正式开始森林环境及人类健康相关的循证研究。2007 年,日本森林医学研究会成立,首次使用了"森林医学"的说法,进一步丰富了森林养生内涵。由此,日本也成为世界上拥有最先进、最科学的森林养生功效测定技术的国家(曹继红,2008)。

在北京森林论坛上,来自日本的春日未步子介绍了她负责运营一家森林疗养基地的实践经验。"FUFU 山梨保健农园",由知名建筑设计师设计,屋顶绿化的草坪、实木骨架的建筑、传统手法的稻草泥土墙面,到处透着朴素和自然的气息。

依托先进管理理念和当地丰富自然资源,山梨保健农园已经成为日本知名的健康管理机构。整个保健农园占地 6 万平方米,这还不包括周边山林。园内的森林疗养步道跨越了不同所有者的林地,经营企业与周边林地所有者达成协议,目前企业可以无偿使用这些森林。

保健农园除了森林疗养步道之外,还有药草花园、作业农园、宠物小屋等保健设施,健康管理设施相对完善。游客可以在农园中选择各种健身和疗养项目，都有专人指导。这种森林疗养模式在日本已经取得了很大成功。

（2）黑海和地中海国家（以西班牙、意大利、保加利亚、俄罗斯为代表）利用阳光和海滩，建立了众多的海滨旅游中心，每年接待数百万海水浴和海滨疗养旅游者。

（3）法国海滨城市杜盖的海水治疗中心，以擅长海水海藻浴疗、海水按摩、泼水浴疗、海泥治疗等疗法而闻名。

（4）瑞士利用高山气候和温泉，修建疗养旅游和温泉疗养所，吸引大量游客到阿尔卑斯山和温泉区度假疗养。

（5）罗马尼亚以充分利用水和泥治疗疾病而驰誉欧洲，不仅全国拥有 160 多个温泉疗养站，还在泰基尔基奥尔湖滨建立一系列以泥疗为特点的医疗中心和泥疗院，每天接待数万名疗养者。

（6）日本萨摩半岛指宿镇的热沙浴，和中国吐鲁番的沙疗一样都疗效显著，别具特色。

（7）毛里求斯有"印度洋明珠"之称，年复一年，这个小岛永远阳光灿烂，蓝天白云。因得天独厚的环境，成为"疗养旅游"最佳目的地国家之一。

# 二、绿色作息

作息，意思是起居、劳作与歇息。绿色作息给了人们调整自身机能条件的可能性，人们遵循绿色作息，能最大化地将精神与肉体的调试活动发挥至最优，实现人的自身和谐。通过绿色作息，有助于保持人的平和心境和健康的生命高水准。

如下是可供借鉴的绿色作息时间表：

7：30 起床。英国威斯敏斯特大学的研究人员发现，那些在早上 5：22～7：21 起床的人，其血液中有一种能引起心脏病的物质含量较高，因此，在 7：21 之后起床对身体健康更加有益。打开台灯。"一醒来，就将灯打开，这样将会重新调整体内的生物钟，调整睡眠和醒来模式。"喝一杯水。水是身体内成千上万化学反应得以进行的必需物质。早上喝一杯清水，可以补充晚上的缺水状态。

7：30～8：00 在早饭之前刷牙。"在早饭之前刷牙可以防止牙齿的腐蚀，因为刷牙之后，可以在牙齿外面涂上一层含氟的保护层。起床后，经过一夜，口腔内含有大量有害物质，必须起床后立即刷牙。"

8：00～8：30 吃早饭。"早饭必须吃，因为它可以帮助你维持血糖水平的稳定。"早饭可以吃燕麦粥等，这类食物具有较低的血糖指数。

8:30~9:00 避免运动。来自布鲁奈尔大学的研究人员发现,在早晨进行锻炼的运动员更容易感染疾病,因为免疫系统在这个时间的功能最弱。

9:30 开始一天中最困难的工作。纽约睡眠中心的研究人员发现,大部分人在每天醒来的一两个小时内头脑最清醒。

10:30 让眼睛离开屏幕休息一下。如果你使用电脑工作,那么每工作 1 小时,就让眼睛休息 3 分钟。

11:00 吃点水果。这是一种解决身体血糖下降的好方法。吃一个橙子或一些红色水果,这样做能同时补充体内的铁含量和维生素 C 含量。

13:00 在面包上加一些豆类蔬菜。你需要一顿可口的午餐,并且能够缓慢地释放能量。"烘烤的豆类食品富含纤维素,番茄酱可以当作是蔬菜的一部分。"维伦博士说。

14:30~15:30 午休一小会儿。雅典的一所大学研究发现,那些每天中午午休 30 分钟或更长时间,每周至少午休 3 次的人,因心脏病死亡的几率会下降 37%。

16:00 喝杯酸奶。这样做可以稳定血糖水平。在每天三餐之间喝些酸牛奶,有利于心脏健康。

17:00~19:00 锻炼身体。根据体内的生物钟,这个时间是运动的最佳时间。

19:30 晚餐少吃点。晚饭吃太多,会引起血糖升高,并增加消化系统的负担,影响睡眠。晚饭应该多吃蔬菜,少吃富含卡路里和蛋白质的食物。吃饭时要细嚼慢咽。

21:45 看会儿电视。这个时间看会儿休闲书或电视放松一下,有助于睡眠,但要注意,尽量不要躺在床上看电视,这会影响睡眠质量。

23:00 洗个热水澡。有助于放松和睡眠。

23:30 上床睡觉。确保享受 8 小时充足的睡眠。

## 参考文献

1. 曹继红,2008. 日本大众体育发展与"政府促进"研究[M]. 沈阳:沈阳出版社.

2. 大卫 C 尼尔曼,2008. 无运动不健康:运动健康防病手册[M]. 长沙:湖南文艺出版社.

3. 凤凰视频,2014. "中国人当前健身状况与德国 40 年前水平相仿"[EB/OL]. 凤凰视频网.http://v.ifeng.com/news/finance/201411/018ee894-218d-48a3-812f-989cd7e3c045.shtml[11-01].

4. 郭因,黄志斌,1995. 绿色文化与绿色美学通论[M]. 合肥:安徽人民出版社.

5. 国家统计局,2014. 2014 年中国统计年鉴[DB/OL]. http://www.stats.gov.cn/tjsj/ndsj/.

6. 汉斯·乌尔里希·古姆布莱希特.2008. 体育之美[M].丛明才,译.上海:上海人民出版社.

7. 吉崇波, 关兰友,2007. 运动与健康[M]. 南京:东南大学出版社.

8. 李培超,2008. 绿色奥运:历史穿越及价值蕴涵[M].长沙:湖南师范大学出版社.

9. 李盛仙,2002. 滑草——时尚绿色运动[Z]. 现代健康人,(7).

10. 钱建龙,2006. 体育运动与身心健康[M]. 武汉:武汉大学出版社.

11. 谭胗,2008. 森林浴——绿色健身方式[Z]. 保健医苑,(4):50-51.

12. 王智勇,郑志明,2011. 大城市公共体育设施规划布局初探[J]. 华中建筑,07:120-123.

13. 维基百科, 2016.GreenExercise[EB/OL]. 维基百科. https://en.wikipedia.org/wiki/Green_exercise[05-05].

14. 翁锡全,2004. 体育·环境·健康[M]. 北京:人民体育出版社.

15. 忆加,2009. 网络健身:最 IT 的健身方式[Z]. 软件工程师,(5):45-46.

16. 张宇峰,2008. 健康视角下的绿色体育透视[J]. 哈尔滨体育学院学报,03:26-28.

# 第十一章

## 绿色文化

## 第一节　绿色文化与绿色作品

### 一、绿色文化

#### （一）绿色文化产生

20 世纪 60 年代初,美国著名学者蕾切尔·卡逊《寂静的春天》的出版,提醒人类不应该只关注眼前的经济利益,而更应该关注环境问题的严峻性,这也是在以黑色污染为标志的黑色文明引导下的产物。"绿色"不仅是视觉所看到的一种颜色,更是一种观念。从某种层面上来说,这里的"绿色"一词是借义转化而来。秦书生(2006)认为人们一般从生态环境方面理解"绿色",即以"绿色"代表保护生态环境的活动、行为、思想和理念等。此外,"绿色"也是我们日常生活交通指示灯中表示畅通无阻的代表颜色,只有坚持"绿色"的发展理念,才能保证整个发展过程维持通畅的状态,而不至于因为环境污染的影响造成恶性循环而堵塞发展道路。

绿色文化是伴着时代文明前进和发展的步伐而逐步形成的。随着第一次和第二次工业革命进程的加快,人类的物质财富急剧增长。与此同时,地球的资源也被人们疯狂地攫取着,资源储备不断减少,环境污染越来越严重,而且对整个生态系统都带来不可逆转的破坏。当人类不得不合理地解决困扰可持续发展的人口、资源、环境等难题时,必须深刻地反思人与自然、人与社会、人与生态的关系,由此便产生了绿色文化这一重新认识人与自然关系新的理念,并赋予它以深刻的时代发展的内涵。

20 世纪中期发达国家相继实现了农业现代化,但发展中国家仍处在落后的传统农业阶段。从 60 年代开始,人类掀起了一股推动粮食高产的绿色革命,绿色革命伴随的是农业的高投入,且绿色革命运动是由发达国家在发展中国家推行的,由于发达国家的逐步撤退,绿色革命思潮在 70 年代被自然农业思潮所取代。80 年代可持续发展思潮又取代自然农业思潮,90 年代被再次提起的新绿色革命首先强调人类的发展应该将社会经济发展和自然环境保护相结合而非对立,发展应建立在可持续发展基础上,防止单一化的发展,在发展过程中要关注脆弱的生态系统,保护生物多样性,在原生境和非原生境中保持大量的基因库,发展灌溉要防止次生盐渍,发展耕作制度多样性,提倡病虫害综合防治的联动机制,重视土壤保护和可持续利用等。1992 年联合国环境与发展大会上通过《21 世纪议程》,象征着人类进入保护环境、敬畏自然、以可持续发展为标志的"绿色时代"(车生泉,1998),随之而起的是以崇尚自然、保护环境、维持生态平衡、降低资源消耗、促进可持续发展为基本特征的绿色文化的诞生(铁铮,2011)。

### (二)绿色文化内涵

绿色文化是人类为适应环境而创造的以绿色植物为主体、以绿色理念为内涵、以绿色行为为表象的所有文化现象的总和(铁铮、孙晓东,2011)。石峰(2012)认为绿色文化是人们对工业化进程带来负效应的反思,是从"人类中心主义"向人与自然和谐发展观念的转化,是人类新生活方式的转向标。而秦书生(2006)认为绿色文化是以生态科学和可持续发展理论作为思想基础的新兴文化,本书认为绿色文化也是改善人类生存和发展的条件而进行的设计、创造并使之产生积极成果的一种文化,是倡导人与自然和谐相处的思想体系,是人们根据生态关系的需要和可能,在生产力快速发展的基础上进行相应的绿色科技的创新和研发,有效地解决人与自然、人与社会以及人与自身关系问题所反映出来的思想观念的总和。

绿色文化有狭义和广义之分。从狭义来说,绿色文化是人类适应环境而创造的一切以绿色植物为标志的文化。从广义上讲,绿色文化是人类与自然环境协同发展、和谐共进,并能使人类实现可持续发展的文化,包括持续农业、生态工程、绿色产品、绿色包装、绿色消费、绿色交通、绿色教育、绿色文学等,也包括有绿色象征意义的生态意识、生态哲学、环境美学、生态艺术、生态旅游以及生态伦理学、生态教育等。生态学的理论和原则是绿色文化的精髓,可持续发展的理论是绿色文化研究的核心(铁铮,2009)。

与其他相关的文化最大区别是:绿色文化既涉及物质方面的内容,又突出了绿色的理念;既针对客观世界进行研究,又强调人的主观意志;既包括以绿色植物为主体的群落和生态环境中产生的文化现象,又有很大的外延和拓展。

绿色文化的概念形成虽然滞后,但却是随着人类社会的产生而产生,并在人类社会实践活动中不断发展。绿色文化作为一种先进文化,必须充分体现与时俱进的特质,保持与经济社会的同步甚至是超前的发展。在新的历史时期,绿色文化的内涵必须包含三个方面的内容(铁铮,2009)。

一是生态环境的保护和利用。既包括人与自然的和谐、协调、互动,又包括大气、水、森林、草原保护及退耕还林还草等环保措施。

二是经济与社会的协调发展。除了有生机、生长、生命、活力这样一些成长的特征外,也包括绿色产品以及无污染、无公害产品的生产加工等生产方式,关键在于能够打破陈旧的思维方式和不良习惯,在经济和社会生活各个领域积极创新和实现可持续发展,而不是以牺牲生态效益去换取经济效益。

三是主观世界的和谐进步。包括友爱、理解、宽容、善意、和平等,最主要的是与各种封建落后文化和腐朽的生活方式划清界限,提倡健康、文明和向上的生活理念,是一种人与人、人与自然的协调发展、和谐并进的文明发展观和社会进步观。绿色文化的外延十分广泛。包括绿色思想、绿色科技、绿色产品、绿色消费、绿色包装、绿色住宅、绿色文学、绿色教育等。

绿色文化不仅仅是一些文化现象的有机整合,更重要的是它体现了一种理念和精神。这种理念和精神在形成中包含了可持续发展、科学发展观以及人与自然和谐的观念。绿色文化具有许多鲜明的特点:一是双重性。绿色文化不仅仅是指与植物直接或间接相关的文化现象,更突出了由此产生的绿色理念、绿色文明等内涵。二是综合性。不是按照行业、产业、生产或植物对象进行简单的条块分割,而是将其看成一个整体加以考虑。不仅仅可以避免概念的狭小而带来的问题,还可以解决概念间相互重叠、相互交叉、相互混淆等现象。三是包容性。绿色文化能够对其他文化兼收并蓄,有机融合。四是多样性。绿色文化是一个完整的统一体,涉及面广,呈现出丰富多彩的差异。五是统一性。绿色文化在其形成发展的过程中,逐渐形成了一个以绿色为中心,汇集了多种文化的整体。六是和谐性。绿色文化最能体现和谐的特点。中国传统文化中的天人合一等直接构成了绿色文化的内核。人与自然的和谐,是绿色文化最显著的特征。七是连续性。绿色文化在其发展过程中从未中断过,是随着人类的发展进程不断延续的。八是发展性。绿色文化的概念是一个发展的概念,随着人们对绿色的认识发展而发展,具有很大的发展空间,不会因为研究对象的增多、范围扩大而过时(铁铮,2009)。

# 二、绿色文化的传播和教育

绿色文化的传播是指人类的与生态直接或间接相关的信息传播活动。绿色文化的传播既是生态文明的一个重要组成部分,也是生态文明建设的助推器。

绿色文化的传播作用主要表现在四个方面,一是传递信息,二是实现教育,三是传承文化,四是协调关系。在信息时代,快速、全面、广泛地传播生态信息,是生态文明建设的必要条件;只有通过多种形式的传播活动全面地提升公众的生态素养,才能在全社会牢固树立生态文明观念;广大人民群众在建设生态文明中沉淀和凝聚起来的宝贵精神财富和文化产品,需要绿色传播来承载和延续;公众在生态方面的知情权、话语权、监督权等也主要通过绿色传播加以实现。

绿色传播对生态文明建设有显著的引领作用、直接的促进作用和不可替代的推动作用。一是引导舆论。生态文明的建设,首先取决于良好的社会氛围。通过绿色传播弘扬正气,抨击歪风,形成良好的有利于生态保护的社会舆论和氛围。二是普及知识。在生态文明建设中需要普及大量的科学技术知识和理念,这种普及的重任只有绿色传播能够承担。三是交流信息。在建设生态文明中,既要实现上情下达、下情上达的纵向信息沟通,还要实现广情通达的横向信息交流,以及多维、全方位的信息交流与沟通。

与中国共产党提出的建设生态文明的艰巨任务相比,我国目前绿色传播的现状在许多方面呈现出不适应的态势。主要问题:一是绿色传播的专业机构少、不发达;二是社会普遍缺少绿色传播意识,绿色传播的观念淡薄;三是绿色传播的形式单一,不能适应当代社会受众的需要;四是绿色传播的内容枯燥、乏味,很难引起公众的共鸣和响应;五是绿色传播的研究滞后,在许多重要的领域都没有涉足。

生态保护的公益性,决定了绿色传播的公益性和绿色传播机构的公益性。绿色传播机构不但总量需要增加,而且需要国家的投入和支持,而不能靠市场化运作。

除此之外,还应该特别注意防止另外一种倾向的发生。绿色传播必须建筑在科学的基础上,而不能在传播中制造绿色的噪音,特别防止信息含混、自相矛盾等引起的令人无所适从现象的发生。对于和人的行为直接相关的信息传播,要科学有效,不能似是而非。要从整体上加以把握,不能各行其是,形成矛盾。对于绿色信息的传播,要加强把关。不但要聘请专家、学者作为传播顾问,还要注意分寸、尺度,而不能仅仅从新闻的标准和角度出发。要对绿色信息进行适当的分级。最高级:和人们切身利益之间相关的信息。要从严掌握,慎重发布。第二级:科普常识性的知识。在专家指导下进行传播。第三级:对已被实践检验过的绿色知识。由受过基本训练的职业传播者进行传播。

加强绿色传播的主要对策有:一是国家出台相应的政策扶持绿色传播媒体、生态教育机构开展绿色传播活动。二是办好绿色传播的专业性报纸,特别要重视发挥中国绿色时报、绿色中国杂志等权威媒体的作用。三是创新多种传播形式,进一步增加和生态直接相关的电视节目,加强绿色网站建设,重视利用新媒体开展绿色传播。四是明确社会媒体的绿色传播任务,对全国媒体从业人员进行生态知识的普及。五是加大生态人才的培养和学术研究的力度。生态保护相关领域的人才多寡,是生态文明的一个重要指标。要加大对林业院校的经费支持。六是要构建绿色传播人才的培养体系,开展有针对性的绿色传播研究。

绿色教育是绿色文化传播的重要形式。必须通过绿色的教育培养和造就大批的具有可持续发展理念的人才,进一步普及绿色知识。总体来看,绿色教育在我国开展还不普及。有相当多的学校还没有起步,对中小学生的教育也有许多薄弱环节,社会的绿色教育尚未形成体系。这些对绿色文化的传播与普及都造成了重大的负面影响(铁铮,2009)。

# 第二节　绿色文学与绿色影视

## 一、绿色文学

### (一) 绿色文学的特性

绿色文学,也有人称之为环境文学。在美国,绿色文学便被称为环境文学。美国是绿色文学创作最活跃的国家(程虹,2000)。对绿色文学的界定,犹如对湖泊、月亮的形容,仁者见仁、智者见智。杨文丰(1999)在《绿色——21世纪文学的急迫使命》一文中认为:"绿色文学是一个生命顽强的混血儿,既可以姓'绿',更应该姓'文'。这好似对科学文艺内涵的界定。然而对于绿色文学,我认为其与科学文艺又有本质的区别,尽管绿色文学中包含着绿色知识。科普的目的仍在于科学知识的普及。绿色文学,却是不折不扣地隶属于文学的。"简言之,绿色文学,就是表现或包蕴着绿色信息的文学(杨文丰,2001)。

**1. 文学性**

文学性,事实上是绿色文学的题中应有之义。表现和承载绿色文学的文学性作品,以散文作品居多,这是由散文文体的特征所决定的。美国的自然文学作品,影响深远的皆是散文作品。亨利·梭罗被称为美国最有影响的自然文学作家,他因自然文学散文作品成为美国文化的偶像,他的长篇散文《瓦尔登湖》,1985年在《美国遗产》杂志所列的"十大构成美国人格的书"中,位列榜首。此外,自然文学杰作如利奥波德的《沙乡年鉴》、奥斯汀的《少雨的土地》、艾比的《大漠孤行》、迪拉德的《汀克溪的朝圣者》等,皆是长篇散文或散文作品集。

诚然,绿色文学的文学性亦期待能在更多的杰出小说、诗歌、戏剧等文学形式中体现;绿色文学,期待有更多的文学形式,以深刻地揭露生态危机,展示生态道德和人生价值的灵肉冲突,塑造出活生生的人物典型。

## 2. 表现自然性

文学的表现领域,不外乎社会和自然两部分。而对于具体的、不同的文学而言,所表现的领域将有所不同。

绿色文学特质表现自然性,主要通过四个方面体现:一是着力展示客观自然原态美。自然美是丰富多彩、复合芜杂的;自然美的表现,有雄奇美、苍凉美、壮丽美、苍茫美等。二是表现自然规律美。绿色文学所表现的自然规律美,是带普及层面、生活层面和艺术层面的自然规律之美。如:"我观察过蚂蚁营巢的三种方式。小型筑巢,将湿润的土粒吐在巢口,垒成酒盅状、灶台状、坟冢状、城堡状或疏松的蜂房状,高耸地面;中型蚁的巢口,土粒散及均匀美观,围成喇叭口或泉心的形状,仿佛大地开放的一只黑色花朵;大型蚁筑巢像北方人的举止,随便、粗略、不拘细节,它们将颗粒远远地衔到什么地方,任意一丢,就像大步奔走撒种的农夫。"(苇岸,2014)。三是表现人与自然的关系。人与自然的关系,是新世纪日益严峻的主题。西方发达国家普遍重视人与自然的关系。是否重视和能否表现人与自然的关系,也是绿色文学能否存在的前提。绿色文学所表现的人与自然的关系,主要通过四个方面进行:其一,倾诉对大自然的热爱之情。产生了情感,便表明已建立了一种关系。其二,将自然作为人类精神的象征。其三,表达对家园损毁和生存危机的忧患意识。其四,展现在自然生态背景下,对现代人生存和生活观念的富有历史感的反思。四是表现业经写作主体化的大自然,即作家心中的大自然。每一个作家笔下的大自然,都渗透了他个人独特的情感。每个作家心中的大自然皆不尽相同。棱罗眼中的大自然,是一个静美、怡淡、纯净、悠闲、自由的大自然,深深地寄寓了灵与肉的简朴、简单而且富有的生活方式。爱默生心中的大自然,却是一种理性的、抽象的、被升华了的,甚至蒙上了说教性的大自然,是一种介入较浅或并非灵肉投入的大自然。不同作家心中的大自然,皆离不开解释式描述的展现。

## 3. 绿色意识性

绿色文学中的绿色意识,并非一些论者所说的仅仅为保持环境和自然的意识,也并非只是人与自然和善相处的意识。绿色文学中的绿色意识,体现为四个方面:一是对自然的忧患意识。人类的生存,依赖着自然。所谓忧患意识,即是面对现代文明、现代人对自然的扩张、掳掠、损毁以及对人类未来和可持续发展前景的忧虑意识。二是对自然的护卫意识。这种意识的产生,基于这样一些基本点:人与动物、植物必须互相呵护、护卫;人类文化,只是隶属于自然的一部分;人与自然有着千丝万缕的联系。人与自然的关系,不是"优胜劣汰",而是"共生共存"的关系,不再是"我和它",而是"我和你"的关系;作为人的成功标准,该诚同美国文学家谢尔曼·保罗在著作《为了热爱这个世界》中对成功的诠释一样:"我停下手中的铁锹,眺望湖面。此时,天色渐暗,飞云疾驶,芦苇轻摇,这纯朴自然的美丽风景,让我领悟到我所成就的必须顺应和属于眼前的这一片组合。"三是对自然的朝圣情结。朝圣是绿色意识深厚得接近忘我的意识。朝圣具有自然崇拜、自然至高无上、灵与肉寄寓自然的意味。棱罗,以其行为和散文,成为了自然(瓦尔登湖)的朝圣者。惠特曼身体力行,"要赋予美国的地理、自然生活、河流与湖泊以具体的形体"(惠特曼,1855)已接近了朝圣境界。对自然的朝圣境界,并非每一个作家皆可进入。四是献身绿色文学的使命意识。这种意识是清醒的,即并非忘我的,属明确重任在肩的意识。具有这种意识的作家,才能化忧患为动力,将护卫变为行动,用笔以及行动,为影响和建立一种新型的、依据个人理解的"人与自然"的关系、使人类和自然均有更好的明天而努力。

### 4. 立体视角与多元文化性

绿色文化之所以具有立体视角与多元文化性的特质,主要由四方面的因素形成、决定。首先是由绿色文学创作所涉及的层面之丰富、宽广和复杂所形成、决定。绿色文学创作涉及的层面主要有五个:一是生态学层面,涉及多专业、多学科的知识;二是文学创作的一般规律层面;三是自然哲学层面;四是自然美学层面;五是社会政治学层面(程虹,2000)。其二是由自然内蕴之变化所决定。今天的自然,已不再是爱默生、棱罗时期的纯粹、纯净的自然,今天的自然,已或多或少地包含着高科技的投影和多种文化的含量。现代自然,已是一种人文自然。基于此,绿色文学不可避免地应具有人类学、生态学、信息学等多学科的知识及多视角的思维渗透。其三,是绿色文学中的矛盾冲突,其实完全是多种视角、多元文化对待自然之矛盾冲突。人类面对自然的利益观、生存观,最终还是由文化观所决定的。绿色文学所涉及的人与自然的关系,必然是一种横向极广、纵向极深的关系。比如,人类,是否向往或推崇回到没有现代科技、没有现代生活方式的粗放型史初时期?怎样才算"天人合一"?现代人以怎样的思想和行为对待自然才是最佳的人与自然的关系,等等。其四,杰出的现代绿色作品应是立体视角和多元文化的产物。迪拉德在杰作《汀克溪边的朝圣者》中,展现了美、思想和精神,进行着棱罗一般的朝圣,且认识到自然是多样的:有混乱,有升华,也有毁灭,美丽与恐怖并存,貌似简单中有复杂,人与动植物有着扯不断的联系,人类文化只是自然的一部分。同时,作家通过自己的作品,表明了自然文学旧传统与新浪潮的冲击、差异和汇合。人与自然的态度,具有由"自我中心"走向"以生态为中心"的趋势,甚至,作家本人也已被自然感化,已化作了自然的一部分,"我是由溪水而充实的喷泉的口,我是蓝天,我是徐风中一片抖动的叶……"

### 5. 风格依赖自然性

风格依赖自然性作为绿色文学的特点,亦是绿色文学题中应有之义。凡致力于绿色文学的作家,必然得依赖通过对自然的描述和感悟,以表达自己的主观意愿和文学追求。每一个绿色文学作家,都会为绿色文学创作尽量充实自然方面的知识。自然知识是绿色文学创作的必要条件。俄国绿色文学作家普里什文,大学所学便是农学专业。研究美国自然文学的论者认为,美国自然文学的风格,均深深地依赖着自然:以西部的约塞米提山脉为写作背景的约翰·缪尔,被称作"山的王国中的约翰";以写空旷、少雨、干燥贫瘠的沙漠著称的玛丽·奥斯汀的作品,被誉作"沙漠经典""沙漠美学"。

### 6. 绿色效应性

绿色文学,除具有文学的一般效应外,还具有独特的、本身的绿色效应。绿色文学的绿色效应主要体现为四个方面:一是帮助人们建立和强化"绿色思维",打破有悖于绿色思维的思维定势,提高和强化绿色意识。绿色文学,帮助人们认识到"荒野才能保护这个世界"(梭罗,2000)。在饮食、服饰、家居等方面,懂得如何才算明智地生活,起码能够通过绿色文学的潜移默化,在思想上建立一种抵御物质文明侵犯绿色的缓冲区,乃至抗争地。二是帮助人们更好地提高欣赏自然的美学自觉性,建立和增强"绿色审美意识",懂得自然的美学价值,钟情大自然。三是帮助人们更好地认识自然对人类社会的净化和静化价值。确实,这世界上尚存一些较为纯净的自然,对于现代人,可以纯洁争斗不休的心灵,静化躁动不安的心绪,缓和难解难分的矛盾,淡化物欲,简化生活,使人生活得更像人。四是在行动上,帮助人类不断地矫正人与自然关系的具体行动,保护自然,与自然"共存共荣"。

### 7. 永恒性

美国文学评论家认为自然文学是"最令人激动的领域"。我国绿色文学创作的兴起比西方晚,20世纪80年代中期《中国环境报》辟有副刊《绿池》,也有后被冰心老人视作最喜爱的文学刊物《绿叶》(绿色文学刊物),有些刊物有时也刊发绿色文学作品。还有一批绿色文学作品荣获国家鲁迅文学奖。绿色文学在我国和世界各国的发展,将具有恒久的生命力。绿色文学的永恒性,最主要、最根本的体现在人与自然之存在关系上:只要自然与人类存在一天,人与自然就存在矛盾,绿色问题,就必然会如同爱情一样,会成为文学的永恒话题。事实上,随着现代社会工业化的发展,人与自然的矛盾,已经不断出现着新的课题,这些,皆可作为绿色文学创作发展的新动力。此外,从时间序列和人类认识自然的情况看,随着人类所掌握的知识之增加,人类必将更加深刻地反思和体悟自然与人的关系。所有这一切,皆会为绿色文学走向永恒提供广阔的天地。

### 8. 全球性

绿色文学之所以具有全球性的特质,依据主要有三个方面:一是绿色文学所表现的范围完全可以是全球性的。人类只有一个地球,人类也只拥有一个大自然。"环境文学拥抱的是全人类,面对的是全世界,地球有多大它的容量就有多大。它是没有疆界的,广袤无际而内涵无比丰盛的文学"(张韧,1999)。二是绿色文学所关注的环境总是各国人民共同关心或关系着全球每一个人的关乎生存、忧虑的问题。三是绿色文学作为人类文明的共同成果,从逻辑上看,也属生活在同一个地球上的全人类所共同拥有(杨文丰,2001)。

# 专栏 11-1　绿色经典名著概述

《瓦尔登湖》(1854)是19世纪美国作家梭罗的一部文学名作,在梭罗生前,它的名气不是很大,但以后声誉与日俱增,被誉为美国环境运动的思想先驱。书中记录了梭罗独自一人在瓦尔登湖畔自食其力,过一种原始简朴但又诗意盎然的生活的情景及所思所悟。其中对工业文明的反省常常令人拍案叫绝。著名作家徐迟的译本生动、细腻,引人入胜。徐迟说它是一本寂寞的书、一本孤独的书、一本智慧的书。近年,美国又开始了新一轮评读梭罗的热潮。这本著作激励了无数自然主义者和倡导返归大地的人们。

《沙乡年鉴》(1949)是大地伦理学的开山之作。作者利奥波德在沙乡尝试恢复生态环境,书中记录了作者对自然界中各种生命之间彼此折射辉映的亲知和体悟。其文笔之优美、思想之深邃,均可列为绿色书籍之首。本书由于批判地反思此前美国以人为本的功利性自然保护运动,力倡土地伦理,思想大大超前,写出后一时竟找不到出版社出版。然而,60年代以后,其价值开始被充分意识到,从而在美国社会激起了巨大的反响。该书历年排于美国绿色畅销书榜首,累计销售已达600万册,被誉为"绿色圣经"。

《寂静的春天》(1962),无疑是现代环境保护运动的第一声号角。像斯托夫人的《汤姆叔叔的小屋》引发了南北战争一样,《寂静的春天》引发了整个现代群众性环境保护运动。自1962年初版以来,每年再版一次,已重版了30多次。评论家说,《寂静的春天》在斯诺所谓的"两种文化"的鸿沟上架起了桥梁。蕾切尔·卡逊既是一位受到过良好训练的海洋科学家,又禀有一位女性诗人的洞察力和敏感。她在书中发掘了历来被忽视的对自然界的"惊异的感觉"。也正因为此,她成功地将一本论述死亡的书变成了一阕生命的颂歌,促成了国家公园式的自然保护向关注污染问题的转变。它是世界环境保护运动的里程碑。美国副总统阿尔·戈尔为该书新版写了充满激情和感念的前言,指明了《寂静的春天》对克林顿-戈尔政府当政思路的重大影响。作为一本书,这应是不可多得的荣誉和安慰。

《封闭的循环——自然、人与技术》(1971)从生态学角度揭示现代技术对生活环境的副作用,读来令人触目惊心。初版时,专家们曾众口一词地说:"如果美国总统只有时间读一本书,这本书就应该是《封闭的循环》。"该书对现代人环境意识的强化起到了无可争议的促进作用,被誉为又一部《寂静的春天》。

《我们的国家公园》,作者是著名的美国塞拉俱乐部的创始人约翰·缪尔,他只身踏访美国万水千山,以亲知记录和描述了现已破坏殆尽的主要是植物和动物的自然天成、感人至深的景象,其中折射着人类的前途和命运。本书文笔生动精妙,是描写自然界动物、植物景况和天趣最有影响的力作之一,在全世界有多种文字的译本。

《自然之死》是生态女性主义的代表作。它追问自然在人类观念及人类社会的进化结构中以活的女性的角色存在的历史及其被现代机械论自然观所取代和屠杀的现实。本书是少有的从女性性别与自然个性的角度写社会进化及人类与自然关系的著作,在欧美影响极大。

《自然的终结》,从麦克基本开始,人们有了对自身与自然关系的新认识——人类不再是在强大的自然力面前被抛来抛去的弱小物种,而是自己就成为了一种强大的力量,且反过来终结了自然并进而走向危险的彼岸。此书理念引发了人们对科学终结、历史的终结等的思考。

《哲学走向荒野》,世界生态伦理学会主席罗尔斯顿三世出身宗教徒世家,先学物理,后学神学,从业牧师,再自修生物学。他的特殊经历使他得以对人、神、自然等的许多思考拥有独特的视角,罗尔斯顿悟透了天、地、人,世间关系的道理,并通过这本书把它告诉读者。该书是生态伦理学的代表作。

1972 年,在世界环境运动史上是不寻常的一年。这一年,联合国人类环境大会在斯德哥尔摩召开,揭开了环境运动进入决策层的序幕。这一年有两部著作问世,使其成为世界环境运动史上划时代的一年。

第一部著作是《增长的极限——罗马俱乐部关于人类困境的报告》(1972)。罗马俱乐部是于 1968 年由民间有识之士在罗马成立的专以研究人类困境及出路为己任的学术组织,它的成立及其后所做的一系列工作促成了六七十年代之交的环境运动浪潮,直接导致了联合国第一次人类环境会议的召开。《增长的极限》是罗马俱乐部给世界的第一个报告。

第二部著作是联合国人类环境大会委托编写的《只有一个地球——对一个小小行星的关怀和维护》(1972),它实际上成为大会的基调报告。这本小书概括了地球行星的生物圈概念,以及它的生态和社会经济的相互依赖性。一个庞大的国际性专家通信小组为准备此书做出了贡献,它实际上是一次国际合作的产物。第一次提出了"只有一个地球","人类应该同舟共济"的理念。此书的问世借着联合国大会引起了世人广泛关注,在这次大会上成立了联合国环境规划署。

《多少算够——消费社会与人类的未来》(1992),是著名的纽约世界观察研究所编撰的"世界观察警钟"丛书的第二本,揭示了消费主义与环境问题的内在关联,反省人类的生活方式。这部书在新的高度上提出了西方社会不只在历史上而且在现实中依然是破坏地球生存环境的首魁,鞭挞西方政治的危害,呼唤人类新文明。

《我们共同的未来》(1987),是世界环境与发展委员会的 20 多位来自世界不同国家的专家在世界范围内进行了 3 年的调查研究后写给联合国的报告。该书信息量极大,内容丰富、见解深刻,被称为"可持续发展的第一个国际性宣言""可持续发展的路标"。环境与发展委员会是联合国为写作此书而成立的专门组织,在此书写成之后解散。

现代意义上的环境保护运动在中国历时较短,但也涌现了不少产生过重要影响的作品。马寅初的《新人口论》可谓先驱之作,是一部本可救中华民族于人口危机之先的智者之音。中国因错批马寅初而多生几亿人,导致今日如此深重的人口压力。

曲格平是我国环境保护事业的杰出代表,他的《我们需要一场变革》精选其 20 多年来不同时期有较大影响的作品,可以看成是对中国当代环境保护历史的系统回顾。书中映现着一位环保老人的宏韬大略和拳拳之心。

我们几乎可以称徐刚为中国的卡逊,他的《伐木者,醒来!》对中国环境发出的棒喝之声以及所起的警醒作用,应可比于《寂静的春天》之于美国。从 1978 年以来,徐刚致力于中国环境问题的写作,已成为我国当代环境文学的一方重镇。他是做着绿色梦的诗人。其愤激之情常常能令人怒发冲冠。徐刚的报告文学中所揭示的事实及所进行的痛彻反思,实在该是目前许多无视环境生态后果、盲目追求眼前利益者的一剂良药。

《新文明的路标》,绿色文明的历史与许多重要的生态环保组织及其所引发的国际合作紧紧地联在一起,这本书汇集的是由这些组织、这些合作中产生的绿色运动的经典文献。关心此方向观念和行为者均应藏有此书。

# 二、绿色影视

随着生态危机的加剧,环保已然成为聚焦全球的议题。尤其是在这个信息发达的新世纪,面对已知的恶劣生态环境如土地被过度开垦,森林被乱砍滥伐,海洋被肆意污染,草原正日渐沙化等,人们更是把关注生态问题提到日程上来,已经或正在采取相关措施,以期保护和改善环境。这种意识也体现在电影创作中,尤其是新世纪以来,世界各地的电影人创作了大量环保题材或具有环保意识的影片,所要讲的就是人类破坏环境所造成的恶果以及人类对环境问题觉醒之后所做的努力,这些影片产生了相当广泛的影响。与此相呼应,国内影视界也作出了反应,上海国际电影节曾在 2008 年和 2010 年两次推出"绿色环保电影展映",可见对"环保"这一主题的重视(李克,2011)。

## (一)新世纪具有环保意识的"绿色影视"

外国很多具有环保意识的电影有较大的影响,比如灾难大片《后天》(美国,2004 年)、

《2012》(美国,2009 年),教育类影片《难以忽视的真相》(美国,2006 年)、《濒临绝境》(美国,2007 年)、《愚昧年代》(英国,2009 年)、《家园》(法国,2009 年),生态类型片《迁徙的鸟》(法国,2001 年)、《白色星球》(法国,2006 年)、《阿凡达》(美国,2010 年),动画电影《帝企鹅日记》(法国,2005)、《快乐的大脚》(美国,2006 年)、《WALLE》(美国,2008 年),等等。这些让我们耳熟能详的影片,对人类增强忧患意识、发扬环保精神、创造更科学的生存环境具有积极作用。

与外国环保影片的瞩目成就相比,国内的"绿色电影"创作则显得不足,但陆川的《可可西里》(2004 年)、贾樟柯的《三峡好人》(2006 年)、戚健的《天狗》(2006 年)、冯小宁的《超强台风》(2008 年)、袁建滔的《长江七号爱地球》(2010 年)等具有环保意识的影片也有较大的影响。另外,纪录片《呼啸的金属》《话说长江》《追寻滇金丝猴》《平衡》《森林之歌》《度过生命的危机》等获得了国际和国内的多种奖项。这些影视片的成就,让我们看到了国内影视片的未来,也有了更多的期待。

与国际国内的发展形势相适应,进入 21 世纪以来,东北的电影、电视剧创作都进入了一个新高峰。从题材内容上看,对环保主题的关注是东北影视剧创作的新气象,大量环保主题或包含环保意识的影视作品问世。如龙江电影制片厂 2000 年拍摄的影片《白天鹅的故事》,长春电影制片厂 2004 年拍摄的《红飘带》,2006 年拍摄的《鹤乡情》,2007 年拍摄的《我的母亲大草原》,等等。电视剧如吉林电视台 2010 年拍摄的《永远的田野》,黑龙江影视中心创作的根据东北真人真事改编的环保题材电视剧《清水源头是热血》,由潘长江首次执导、关注农村环保问题的"农村新喜剧"《清凌凌的水 蓝莹莹的天》等。还有大量纪录片、科教片、专题片,如吉林电视台拍摄的《家在向海》的续篇《再回向海》等。这些影视故事片包括东北人主创及内容反映东北生活的作品。另外还有大量农村题材的"隐形"环保片存在,所谓"隐形"环保片,即未明确体现环保主题,但片中却常体现出不自觉的环保意识的影片。如长春电影制片厂拍摄的《美丽的白银那》《两个裹红头巾的女人》《漂亮的女邻居》,龙江电影制片厂拍摄的《黑金子》等。

这些影视作品题材多样,如《红飘带》是爱情题材,《永远的田野》是农村题材,《白天鹅的故事》是儿童题材,《清水源头是热血》则是纯正的环保题材,等等。而且这些影视作品具有鲜明的地域特色,作品中随处可见东北独特的自然景观和民风民俗:雄奇壮美的白山黑水,一望无际的森林草原,片中人们对生活环境的爱护,以及他们的大山情结、江水情结或是草原情结,体现了东北影视创作者自觉或不自觉的环保意识。这些作品中所体现的环保意识是有深层根源可寻的(李克,2011)。

## (二)"绿色影视"的环保意识源流

人类从无知地敬畏自然到逐渐认识自然—任意地开发利用自然—为谋取更大利益而

改造自然—受到惩罚后懂得尊重自然,这是一个思想意识逐渐发展演变的过程。无论是历史上还是当下,东北都是多民族聚居的地区,人们的生产生活方式从游牧、渔猎到农耕及工业化,思想也随之变化。影视剧创作者在作品中体现的环保意识,也有一个变化过程,即从无意到有意,从模糊到鲜明,从温和到强烈。从小处看,这体现了创作者的思想变化;从宏观看,其实体现的是全中国乃至全人类的思想变化——人们的环境意识正在逐渐增强,从无到有,从感性到理性,从空喊口号到切实行动。这种环保意识的思想源流主要有以下三个方面(李克,2011)。

**1. 古代传统的自然崇拜、天人合一等思想的传承**

我国古代哲学思想中一直有着明晰而朴素的生态主义思想。在古代,人们对自然的认识水平比较低,又生存在自然的控制之下,所以人们对自然有着不可摆脱的依赖和发自内心的敬畏。自然是不可抗拒的,因而自然总是被人们神化,这是古代人们对自然最为朴素的认识。古代很多文学作品中都有自然崇拜思想,如《山海经》《庄子》《楚辞》等。而天人合一等思想更是中国古代文化思想的精髓,讲天人合一便包含了重视人与自然和谐的理念。一些西方学者对"天人合一"思想中的生态内涵也很重视,如比利时科学家普里高津(1987)说:"中国文明对人类、社会和自然之间的关系,有着深刻的理解,中国的思想对于那些想扩大西方科学范围和意义的哲学家和科学家来说,始终是个启迪的源泉。"天人合一的思想虽然存在着历史与时代的特征和局限性,"但这一思想之中的许多智慧资源的确是特别重要的,对于我们当前急需建设的当代生态人文主义,中国古代生态智慧具有较大的借鉴意义"(曾繁仁,2006)。而在东北的"绿色影视"作品中,也有对自然崇拜、天人合一等思想的继承,比如《美丽的白银那》中人们对捕鱼传统的遵奉,《两个裹红头巾的女人》中人们对大山的尊崇和对山林的爱护,都有自然崇拜的痕迹。

**2. 现代的人与自然和谐观**

任何一种文学艺术形式的产生都有其特定的根源。"绿色影视"产生的根源应该是工业文明给人类带来的巨大生态危机,而这危机的根源正在于人类自身。现代社会倡导人与自然和谐,其中的思想根源之一便是现实环境恶化导致的生存危机。新世纪东北的"绿色影视"创作,主要表现的是人类在破坏自然之后的反思情怀与忧患意识。像《红飘带》中具有环保意识的人们对正在减少的珍稀的自然景观——红海滩湿地表现出的痛心与忧虑,及人们为保护红海滩湿地而作的种种努力和斗争。《白天鹅的故事》《鹤乡情》通过人类保护动物的感人行为,表达了人与自然界中的其他生命和谐共处的美好愿望。

**3. 西方生态伦理思想**

西方生态伦理思想对人类的价值观和行为影响深远,对中国当代生态文学艺术的创作和研究同样意义重大。如史怀泽的自然中心主义和敬畏生命的生态伦理思想、彼得·

辛格的动物解放论、汤姆·雷根的动物权利论、奥尔多·利奥波德的大地伦理思想等,几乎都是生态中心主义的重要观点,形成与人类中心主义的观点相对立的派别。这些观点对中国的生态文学艺术创作产生了很大影响。表现在"绿色影视"创作中,主要是一些纪录片的成就,如著名的纪录片《追寻滇金丝猴》和关于保护藏羚羊的《平衡》都是获得了无数奖项的优秀影片。而新世纪东北的"绿色影视"中,较有影响的应是《再回向海》(20世纪90年代吉林电视台拍摄的《家在向海》的续篇),表现的是向海湿地生态环境的变化——从曾经的丹顶鹤声声啼唤、人鸟和谐相处到沙尘暴的侵袭、人鸟争地矛盾的凸显,人们从画面中看到的是向海的凋零和枯萎。这是让人悲愤的谴责,更是让人心痛的反思。

# 第三节　绿色音乐与绿色舞蹈

## 一、绿色音乐

### (一)绿色音乐内涵

绿色音乐也被称作"生态音乐",就是通过音乐治疗的手段来告知人类保护环境的重要性以及更深层次的平复人类心理创伤的一种功能性音乐,也可以简单地称为"通过欣赏音乐产生环保意识"。研究证明,最古老的绿色音乐是由信仰伊斯兰教的阿拉伯人所创作,题材都是反映对祖国的热爱、对美好生活的赞颂。音乐的创作者将自然生态中的元素与音乐创作理论进行整合、提炼,从而运用不同的发音体来模仿自然界的意象,如二胡曲《空山鸟语》,以动绘静,模仿鸟鸣叫来衬托山林的宁静;再如声乐曲《梅娘曲》,运用旋律与歌词相结合,通过演唱的形式诉说情感,从而引起听者共鸣,改善不良情绪。绿色音乐并不是独立存在的形式,它带有一定的边缘性,同时与医学、心理学、美学等学科交叉并存,互相促进。它与医学和心理学相结合,称为"音乐治疗",在美国已经成为独立、成熟、系统的学科。在治疗中,不同的音乐可以使人产生不同的生理反应,它直接影响人的血压、心率、脉搏速度等,利用音乐治疗、通过各种要素来调节人的大脑皮层、大脑边缘系统、内分泌和神经系统等,从而使人体呈现稳定状态。另外,不同的音乐可以引起各种不同的情绪反应,音乐与情绪的联系非常紧密,而情绪对人的身体健康有着巨大的影响。当有情绪时,会出现交感神经活动亢奋的现象,人在生气时就会心跳加速、血压上升、汗液分泌增多、瞳孔变大、呼吸加深加快(徐晖,2012)。

### (二)发展绿色音乐意义

绿色音乐适用于各个年龄段的人群,不论是新出生的婴儿,还是在社会上拼搏的中年人都可以运用。相对于幼儿,绿色音乐需要一种带有灵性的质感,它不需要很花哨,即便是一个单音,抑或是朦胧清晨滴滴答答的小雨声,都能够使幼儿的耳膜发生震动传入大脑,这种清脆而富有灵性的乐音很容易使幼儿放松,大脑也处于积极干净的状态,从而使其更加健康地生长。实验证明,受过胎教的婴儿感音能力好,对母亲的脚步声、说话声很敏感,可以更好地感觉母亲的安慰、教导,并且能较早学会发音、理解语言、与人交流,学习能力比同龄孩子强。单就夜间哭闹而论,听过绿色音乐的婴儿与没听过的相比,明显哭闹次数少,本身调节情绪的能力强。因此,经常性地给婴孩输入纯净的音乐,对其健康成长是非常有利的。

对于在校学生而言,他们正处在生理叛逆期,面对升学压力、家长望子成龙的寄托,就更加需要好的音乐来缓解紧张情绪。学校应适当开设音乐课,带领学生聆听一些益于调节心理的音乐作品。如《森林狂想曲》运用大自然各种生物的原声加之跳跃的旋律描绘了一幅森林狂欢之景。教师可以通过让学生联想、情景表演、游戏等方式理解音乐情感与内涵,放松紧张情绪,这会对他们更好地学习文化知识起到调节作用。另外,对于专业学习音乐的学生来说,聆听恰当的音乐对于专业学习也非常重要。很多学生注重练习曲子的节奏、音符,认为攻克了技术上的难关才能学好这门乐器或歌曲,从而忽视了每个作品的情感表现。多听一些有情景的名家作品,充分理解除了和声、肢体之外作者所表达的感情,尽可能全面演绎作品,才能说是掌握了这门技术。

中年人是家中顶梁柱,对上要赡养年迈的父母,对下要教育孩子成人,为家中各种琐事忙里忙外,工作上更不能怠慢。在因抑郁、精神病自杀的人群中,中年人所占比例也相当高,他们承受的压力是最大的。这时,不妨稍微给自己留出空闲,享受纯净、大气、安静的绿色音乐,如德沃夏克的《自新大陆》第二乐章就是忙碌中最好的一剂"良药"。

其实在生活中并不缺乏绿色音乐的题材,只是我们缺少了发现与聆听的感觉神经。要正确运用就需了解绿色音乐的不同类型。首先,绿色音乐要以大自然为契机,以生态为准则,要使听众容易感觉到。古人说"以自然之声养自然之道",就是说音乐要源于自然。就像我们听到大海的波涛声,心中就会不由自主地随之翻涌、澎湃起来;又像我们听到落叶被风吹得沙沙响时,会有悲凉之感……在音乐中适当加入此类声音,会让人与万物同在,感到生机勃勃。其次,拥有优美旋律的音乐也能使人产生共鸣,让人游走于缓缓起伏的旋律线上,给人平和、温柔、安全之感。因为人都是感性动物,会随着节奏舞动,所以在节奏上以跳跃、欢快为好。再配之饱满的和声进行,充实音乐立体感、空间感,整体感觉会更舒服。另外,运用和谐音程很必要,如纯四度、纯五度给人以舒适的感觉,而不和谐音程会让人陷入痛苦。再次,音乐表达的内容要是高尚、积极的,如歌颂祖国,赞美高尚品德,热爱大自然,颂扬爱情……这就要求创作者拥有高尚的情操,深厚的文化素养,扎实的音乐创作功底,应该秉承净化社会文化环境,促进良好风气形成的精神。最后从作品风格来看,我们可以就个人喜好来选择。有研究证明,轻松的古典音乐要比吵闹的重金属音乐更宜于放松身心,如莫扎特的作品,整体上都是欢快的节奏,速度适中,非常适合聆听(徐晖,2012)。

### (三)绿色音乐影响

孔子就曾有过"移风易俗,莫善于乐"的观点,也就是说音乐对于社会的改变,以及人们精神、道德的影响是深远的。越是优秀的音乐作品,越是具有不朽的意义和魅力,它可以净化人的心灵、陶冶人的性情,它是直接参与社会和人们生活的,并在不同时期起到不可估量的作用。

音乐作为一种社会意识形态,在发展过程中,不断受到多方面的影响,因而具有鲜明的民族性、阶级性与时代性。现如今,由于社会受到经济大潮的冲击,人的情感世界日益淡漠。音乐是理性和情感高度统一的艺术形式,因此对培养人的理性思考与情感感知是尤为重要的。欣赏音乐作为重要的培养手段,不仅能学到许多音乐知识,更重要的是能了解许多与曲目相关的历史文化、民族风情、政治背景内容,使我们能够更充分地去认识世界、理解美,并促使人们追求更高境界的精神享受。通过音乐欣赏,也可以让大家对事业、生活充满想象力、创造力,这样我们就会更加热爱生活、热爱自己的事业。

当然,对于社会上某些人心态失衡问题不仅需要在制度考核上不断完善,更要人们加强自己的修养,才能调整好自己的心态。而音乐欣赏以追求高雅的审美情趣为导向,审美又是感受美、感知美和创造美的实践活动,所以当人们参与音乐审美过程时就可以慢慢形成自由和幸福的体验,继而形成以高尚为核心的人生境界,以豁达胆魄的人格魅力为宗旨的生活目的。所以,音乐就是舒缓人类身心平衡的精神状态的一条途径。

从古至今,音乐对于人类都具有不可泯灭的贡献。自从音乐产生,这种有着奇妙的音符、能够穿透人心的介质令人惬意,它是人与人、国家与国家交流的媒介。中国自古有"乐从和"的思想。通过音乐,我们传递感情、传递文化。现代有很多民间组织、歌咏合唱团,每逢佳节或庆典都会为大家奉献出盛大的文化大餐,为人们的精神生活填上浓墨重彩的一笔。他们本身就是人与人构成的和谐体,通过配合达到声音的统一,从而通过音乐这一特殊语言与我们交流,促进人们之间的沟通,让彼此更加了解,从而化解更多矛盾,使得社会更加和谐美好。

绿色音乐作为音乐学科的一类分支,不仅赋予了音乐崭新的发展方向,更对人类心理及生理健康做出突出的贡献。绿色音乐的存在是虚幻、无法触碰的,但就是这种与大自然结合为一体的音乐形式从实体上影响着、作用着、改变着我们的内心活动。在这个物质生活极大丰富的社会中,人们在满足了生活需求后,更需要丰富精神文化生活。我们需要正确运用绿色音乐调节不良情绪,使用内容积极、主题鲜明的音乐帮助人们缓解紧张的情绪,促使其更好地投入到社会建设中来。不论我们如何运用绿色音乐,最终目的是为了社会更加和谐的发展、人类文明最大程度的进步、人类心理文明更加健康的发展。在这个新兴的学科中我们应该看到希望,加大力度研究,落实到社会主义文明建设当中来,坚信绿色音乐最终会让所有人受益(徐晖,2012)。

### (四) 绿色音乐实践

近几年,中国绿色音乐快速发展。一部分热爱自然、关注生态的艺术家,通过自己的艺术作品和艺术表现向大众传达出"人与自然和谐发展"的呼请。国内经典绿色音乐作品《万物生》的演唱者萨顶顶曾说:"我意识到,在音乐中,实际上只有找到人与自然之间的平衡,人们才能获得内心的宁静。"她的歌曲似有一种唱者身心合一、物我两忘的境界,在她的音乐世界里仿佛存在着与万物沟通的音符。

环保音乐力作《大爱天下》,不仅向世界展示了中国建设生态文明社会的努力,坚定走可持续发展道路的决心,也展现了建设一个美好世界的愿景。歌曲邀请世界三大男高音之一何塞·卡雷拉斯与中国著名歌唱家吴碧霞、王丽达共同演唱。这首歌曲是"以音乐抒发心灵呼唤,用大爱呵护生态自然"为主旨的"大爱天下"大型环保文化主题活动的首发内容。在 MV 一开始,"热爱自然保护环境,促进和谐大爱天下"的题词,就引发了受众对于自然环境的关注与思考;其间的场景多以黑白相间的单调色彩隐喻环境的恶化与绿色的缺失,MV 中女演唱者饰演生活在轮椅上的画家,拿起油彩泼向画布中被砍伐的森林,以此宣泄她对生态破坏的憎恨。这些都意在表达面对生态危机,人们对逐步改善自然环境的共同期待。

绿色音乐之所以引起受众有所触及的心灵思考,不仅在于优美婉转的曲调,更在于歌词所蕴含的生态意识的抒发,这是感性的听觉享受上升到理性的生态认识不可缺少的环节。韩磊的《生态中国》作为 2009 年《生态中国颁奖晚会》的主题曲流传度较高。歌词中写道:"水是生命之源,绿是生命本色,你用包容的胸怀将他们完美地结合。你对山岳高歌,你向丛林诉说,你带来生命的绿色,像阳光永远不会落。"歌词朗朗上口,听起来铿锵悦耳,以拟人化的手法将转型中的生态中国喻为母亲,为华夏大地的干涸给予润泽。歌词栩栩如生地传达了自觉地珍爱自然、保护环境,走向生态文明新时代的向往,生动地阐释了人类生活在地球上对于自然资源的依存,以及对绿色生态环境的憧憬。可见,绿色音乐作为一种生态传播的主题,具有广泛和普遍的传播效用。绿色音乐对于传播生态文明,促进生态文明建设提供了形象的手段和感人的形式(徐晖,2012)。

# 二、绿色舞蹈

## (一) 绿色舞蹈内涵

绿色舞蹈一方面是指展示人与自然之间和谐共处的艺术表演形式,另一方面也是指在舞蹈表演形式中追求生态、环保、安全、健康、公平、自由等理念的形式(聂乾先,2010)。

原生态舞蹈,是民族智慧和心灵的结晶,是现代艺术演进进程中的原生状态,也是绿色舞蹈的重要组成部分,对原始生活的呈现和原生态舞蹈的传承与发展以及舞蹈理论的补充都有着非常重要的价值。在现代舞蹈中,我们不仅可以发现诸多原生态艺术的影子,还能深切体会到这些原生态文化所折射出来的民族精神。由于当前人民物质文化水平逐渐提高,人们更加重视经济效益,没有对这种身口相授的原生态艺术形式引起足够重视。但随着多年来的发展,以《云南映象》为代表的我国原生态舞蹈也取得了显著的成绩,人们开始重视对原生态舞蹈的研究。原生态舞蹈是所有舞蹈形式中不可多得的一种舞蹈形式,由于其不可再生,又难以复制,使其成为一个国家中特有民族的代表性标志。舞蹈动作是在生活动作的基础上进行美化的,原生态舞蹈作为民族的根,必然有着不可替代的地位。原生态舞蹈作为先辈遗留下来的宝贵财富,我们首先应该做的就是继承,在此基础之上,将我们对生活的理解和感悟、人生经验等适当融入其中,让这个"活的文物"在传承中有所创新和发展,进而让中华民族的优秀文化得到进一步的发展(聂乾先,2010)。

## (二) 绿色舞蹈的实践形式之原生态舞蹈

原生态舞蹈具有深厚的传统生活氛围,我们甚至可以认为它就是一种艺术化的生活缩影,也正因为如此,原生态舞蹈对原始生活具有较强的展现能力,这主要可以通过以下几个方面得到佐证。

我们可以以杨丽萍的《云南映象》来进行分析。这首作品集合了几种具有典型代表性的原生态乐舞模式,长达120分钟的表演时长融入了杨丽萍全部的热情与心血,其编创源于丰富而多样的传统生态民间舞蹈本身,比如哈尼族的芒鼓舞、基诺族的太阳鼓舞等。用艺术的形式再现了生态与人文的发展历程,彰显了专属于云南地区特有的民族风情与习俗。"从创作构思与表演技巧层面来看,《云南映象》在对于民族风格舞蹈进行诠释时,引入了现代舞蹈技巧与舞蹈理念"(罗敏,2010),用现行审美标准更好地对云南少数民族舞蹈进行了一系列的改进与深层次加工,将现代色彩、灯光、布景等技术与之相结合,全面提升了传统少数民族舞蹈当中的不足,丰富了作品内涵,从一定程度上来讲,这有助于整体提升舞蹈作品艺术水平。这部作品通篇可分为六个章节,即太阳、土地、家园、火祭、朝圣、雀之灵,这种整齐划一的形式,将云南少数民族舞蹈当中的精髓进行了有机结合,"从中国舞蹈发展史来看,这是一部具有典型代表意义的作品,其现代舞蹈技术与原生态舞蹈元素的融合,达到了炉火纯青之境地"(周雅俐,2006)。

我们知道,原生态民间舞蹈在创作过程不但融入了民族元素而且也充分尊重了民族风俗与宗教信仰。在原生态民间舞蹈当中,其所蕴含的不同元素,恰好是本土生活的一种真实写照,比如祭神、节日、生活来源等。因此,除了可以取悦于受众之外,其本身也是对生活的一种详叙,原生态民间舞蹈与其说是艺术作品,倒不如说是一部艺术编年史,它传递着先民传统的信仰与生活,记录着现实与过去,并对将来传递着希望。无形文化遗产在联合国教科文组织当中被区分为以下几个大类:"口关传说和表述(包括非遗媒介的语言)、表演艺术、社会风俗、礼仪、节庆、有关自然界和宇宙的知识和实践以及传统手工艺技能"(周耀林、王咏梅、戴旸,2012),这几个类别在原生态舞蹈当中有许多的体现。比如道具、服装等涉及的工艺技术,表演本身就是一种表演艺术等,也正因为如此,我们可以认为,原生态舞蹈本身就与无形文化遗产相契合,它也是无形文化遗产当中的重要组成部分,必须对其加强保护与发扬。而文化传承的方式无疑是最佳保护与发扬手段。在这里必须指出的是,由于人们审美理念的变化以及出于文化保护的需要,未来我国民间舞蹈的走势,必须有效将现代民间舞与原生态舞蹈作品相结合。这是文化传承的需要也是审美发展的需要(聂乾先,2010)。

## 参考文献

1. 蔡志标,1997. 绿色之画　心灵之歌——《囚绿记》艺术构思管窥[J]. 惠州学院学报,17(1):87-89.

2. 曾繁仁,2006. 中国古代"天人合一"思想与当代生态文化建设[J]. 文史哲,04:5-11.

3. 程虹,2000. 自然与心灵的交融[D].北京:中国社会科学院研究生院.

4. 但艳芳,2013. 绿色体育的本质、特点及未来构想[J]. 武汉体育学院学报,05:32-35.

5. 杜艳玲,2009. 以绘画形式教孩子保护生物多样性[N]. 中国绿色时报,12-18.

6. 多吉才旦,1988. 藏北民族民间舞蹈鸟瞰[J]. 西藏艺术研究,02:39-42,10.

7. 高力,田秋霞,2010. 中国绿色音乐的媒介传播现状初探[J]. 西南民族大学学报(人文社科版),31(8):198-202.

8. 高天,2006. 音乐治疗导论[M].北京:军事医学科学出版社.

9. 郭玲,2009. "绿色绘画"之我见[J]. 美术之友,06:113.

10. 何海静,2009. 音乐治疗对情感性精神病的治疗作用机理探讨[J]. 科教文汇(上旬刊),04:268-269.

11. 何亦邨,2012. 浅析黄梅戏中的绿色文化与绿色美学因子[J]. 美与时代:下,(1):104-107.

12. 亨利·梭罗,梭罗,2000. 山·湖·海[M]. 北京:中国对外翻译出版公司.

13. 侯洪,刘歆,2013. 生态文明视野下中国绿色音乐的发展与传播[J]. 现代传播:中国传媒大学学报,09:66-69.

14. 胡亏生,2008.黄梅戏风貌[M].合肥:安徽人民出版社.

15. 纪兰慰,邱久荣,2009.中国少数民族舞蹈史[M].北京:中央民族大学出版社.

16. 李克,2011.新世纪东北"绿色影视"的环保意识源流[J].长春工程学院学报:社会科学版,04:78-80.

17. 刘青弋,刘恩伯,2010.中国舞蹈通史古代文物图录卷[M].上海:上海音乐出版社.

18. 罗敏,2010.从《云南映象》论原生态舞蹈的传承[J].文艺争鸣,16:57-59.

19. 罗小平,黄虹,2010.音乐心理学[M].上海:上海音乐学院出版社.

20. 吕艺生,2000.舞蹈教育学[M].上海:上海音乐出版社.

21. 吕艺生,2011.舞蹈美学[M].北京:中央民族大学出版社.

22. 聂乾先,2010.关于构建云南"一族一舞"的情况分析——兼及对"原生态舞蹈"的思考[J].民族艺术研究,05:61-68.

23. 牛力,2007.《瓦尔登湖》:一本绿色的圣经[J].中国减灾,(12):48-49.

24. 潘公凯,1985."绿色绘画"的略想[J].美术,11:7-11.

25. 潘公凯,2009.互补结构与中国绘画的前途——关于"绿色绘画"的略想[C].新中国美术60年学术研讨会.

26. 彭吉象,2012.艺术概论(第三版)[M].北京:北京大学出版社.

27. 普里高津,1987.从混沌到有序:人与自然的新对话[M].上海:上海译文出版社.

28. 任梦璋,1992.莫奈与《睡莲》[J].美苑,(4):54.

29. 铁铮,孙晓东,2011.绿色文化的概念、构建与发展[J].绿色中国,04:50-55.

30. 王朝闻,1986.美学概论[M].北京:人民出版社.

31. 王宏建,2010.艺术概论[M].北京:文化艺术出版社.

32. 王克芬,2012.万舞翼翼中国舞蹈图史[M].北京:中华书局.

33. 王长安,2009.中国黄梅戏[M].合肥:安徽文艺出版社.

34. 王一川,2004.大众文化导论[M].北京:高等教育出版社.

35. 苇岸,2014.大地上的事情[M].桂林:广西师范大学出版社.

36. 沃尔特·惠特曼,1855.草叶集[M].上海:上海译文出版社.

37. 徐复观,2001.中国艺术精神[M].上海:华东师范大学出版社.

38. 徐晖,2012.绿色音乐对心理情绪的影响[J].大舞台,08:48-49.

39. 杨文丰,1999.绿色21世纪文学的急迫使命[J].粤海风,02:48-50.

40. 杨文丰,2001.论"绿色文学"的特质[J].南方农村,03:49-52.

41. 袁禾,2011.中国古代舞蹈史教程[M].上海:上海音乐出版社.

42. 张连葵,2011.音乐治疗及其在我国的发展应用[J].青海师范大学学报:哲学社会科学版,02:101-104.

43. 张韧,1999.关于中国环境的文学反思[J].粤海风,02:46-48.

44. 钟三艳,2007.发挥音乐功能促进社会和谐[J].萍乡高等专科学校学报,(5):86-87.

45. 周积寅,2006.中国历代画论[M].南京:江苏美术出版社.

46. 周雅俐,2006.由《云南映象》看我国原生态舞蹈的发展[J].衡阳师范学院学报,04:173-176.

47. 周耀林,王咏梅,戴旸,2012.论我国非物质文化遗产分类方法的重构[J].江汉大学学报:人文科学版,02:30-36.

下 篇

# 国外绿色生活实践

# 第十二章

## 英国绿色生活实践

### 第一节 英国绿色建筑

### 一、20 世纪末的绿色建筑实践

20 世纪 70 年代的两次能源危机给发达国家的人民敲响了警钟,人们发现赖以生存的能源正在耗尽,这不仅危及他们的生活还会祸及到他们的后代子孙,于是一系列探讨少消耗或者不消耗不可再生能源但却能维持他们现状生活水平的研究工程在政府和大企业资助下纷纷启动。英国建筑研究中心 BRE 也加快了能源与环境的研究(Courtney,1997)。在建筑实践上,1984 年由彼特·佛勾(Peter Foggo)所设计的贝丝斯多克 2 号入口大楼(Basingstoke NO. 2 Gateway Building)是英国早期利用中庭来加强烟囱效应(Stack effect)通风效果的建筑,设计向英国人展示了一种替代空调系统的可行办法。而在 20 世纪 80 年代末 90 年代初所建成的绿色和平党办公楼中,设计师费尔登·克莱格(Feilden Clegg)不仅仅要追求零二氧化碳散发量的外环境,而且很重视室内的采光、通风等有可能导致"建筑综合症"(Sick Building Syndrome)的因素。所以,该改造工程不但利用了烟囱效应来增大自然通风,采用帐膜的自由手法来采光,还使用了先进的建筑材料和暖通设备(戴海锋,2004)。

在 1987 年的联合国世界环境与发展会议上,《我们共同的未来》报告中提出了可持续发展概念,从而缩短了绿色建筑的讨论。进入了 90 年代后,英国出现了一批批优秀的绿色建筑,例如:费尔登·克莱格设计的 BRE 新办公楼(BRE Office of the Future),迈克尔·霍普金斯(Michael Hopkins)设计的朱比丽校园(Jubilee Campus),罗伯特·布兰达和威尔(Robert Brendaand Robert Vale)夫妇的豪其顿生态住房项目(Hockerton Housing Project)

等。其中比较有代表意义的建筑单体要算是蒙特福特大学的女王楼(Queen Building, University of De Montfort)和班尼特事务所(Bennetts Associates)设计的威斯塞斯水资源总部(Wessexwater Headquarter)。女王楼按照校方的要求,需要成为一个能源高效和便于使用的地标性建筑物。设计师肖特·福特(Short Ford)采用了大胆的被动设计策略和先进的服务系统。为了增加自然通风效果,设计师在屋顶上设计了若干个巨型抽风烟囱,而建筑的平面以及剖面都是为了更好地配合通风效果而仔细调整的。除此之外,建筑还设计了良好的保温层和蓄热墙体,以及采取了系列的采光策略和遮阳策略。经过精确的监测,该建筑有非常良好的通风及采光效果。另外,建于1998年的威斯塞斯水资源总部可被称为英国当年最绿色的办公建筑。这个建筑有比较典型的绿色建筑特点,那就是把一系列设计策略整合到建筑上去。总平面的布局是迎合太阳辐射面和主要的风向。内部通过计算机管理系统对整个建筑全面调控。外百叶立面以及窗户百叶相结合,从而有效地平衡过多太阳辐射和足够自然光。大部分雨水被收集起来用来绿化灌溉和厕所冲洗。经过测量,该建筑年能源消耗量为每平方米100度,还不到一般办公楼的1/3(戴海锋,2004)。

20世纪末,由于人居环境日益恶化,环境问题日益受到建筑界的重视。建筑技术、设备和可更新能源技术也日益成熟。此外,与绿色建筑相关的辅助设计和模拟软件以及评估系统也开始问世。这些技术应用到建筑设计中就使得绿色建筑以一个新的姿态出现。广泛运用被动设计策略,采用新型建筑材料以及先进的微电脑服务系统以达到尽可能地节省不可更新能源,降低对环境的负面影响,应该是20世纪末绿色建筑实践的主要特征(戴海锋,2004)。

# 二、21世纪的绿色建筑趋势

在英国迎接2000年到来时,伦敦以高科技的姿态建造了一些千年项目。这些建筑似乎在宣告着英国建筑正进行另一次工业革命,绿色建筑的形态也随着这些革命发生了有机转变。在2000年后的一些建筑实践中可以发现,新的绿色建筑已经不再是典型的六面体了,而是呈现出不规则有机的形态。N·格雷姆肖(N. Gramshaw)所设计的伊甸园项目(Eden Project)就是由一个个大小不一的穹顶组合而成的。这一连串被设计者阐述为"生物群落体"(Biomes)的建筑体就像是一串相连接的肥皂泡。这样的设计不仅结构上合理,而且能用较小的表面积制造出较大的容积,也有利于接收太阳辐射和集合雨水等生态效果。又如坐落在泰晤士河畔上的伦敦市政厅(London CityHall),远看已经很难分辨其主要立面了。这个像是倾斜倒立着的鸡蛋的建筑是由诺曼·福斯特(Nomad Foster)设计的。

这样的形态使得自然光能够进入北面的议会大厅,在南边顺势形成有节奏的错层,上层的挑出部分可以为下一层遮阳。它是本着可持续发展的思想设计出来的,经过评估,建筑有很高的绿色性。总体来说这类绿色建筑的效果很大程度上是通过自身的形体所产生的,并不是通过外加特定的构件形成的(戴海锋,2004)。

在英国,更具前卫性的绿色建筑设计应该是未来系统设计组(Future Systems)所做的探讨和实践了。未来系统认为一栋良好的绿色建筑应该做到80%以上的能源自给,并且在用电低峰期能够为城市输送能源。又由于他们敢于采用大胆的形体和运用活跃的色彩,所以他们的绿色建筑表现出和传统建筑很不同的姿态。例如,在他们以前和剑桥大学合作的零二氧化碳散发计划(Zero Emission Development,Zed Project),为伦敦探讨了低能耗的办公居住综合体。怪状的形体和跳跃的颜色不仅会让人忽略建筑的生态性,而且可能还会让人怀疑其是否为建筑。不过,这样的形体设计是为了更好地让风通过中央的大型风能发电机。在将要建造的"方舟"——地球中心展览厅(Ark,exhibitionhall for Earth Centre)中,也运用了同样的理念:一对像蝴蝶翅膀的大穹顶上镶满了太阳能光电板。弧形的表面不但结构合理美观,而且还尽可能多地提供了太阳能的接收面积(戴海锋,2004)。

进入21世纪,这些高技派生态建筑代表了英国绿色建筑的发展趋向。建筑形态上开始摆脱了以前较单一的六面体的形式约束,正向着更合理、更有机的形体演变。同时他们非常注重采用新建筑材料,尤其是简单高效的维护结构和高能效暖通系统,并且尽可能运用可更新能源(戴海锋,2004)。

# 第二节 英国绿色学校创建

## 一、英国绿色学校产生背景及发展状况

英国在学校环境教育的研究和实践领域一直走在世界前列。早在20世纪70年代,环境教育就进入了初级和高级中学的教学实践,一些学校的董事会也逐渐将环境教育纳入学校教育规划的一部分,使环境教育在学校教育中取得一席之地。然而,此时的环境教育仍属于学校或某些学科教师的自发行为,处于一种无序的状态。直到20世纪90年代,世界环境问题的日益严峻,促使各国政府、社会各界加强了对环境教育的重视,英国政府先后颁布了重要的文件,如《可持续发展:英国策略》《生物多样性:英国行动计划》《全英环境健康行动计划》等,而且成立了可持续发展政府工作组,成为环境教育政策的重要推动者。

在政府的大力支持与倡导下,英国学校环境教育得到蓬勃发展,尤其是于1990年颁布了《国家课程指南7:环境教育》,对学校实施环境教育的目标、原则、内容、方法、评价等

作了较为具体的说明,使环境教育正式成为一门跨学科的必修课。近年来,英国中小学实施环境教育有了新进展,即积极开展绿色学校的创建活动,使更多的学校成为欧洲生态学校计划的重要成员。生态学校计划最初由欧洲环境教育基金会于1994年提出,至2001年,已有21个国家的7000多所学校成为生态学校或绿色学校。绿色学校的产生是世界环境教育向纵深发展的结果,因为它不仅成为实施环境教育的重要载体,而且使学校环境教育从单纯的课程领域发展成为一种办学策略,即从学校的整体出发,将可持续发展的理念渗透到学校教育工作的各个环节,为培养未来"合格而负责任的国际公民"奠定基础。

英国绿色学校已初具规模,且逐渐形成一系列相关的组织、管理及评审制度。原本管理地方环境状况的国家慈善机构——环境运动团体(Enviornmental Campaigns)成为全国绿色学校的主管部门,在苏格兰、威尔士、北爱尔兰地区建立了分支机构。该机构根据《欧洲生态学校计划》并结合本地实际,作出了本地创建绿色学校的具体规划,对绿色学校的内涵、创建步骤、评价标准等内容作了较为详细的阐述,以此作为开展绿色学校创建活动的指南。该机构指出:绿色学校不仅仅是一个学校的环境管理体系,它是一个通过包括公民教育、个人教育、社会教育、健康教育、可持续发展教育等许多学科教育的方式来提高环境意识的计划,绿色学校的创建过程是一个整体概念,要求学校各位成员(学生、教师、教辅人员及管理者)与当地社区的每位成员(父母、地方教育局成员、从事媒体工作者及当地商业活动者)共同协作,而且鼓励通过互助与合作形成一种共识,即如何使学校的运行建立在尊重与美化环境的基础之上。换言之,实施绿色学校计划不仅是为鼓励那些重视环境教育的学校而开展的一项评奖活动,而且是一个通过各种方法与途径提高学校师生甚至社区成员环境意识的过程,最终使"环境意识和行为成为全校师生校园生活和风气的固有组成部分",让"学校为环境作出行动"。

尽管绿色学校的创建程序比较简单,同时赋予各校足够的发展空间,提倡学校因地制宜、各成特色,但评审较为严格。学校提出申请之后,其主管部门将委派专家进行实地考察,并撰写报告提交相关部门审核,一旦通过,该校将获得证书和旗帜,在评选中失败的学校也将得到一份说明,指出其需要改进之处。绿色学校的评选每两年一次,且是一个动态的过程,即已获此殊荣的学校将在两年之后重新参与评审。2002年,英国共有2905所学校提出申请,并最终产生了472所绿色学校(应起翔,2003)。

# 二、英国绿色学校办学策略

以可持续发展思想为指导,来组织、运作学校是绿色学校的内在要求,然而,营建真正的绿色学校离不开具体办学策略。只有采用科学、有效的途径与方法，才能最终实现绿色学校的创建目标。英国绿色学校在创建和发展过程中不断积累经验，并逐步形成了一些可资借鉴的办学策略(应起翔，2003)。

## (一) 实施以"生态委员会"为核心的整体管理策略

绿色学校的创建与发展并不等同于开展一些环境保护活动或开设一两门环境教育课，而是应当从学校的整体规划出发，要求所有部门、每一位师生都积极参与，使环境教育工作得以协调发展。为此，英国大多数绿色学校采取了整体管理策略，即将可持续发展的观念纳入学校近期和远期教职员工发展规划中，努力使校董事会成员在实施可持续发展教育方面达成共识，让学生、教师、教辅人员、家长都能参与绿色学校的管理和决策，最终从学校的组织建设、常规制度、课程开发、教学实践、师资培训、监督评价、校园环境等各个领域共同促进可持续发展教育的有序开展。

学校整体管理的策略主要由"生态委员会"来实施，其主要职能包括:制定并执行学校环境教育政策，组织开展有益于环境的教育活动，指导环境教育课程开发与实施，监测与评估相关教育教学活动，制定生态行为规范，向家庭、社区宣传学校各项计划并谋求它们的支持与合作，改善校园环境等。各校的"生态委员会"在人员组成、运作方式上具有一定的自主性与灵活性，其成员一般包括学校高层管理者、校董、教师、学生、家长及地方当局代表等，以保证各方均有机会参与决策的制定与实施。而且学校特别重视让学生成为"生态委员会"的一员。以此激发学生参与学校管理的积极性，有利于学校民主氛围的形成。例如，在某些学校，先由各班学生推选出代表，让他们在所有师生面前演讲，最后学生投票选出他们认为最能胜任此项工作的学生代表担任"生态委员会"成员，当选的学生不仅参与委员会各种规则与活动的制定与执行，也能及时将委员会的决定和意图传达给班上的同学。

这种以"生态委员会"为核心的整体管理策略不仅能提高管理效率及资源利用率，而且加强了学校各部门、各成员之间的协作与交流，从而确保可持续发展教育的顺利开展。例如，英国绝大多数学校采用学科渗透模式来开展环境教育，但该模式对各学科间的协调有很高的要求，否则将出现教学内容的重叠甚至互相矛盾，导致整个教学工作缺乏连贯性。因此，采用整体管理策略就能较好地解决这一难题，通常生态委员会定期组织各科教师一起交流、讨论，明确各科在环境教育领域承担的教学任务及不同的侧重点，使各门学科相关知识有机结合，充分体现环境教育跨学科的特性。

## (二) 开展以"在环境中教育"为特色的教学实践活动

"在环境中教育"是卢卡斯环境教育模式(即环境教育是关于环境、为了环境和在环境中的教育）的重要组成部分，它将环境本身视为一种有效的教育资源，让学生在真实的环境中亲身体验、主动探究，从而激发他们对环境的热爱、发展其调查、探究、合作等技能，使之形成正确的价值观与行为。英国绿色学校除了采用学科渗透的模式，即在国家课程的框架下，把环境教育的内容渗透到各学科的课堂教学中，化整为零地实施环境教育之外，尤其重视通过户外教学、实地探究等方法来切实体现"在环境中教育"这一原则，并逐步开展了一系列极具特色的教学实践活动。

英国许多绿色学校结合相关的教学内容，把课堂设在公园、农场、实地中心（环境教育中心）、自然保护区、工厂、商店、街道等自然或人工环境，让学生在环境中观察、思考与实践。例如带领学生到农场识别各种牲畜，了解它们的特征、生活习性及对人类的意义，并作详尽的记录以便回校后加以总结；组织学生到垃圾处理场参观、考察，学习垃圾分类与废物的回收与再利用。这些教学活动不仅仅停留在现场的观察与讲解，而是经过精心设计、具有明确的教学任务，同时相应地运用讨论、作业等形式加深学生对这一领域的认识与思考。

同时，绿色学校把校园环境作为实施可持续发展教育的最佳场所。学校耗能情况、出入校园的交通工具对环境的影响、校园生物的生长与多样性、废弃物的回收与再利用等都成为学生学习与探究的主题，而且这些主题的选择与所学的课程内容有关。例如，哈德雷初级中学将能源的使用情况作为教学实践活动的主题，学生在老师的指导下，先学习有关能源的背景知识，如能源的产生、类别、全球能源过度消耗的现状等，然后调查并记录学校各类能源的耗费量及影响学校能源利用的因素，如热能使用（包括热水）、通风设备、绝缘材料、照明设施、电器设备（电脑、电视机、厨房与洗衣房的设备）等，将相关的数据和因素绘制成表格。经过一番思考和讨论，提出节能的方案，如通过海报、标牌、传单、集体宣传等形式来提高全体师生节约能源的意识，并劝说校领导或相关政府为此进行必要的投资。海伦伍德中学组织学生对出入校园的交通工具作调查，结果显示绝大多数师生使用汽车，在一定程度上对周围的环境产生污染。因此，学生通过张贴海报、公开演讲、设计并安装太阳能汽车模型等活动向全校师生宣传使用无污染的交通工具，并筹款兴建自行车棚。此外，定期进行跟踪调查，及时反馈所取得的成绩。欧得汉姆·罗德学校在校内营建自然生态园，组织学生与工人一起为生态园铺设林荫小路、建造石椅石凳、种植花草树木，让学生在此过程中感受美、创造美。这些教学实践活动让学生对环境有了深切的感受，并懂得自己有责任且有能力关心和解决身边的环境问题。

### （三）实现学校环境教育向社区的自然延伸

学校与社区相互依赖、相互支持，社区为学生走出校园、接触社会提供各种机会，同时学校希望通过师生共同参与,提高社区人们的公共环境意识。绿色学校吸纳家长及社区代表作为生态委员会的成员,在社区举办集会、展览、表演等活动宣传学生为改善环境作出的努力及取得的成果。除了各种形式的宣传之外,英国许多绿色学校重视社区成员的参与意识,并把家长、邻居、地方商业机构、地方当局作为寻求建议、获取信息、获得帮助及资助的宝贵资源。例如,比孝普·阿兰索恩学校(Bishop Ullathornec Shool)的学生把废弃物制作成乐器,并组成了一个乐团,此举得到政府、新闻媒体及商业机构的大力支持,使乐团有机会在当地的商业中心表演,提高了人们对废物再利用的认识。格兰本学校(Genburnc Shool)的学生发现当地某一地下通道的环境十分糟糕,既阴暗又积满灰尘,于是说服当地的管理部门把通道的墙面粉刷一新,并在美术老师的指导下,在墙面画上各种可爱的动物和植物,充分发挥学生的艺术才能及想象力,也为来往的行人营造愉悦和谐的环境。也有一些学校通过师生的宣传,说服当地的企业、商店为其开展各项活动提供资金或设备,或与当地的环保组织合作,组成"生态卫士"(Eco Police)。这些尝试不仅密切了学校与社区的联系,使之相互促进,而且减轻了学校的经费负担。

## (四)营建和谐、美好的校园环境

走进绿色学校,展现在面前的是一本本生动形象的绿色教材。校园门口设立着大幅公告栏,告诉每一位来访者绿色学校的内涵以及学校为此开展的各项活动。整洁优美、四季常绿的校园里张贴着生动活泼的宣传画,设立着富有童趣与教育意义的标语牌,标语牌上的内容是"生态委员会"制定的《生态行为规范》,比如,"我们要把用过的纸放入教室的回收桶中""离开教室后及时关灯""我们尊重善待环境的人"等。这些行为规范大多是学生根据课程内容与实践活动制定的,并具有较强的可操作性。一些学校还建立了生态园,成为学生活动的重要场所,他们在这里亲手种植马铃薯、草莓等植物,把制作的鸟巢挂在树上,并经常观察生态园里植物、动物的生长情况。

此外,学校尽量减少对环境的污染,使之成为可持续发展的机构。同时,赋予学生更多的自主权,通过创小环保期刊、成立生态俱乐部、开展丰富多彩的课外活动等形式营造绿色的文化氛围及民主和谐的师生关系。

当然,英国绿色学校在办学过程中也存在一些问题,如有的绿色学校制定的可持续发展教育的政策要求过高,在一定程度上又缺乏可操作性;有的绿色学校过于强调开展各种实践活动,并以学生情感培养及经验获得为中心,忽视了课堂系统知识的传授,而且在绿色学校之间的合作与交流、各种管理策略和实践活动的创新以及绿色学校对外宣传等方面仍有待于进一步加强(应起翔,2003)。

# 第三节　英国其他绿色生活实践

世界上有一个很流行的说法："挣在美国,住在英国。"意思是说美国商业发达,是一个挣钱的好地方;英国环境优美,是一个享受生活的好地方。英国环境优美,空气清新,大多得益于英国良好的环境保护,而英国良好的环境保护又在很大程度上得益于英国人世世代代具有生态保护的衣食住行的日常生活习俗习惯。

英国人从建筑房屋开始就已经考虑到了环保节能的因素,多采用保温和采光性能好的材料;供电基本上靠太阳能;生活用水的管道都连接在一起,洗完脸的水可以直接冲到厕所,循环利用;屋顶上全是植被;垃圾箱极其细分化,装废纸的、旧衣服的、玻璃瓶的……

英国大使馆提倡的"10种生活方式改变绿色环境"中,无碳生活是非常重要的一项,"无碳"是指不使用个体汽车交通工具,而是乘坐地铁、公共汽车、电车等公共交通工具,在汽车泛滥的今天,使用公共交通工具显得格外重要。

# 一、衣在英国

英国人在生活穿着方面以节俭、方便、实用为美德。

普通英国女性的服装一般由几套夏装外加两件保暖外套组成,鞋子一般也只分冬夏两季。他们夏天穿夏装,春秋天穿夏装外罩保暖外套,冬天穿夏装外罩棉外套,春夏秋冬永远穿着单裤或裙子,或外加一件时髦的得体的英国式的风衣。当然,英国人穿着与尚简的习惯,与他们室内和车内良好的供暖设备有关,也与英国是岛国,海洋性气候,无酷暑无严寒的自然环境的支持有关。

英国人往往会把自己不喜欢或不合穿但还能穿着的旧衣服、鞋以及帽等送到义卖商店。义卖商店统一消毒、整理、出售,所售得到的钱款用来资助穷苦人。英国人对二手衣服没有什么不好的看法,光顾二手衣服店的人也有生活富裕的,因为二手衣服店内不乏名牌和高档衣服,还有相当一部分是换季淘汰的新衣服,他们只要觉得穿着合适、漂亮,就会掏钱购买。

英国对旧服装的再利用,既节约了许多与衣服制作相关的能源、资源和人力物力,还节省了处理废弃旧衣物的费用,也减少了与衣服的制作和废弃相关的环境污染,很有助于环保。

# 二、食在英国

英国主流的饮食习惯是西餐、分餐。普通家庭正餐只在晚上;中午是快餐,一般只有汉堡加咖啡或其他饮料;早餐一般是面包加牛奶。朋友聚餐都是 AA 制,用完餐自己付自己那份费用,很少大吃大喝或剩一桌子。

英国人一般只吃家畜家禽的肉,甚至只吃海鱼,连淡水鱼都不吃。英国湖泊众多,有大群的淡水鱼和野鸟,但没有一个英国人会把它们和食物联想在一起。肉类和蔬菜也多是买半成品,肉是剔骨切片的,鱼是剔刺切片或已带面托的,蔬菜也是净化处理的,这样,一可以避免对环境的污染,二可以节约用水。

另外,英国人不吃不是农场专门种植的水果。街道两旁、山坡洼地、甚至家居花园中生长的果树结出的果子成熟后,一般都是让它烂熟后自然落地化成肥料、烂泥。买水果、蔬菜不挑个大的,而愿意选自然生长的尺寸,这也从根本上抑制了果农或菜农盲目使用化肥催生水果或蔬菜的做法,抑制了化肥的使用量。

英国人每餐饭前,信仰基督教的人均会进行饭前祷告,感谢上帝赐予的一餐一饭。这种仪式使英国人形成了一个根深蒂固的观念,即每粒粮食、每一片菜叶均是上帝的赐予,决不能浪费。所以他们吃饭时仅取自己所需,即便是吃自助餐也不会多取。如果有剩菜剩饭,他们也会想办法,或在花园建立"鸟站"喂食过往的野鸟,或驱车去附近的湖泊江河,用剩菜剩饭投喂鱼、鸟等动物。这样既避免了剩菜剩饭造成的环境污染,又有利于鱼、鸟等动物的生长。

# 三、住在英国

英国的一般民居是两层或三层的小楼房,前后有不小的空地,大都用作前后花园,周围是松树或一些灌木,充当围篱,再往里是各式花木,中央部分一般是草坪,有些草坪上也点缀果树之类,在每户的后花园中常常可以看到小鸟和松鼠的身影。英国人普遍认为,前后花园的绿化是衡量家庭居住条件的一个重要尺度,总以花园被花草树木全部覆盖为荣。

许多人住的是自己父辈、祖辈甚至曾祖辈留下的房子,他们往往以展示自己房子长长的历史和古色古香的建筑悠久与风格为荣,老一辈的家具也从不轻易扔掉。这些老房子的持续利用,有利于节约与住房建筑各环节相关的人力、资源、资金的消耗,而且避免了因频繁拆弃旧房和建筑新房而造成的建筑垃圾的产生,十分有利于环保建设。

家具、用具等也有二手商店和二手市场,其经营也规范,英国人对它们也没有偏见;英国人对纸张十分珍惜,一般会想办法节约用量,节日里他们使用的贺卡之类互致问候也尽量小型化。

英国人对垃圾有明确的分类,他们对化学物保持着高度的警惕,在城市住宅区,废纸、玻璃瓶、塑料瓶和电器的分类垃圾箱标注醒目,人们都自觉将垃圾分类,以便回收再利用,环卫工人及普通公民都会及时地将塑料袋、电池之类有害自然的东西捡拾、收集起来,由相关部门统一处理。但对于枯枝落叶乃至鸟类粪便,如果不影响行人行走,英国人往往听之任之,随它们散落在草坪、树林或林中小道上,任其化作肥料。这样既节省了打扫的人力,又有利于自然界的能量循环。

# 四、行在英国

英国人的出行方式正在发生变化。几乎每个家庭都拥有私人轿车,但大城市车多,停车场较远,车位难找,收费也高,加上汽油价格非常昂贵,他们宁肯选择公共交通或骑自行车上下班。便利的公共交通设施以及政府出台的很多环保政策使得私家车使用频率日益减少,公交系统使用率则不断增加,这不仅减小了公路的交通压力,也减少了汽车对环境的污染。

一般的长途出差、探亲访友等,英国人更乐意选择乘火车。在英国,铁路几乎连接了所有的城市和旅游名胜地,而且往返票比单程票更便宜。更方便的是,英国的火车票不分车次,只要你买了到达某地的火车票,你可在当天的任何时间乘坐任何一列开往这个地方的火车。在英国乘坐火车比较方便,不用急着赶时间,更不用担心拥挤。

旅游住宿方面英国人也崇尚实用。有的是住自备帐篷,有的是住汽车后面拖的"移动住房"。宾馆,大多是由较大的民宅改造而成,同时,为数不少的家庭也都乐意接纳房客,时间可以是半年、一年,也可以是一周或几天,这种出租房一般主客双方的交易十分规范。充分地利用了居民闲置的住宅空间,有效地抑制了宾馆、饭店的数量和建筑规模,对节约土地资源、促进环保等都起到了积极的作用。

总之,英国人的衣食住行的传统美德的保持与发扬,有力地支持了环保建设,成为英国环保事业的不竭的精神动力。

**参考文献**

1. 曹荣湘,2010. 全球大变暖:气候经济、政治与伦理[M]. 北京:社会科学文献出版社.

2. 戴海锋,2004. 英国绿色建筑实践简史[J]. 世界建筑,08:54-59.

3. 大卫·里斯曼,2003. 孤独的人群[M].刘翔平,译.南京:南京大学出版社.

4. 董必荣,2016. 国外绿色发展模式借鉴——以英国为例[J]. 毛泽东邓小平理论研究,11:72-76,92.

5. 李莉,2016. 英国气候变化特使:气候变化需全球应对[N]. 第一财经日报,09-30.

6. 李文虎,2004. 英国的绿色能源战略[J]. 世界环境,01:51-52.

7. 洛丽塔·纳波利奥尼,2013. 中国道路:一位西方学者眼中的中国模式[M].孙豫宁,译.北京:中信出版社.

8. 清华大学建筑设计研究院,2001. 建筑设计的生态策略[M]. 北京:中国计划出版社.

9. 万平近,1989. 林语堂论中西文化[M]. 上海:上海社会科学院出版社.

10. 应起翔,2003. 英国绿色学校办学策略初探[J]. 全球教育展望,06:22-25.

11. 张敏,2015. 英国绿色治理创新机制及对中国的启示[J]. 当代世界,10:50-53.

12. 张一兵,2009. 资本主义理解史(第6卷)[M]. 南京:凤凰出版传媒集团公司.

13. 张忠良,龙佳解,1999. 马克思主义经典著作导读[M]. 北京:人民出版社.

14. Costantino M,1989. Artnouveau[M]. London:Arlington Press,71.

15. Edwards B,2001. Greenarchitecture[M]. London:Wiley Academy,9-10.

16. Elizabeth Parsons,2004.Charity retailing in the UK:atypology[J]. Journal of Retailing & Consumer Services, 11(1):31-40.

17. Farmer J,K Richardson,1999. Greenshift:changing attitudes in architecture to the natural world[M]. Oxford:Architectural Press,66,71.

18. Frampton K,1992. Modernarchitecture:a critical history[M].London:Thames & Hudson,43.

19. Porteous C,2002. The new eco-architecture:alternatives from the modern movement[M]. New York:Spon Press.

20. Roger Courtney,1997. Building Research Establishment past,present andfuture[J]. Building Research & Information,25(5):285-291.

# 第十三章

## 美国绿色生活实践

## 第一节  美国绿色交通

### 一、美国绿色交通政策

美国是一个联邦制国家,由联邦政府指定权利,各个州享有自治权。在交通管理上,联邦政府主要是统筹考虑国家交通系统,设定相应的标准和规则,然后授权给州和地方政府进行管理和操作。20 世纪是美国经济社会飞速发展的时期,也是美国交通运输业逐步发展并走向成熟的最重要阶段。纵观 20 世纪以来美国的交通运输业发展,主要经历了以下 3 个阶段:1956 年以前高速公路主导的交通政策萌芽阶段;1956~1990 年高速公路主导、绿色交通政策萌芽的阶段和 1990 年后绿色交通政策全面转型阶段。下面重点介绍后两个阶段(罗巧灵,2010)。

#### (一) 绿色交通政策的萌芽 (1956~1990 年)

完善的公路系统在提高运输效率、方便人民生活的同时,也带来了一系列的问题。由于资金资助仅针对高速公路,从 20 世纪 50 年代初期开始,许多私人运营的城市公共交通系统正处于破产的边缘。高速公路主导的交通政策导致了城市交通的恶性循环。1995 年,美国 89.5% 的日常出行和 79.2% 的较长距离出行依靠私人汽车,只有 3.6% 的日常出行和 18% 的较长距离出行是依靠公共交通。而对于急于赢得选民的政府官员来说,提供公共交通服务变得日益紧迫(Altshuler,2003)。从 1961 年国会通过的《住房法案 1961》(Housing Act of 1961)同意适度贷款以资助境况不佳的通勤铁路开始,联邦财政开始介入公共交通,1964 年通过《城市公共交通法案 1964》(Urban Mass Trans portation Act of 1964,简称 UMTA),允许为轨道交通项目提供最高达 2/3 总投资额的联邦资金配套。随后,《城市公共交通法案 1970》(Urban Mass Transportation Assistance Act of 1970)第一次对公共运输项目提供了一个长期的联邦财政承诺。许多城市充分运用 UMTA 的资金来购买私人运营的公共交通体系,更新公共汽车,进行基础建设。1965～1974 年,政府拥有的公共交通系统从 58 个飙升到 308 个(Jones,1985),同时,许多城市如亚特兰大、巴尔底莫、巴弗洛、波特兰等均在这一时期开始筹划建设新的轨道系统(Kain,1988)。此外,20 世纪 70 年代的一些其他法案,如《联邦援助高速公路法案 1973》(1973 Federal Aid Highway Act),允许在一定的限制条件下运用 HTF 资金投入到公共交通项目。公共交通亏损的程度在 1972 年达到最低点后,到 20 世纪 70 年代末期乘客量逐渐平稳,甚至有小的盈利。

　　20 世纪六七十年代,过量使用汽车带来的能源消耗和空气污染问题日益受到人们关注,美国开始大规模兴起环境保护运动和民众反对修建内城高速公路的活动。这些举动,一方面给芝加哥、旧金山和波士顿等大城市的大规模高速公路修建敲响了警钟;另一方面也加速了美国交通法规和环境保护法规的联姻(周江评,2006)。

　　1963 年,美国制定了《清洁空气法案 1963》(Clean Air Act of 1963),首次对交通建设过程中静态污染点的排污标准进行了规定(Kain,1988)。公众对环境保护和生活质量的日益关注促成另一个里程碑式的联邦交通政策——《国家环境政策法案 1969》(National Environmental Policy Act,简称 NEPA)的通过。该政策要求重大的项目、投资必须先进行环境影响评估。这一规则也被后续的《清洁空气法案 1970》(Clean Air Act of 1970)及《清洁空气法案增补条款 1977》(Clean Air Act Amendments of 1977)继承下来。该增补法案要求州和地方政府联合起来编制《州域实施规划》(State Implementation Plan,简称 STP),规定每个区域应该达到相应的清洁空气标准。

## (二)1990 年后绿色交通政策全面转型阶段

　　随着交通拥堵、交通污染、城市蔓延、土地资源浪费等城市问题的产生,加上 FAHA (1956)法案实施后公路系统建设并没有达到预期的效果,使得 1990 年以前的交通政策招致批评与反思,并直接带来了交通政策的大变革(李晔,2005)。1990 年以后,美国出台了《联运地面交通效率法案 1991》(Intermodal Surface Transportation Efficiency Act,简称 IST-EA)及其后续法案《21 世纪交通公平法案》(Transportation Equity Act for 21stCentury,简称 TEA-21),以及《安全、负责任的、灵活的、有效率的交通平等法案 2005》(Safe, Accountable,Flexible,Efficient Transportation Equity Act:ALegacy for Users,简称 SAFETEA-LU),标志着美国交通政策全面向绿色交通转型。

### 1. 交通与资源和谐

交通与资源和谐即以最小的代价或最少的资源维持交通的需求。ISTEA 是一个里程碑,标志着美国的国家交通运输发展认识的革命性转变。ISTEA 首次明确提出了"联运(Intermodal)"的概念,认为只有有效利用铁路、公路、水运、航空等各种交通模式,才能解开不断增长的交通运输需求与环境、能源、资源之间的矛盾。它同时强调自行车出行和步行的重要性,主张应该把这两种交通方式纳入到地区和州一级的交通规划中。此外,ISTEA 强调行政的自主性和资金的灵活性,将相当一部分权力从联邦政府移交给了州政府和州以下的地方政府;在资金支持上,ISTEA 打破了汽油税基金仅用于高速公路项目使用这一障碍,将基金运用于其他交通项目,并专门成立联运办公室,下设运输秘书处负责管理和公开联运交通数据,进行联运交通模式研究。

### 2. 交通与区域和谐

交通与区域和谐即注重综合交通规划,注重城市空间结构、土地使用等要素的协调。ISTEA 及后续法案均强调交通规划的编制应由过去的过分强调州际间交通运输,转向特别重视城市化区域、大都市区域的综合交通运输规划与统筹协调。此外,交通规划也越来越注重与区域内其他要素如土地利用、城市空间结构的整体协调。ISTEA 承认土地对交通影响的重要性,强调公众参与和地方的支持者介入,强调紧凑开发,认为交通规划的目标是提高"可达性"。

### 3. 交通与社会和谐

交通与社会和谐即关注安全、效率、以人为本。随着美国交通基础设施建设的日趋成熟,美国交通政策制定者充分认识到摆在他们面前的交通问题不是量的增加,而是质的提升。2005 年出台的 SAFETEA-LU 致力于解决当前交通系统面临的许多挑战,如确保交通安全、减少交通拥堵、提高运输效率、增强联运模式的衔接性、保护环境等,力图从根本上提升交通品质,以人为本。SAFETEA-LU 专门设立了一个高速公路安全提升项目(Highway Safety Improvement Program,简称 HSIP),以降低高速公路事故死亡率。HSIP 还要求编制《州高速公路安全战略规划》。其他一些交通安全项目如道路工作区域的安全性,老年司机、步行者和儿童上学的交通安全问题等也被单独列出加以考虑。为缓解拥堵这一最难解决的交通问题,SAFETEA-LU 赋予州政府更多的自主权来决定道路收费标准,同时鼓励使用实时交通管理技术来优化交通安全管理和交通出行方式;成立示范项目(The Highways for Life Pilot Program),为其提供资金支持,以探索利用新技术和新管理手段,提高交通设施建设和维护的效率的方法。

### 4. 交通与环境和谐

交通与环境和谐即创造清洁空气,保护环境。创造清洁空气是 ISTEA 持续关注的内容。《清洁空气法1990(修正案)》是美国交通环保政策中里程碑式的法律文件,要求各州更好地协调交通和空气质量的关系,并使交通部门更多地承担改善空气质量的责任,但它未能对各州达到新环境标准所需资金的来源做出规定。ISTEA不仅与《清洁空气法1990(修正案)》提出的要求完全保持一致,还对之做了补充,明确规定了各州实现空气质量达标的目标的资金来源。ISTEA还设立缓解交通拥堵和空气质量项目(Congestion Mitigation and Air Quality, 简称CMAQ),提供特别的资金给未达到联邦空气质量标准的区域(Vuchic,1999)。SAFETEA-LU则更加关注环境保护,为与环境有关的各个项目提供了比TEA-21更多的资金资助。同时,SAFETEA-LU建立了一些全新的和环境有关的项目,如非机动化的学生上学模式示范项目(罗巧灵,2010)。

# 二、美国波特兰市绿色交通实践

波特兰市(The City of Portland)位于美国西北部,是俄勒冈州最大的城市。该市长期以来一直是美国城市规划的典范,以极具前瞻性和勇于变革而著称,其在绿色交通建设、发展公共交通、解决交通拥堵和空气污染等方面一直走在美国其他城市的前列。

与美国联邦交通政策的发展过程一样,波特兰市的交通发展也经历了一个由高速公路主导向绿色交通转型的过程。从20世纪70年代中期开始,随着两个标志性的政策的实施:①州立法要求每个城市和县必须划定城市增加边界(Urban Growth Boundary,简称UGB)以保护多产的农田和森林。②从重点发展高速公路系统转向发展轻轨系统(Light Rail Transit,简称LRT),波特兰市进行了一系列城市空间优化及绿色交通发展的探索(罗巧灵,2010)。

## (一) 发展以LRT为支撑的紧凑的城市空间结构

1973年,波特兰市开始致力于LRT的建设,结合TOD的开发模式,将其作为城市空间优化和中心区复兴的手段。

LRT的提出最初源于俄勒冈州和联邦交通官员提议修建Mount Hood(位于波特兰市东南80千米处的一座雪山)高速公路。因该高速公路建设将极大地破坏当地的生态环境而遭到了波特兰市政当局和民众的强烈反对。由于FAHA(1973)允许在一定的情况下将用于高速公路项目的资金转用于公共交通项目,于是波特兰市政当局努力游说将这笔资金用作LRT建设。1978年,俄勒冈州三县大都市交通管理局(Tri-Met)接受了这一建议。为了保障LRT这一区域性项目的有效实施,在20世纪70年代末期成立了Metro,负责波特兰大都市区的规划和实施。从那时起,波特兰大都市区就开始实施稳定的 LRT 计划。从 1982 年第一条 24.3 千米长的 Eastside MAX Blueline 动工至今,波特兰已经建成 4 条轻轨线,总长 84.3 千米,设有 84 个站点。

为了集约利用土地,优化城市空间结构,在划定 UGB 后采取 TOD 的开发模式也是波特兰市的成功探索。1980 年,Tri-Met、波特兰市、Gresham 市和 Multnomah 县共同提交了公交站区域规划,沿着规划的轻轨交通廊道进行 TOD 发展。1998 年,波特兰市成为美国第一个获得授权利用联邦交通资金购买土地进行轻轨交通站点区域的再开发的城市。

目前,波特兰市仍致力于 LRT 的发展,Metro 编制的 2040Growth Concept 规划的目标是:到 2040 年,2/3 的就业岗位和 40%的住户将位于有轻轨和公共汽车服务的走廊上,而区域的增长和发展将利用 UGB 进行控制。

## (二)发展有轨电车作为 LRT 的补充

波特兰有轨电车(Portl and Streetcar)系统主要服务于 Dountown-town 区域。有轨电车的造价较 LRT 低,其主要目的是方便市民出行的同时,在客运高峰期为 LRT 分担和转运客流。建成后的有轨电车系统,将形成一个长 11.6 千米的环线(Loop),贯穿整个Downtown 区域。

## (三)建设公交步行街区

波特兰公交步行街区(Portl and Transit Mall)是位于 Downtown 中心的一个南北向条形区域,两侧均为单行道(One-way),且只允许公共汽车和轨道车辆通行,中间为步行区域。波特兰公交步行街区最初于 1978 年开放,是市中心复兴的计划之一,也是通过投资公共交通进行社区发展的早期代表。公交步行街在提高通行效率的同时,极大地缓解了交通压力。

## (四)注重自行车和步行系统的规划和建设

俄勒冈州和波特兰市一直注重自行车和步行系统的规划建设。俄勒冈州的《自行车议案》(1971 年)要求州和地方政府花费适量的高速公路资金(最少 1%)在自行车道和步行道上。进一步的立法是 1991 年颁布的《交通规划条例》(Transportation Planning Rule),要求城市区域、县和市制定交通体系规划,必须避免对某种交通模式的过度依赖,必须实施以下要求:①新开发项目必须提供自行车停车设施;②为行人和自行车安全、便利出入提供场地设施;③主干道和次干道沿线设置自行车道和人行道,地方支路沿线设置人行道;④行人和公共交通体系之间需便利联接;⑤保证充分的土地利用类型和密度以支持公共交通的发展。1996年波特兰市自行车使用总体规划获得批准通过。

通过以上条例,波特兰市成为北美地区自行车利用率最高的城市,自行车的通勤比例由1996年的1.2%左右上升到2006年的4.2%左右。波特兰市的自行车道从1996年的178千米增加到2001年的365千米。

### （五）制定相应的激励机制，同时体现人文关怀

（1）实行免费区域。Tri-Met将整个波特兰大都市区划分为3个区,1区基本覆盖了整个Downtown区域,在1区内乘坐所有的LRT和有轨电车都是免费的。该政策极大地鼓励了市民选择公共交通出行。

（2）关怀弱势群体,实行票价减免政策。波特兰市对荣誉市民、学生、残疾人均给予极大的公交票价优惠,如他们购买月票票价只是正常价格的1/4~1/2。

（3）采用各种便利设施。每个公共交通工具都设有专门的残疾车、婴儿车区域,配备残疾人专用设施,为每个人提供平等的乘坐权利。波特兰市采用新型车辆,车门踏板距离地面不超过0.33米,方便乘客尤其是老弱病残乘客安全平稳地上下车。在每个有轨电车站点设置信息屏,利用GPS技术为乘客提供即时乘坐信息。

结果表明,绿色交通体系支撑的紧凑、混合发展模式的成效是显著的。当美国其他城市的人均车辆里程在增加的时候,波特兰市的人均车辆里程却从1996年开始减少。波特兰人相较于美国其他城市的人,平均每天少驾车6.4千米,每年节省11亿美元的直接成本(如汽油)和15亿美元的时间成本。此外,该发展模式也为波特兰市建立良好的城市形象奠定了基础(罗巧灵,2010)。

# 第二节　美国绿色图书馆

## 一、绿色图书馆建筑

图书馆大楼虽然是一座建筑实体,但它体现着建造者的价值观和态度取向,这种价值观和态度取向不仅凝聚在建筑物中,也蕴含在建筑的运行管理中,不仅为当代人所感知,还会对后代人产生影响。因此,美国图书馆人认为,绿色图书馆建筑是承载节能环保社会责任的一个重要载体,也是为社会公众传达节能环保理念的重要场所。

在美国,普遍被认可的绿色建筑评价标准是美国绿色建筑委员会(US, Green Building Council)制定的能源与环境设计认证( Leadership in Energy and Environmental Design, LEED)评估体系,该体系对绿色建筑的鉴定级别分为四级:合格级、银级、金级、白金级。

第一家获得 LEED 认证的图书馆是 2003 年 5 月对外开馆的加州圣何塞公共图书馆西谷分馆(West Valley Branch Library),它比传统建筑节能 30%。据统计,截至 2010 年 4 月,美国有 131 家图书馆(含分馆)获得 LEED 认证,其中获合格级认证的有 38 家,银级认证的有 47 家,金级认证的有 33 家,白金级认证的有 13 家。加利福尼亚州最多,有 15 家,其次是伊利诺伊州,有 14 家。绿色图书馆节能主要表现为,大楼在运行过程中节水、节电效果明显,据美国绿色建筑委员会调查显示,获得 LEED 认证的绿色建筑要比普通建筑节能 29% 以上(Francine F,2014)。例如,怀特特克分馆和自然中心(White Tank Branch Library and Nature Center),它是亚利桑那州马里科帕县图书馆的一个分馆,是该州第一个获得 LEED 白金级认证的公共图书馆,自开馆以来,每年节水 50000 加仑(约 189 立方米),27% 的电力来自太阳能发电,它比美国政府颁布的《除低层住宅之外的建筑节能标准—2004 年修订版》(Energy Standard for Buildings Except Low-Rise Residential Buildings,ASHRAE 90,1-2004)还要节能 42%(Polly S,2013)。

节约能源既减少公共财政负担,又缓解了对生态环境的负面影响。在美国,绿色图书馆建筑受到社会和公众的普遍欢迎,读者到馆率和借阅量大幅上升。而且,通过绿色建筑,图书馆向社会传达出节能环保的价值取向和社会责任观,对培养公众节能环保意识起到了积极的推进作用(崔旭,2015)。

## 二、图书馆节能管理

### (一)制订节能环保实施计划

制订行动计划是美国图书馆在节能管理过程中采取的一项重要措施,通过计划的制订与实施践行了环保节能理念,图书馆实现了节能目标,扩大了图书馆的社会影响力,推动了公众对节能环保的认识与理解。旧金山公共图书馆(San Francisco Public Library)从 2009 年开始推行"图书馆绿色环保计划"(Green Stacks Environmental Library Initiative)。具体内容见表 13-1。

表 13-1　旧金山公共图书馆"图书馆绿色环保计划"内容

| | |
|---|---|
| 建设节能 | 1. 对旧金山中心图书馆和 27 个分馆启动设施节能改造工程,完成从废品回收到节能照明灯具的改造; <br> 2. 依照绿色建筑标准,规划新建和改造 10 个分馆,并申请 LEED 银级或更高级认证 |
| 环境素养教育 | 制定为期一年的公众环境素养教育计划,包括夏季阅读活动,以及由旧金山公共图书馆斯特格纳环境中心和分馆主办的专题活动:绿色食品介绍、节能环境生活方式、节能出行、全球环保问题等 |

（续）

| 使用环保产品 | 发放环保借阅证,是美国第一家发放环保借阅证的图书馆,新借阅证由玉米棒加工而成,可以加收降解,不对环境造成污染和破坏 |
|---|---|
| 节能环保阅读推广 | 购置以节能环保为主题的文献信息资源,推荐给社区居民 |

旧金山公共图书馆因成功推行节能环保计划,引起了社会的广泛关注,不但树立了良好的节能形象,而且成为旧金山节能运动的引领者,对社会产生了巨大影响,受到旧金山市长的高度评价,获得旧金山政府颁发的"2010 绿色和蓝色奖"（Green & Blue Award, 2010）。

## （二）使用节能环保产品

使用节能环保产品,是许多美国图书馆倡导的重要节能手段。美国芝加哥公共图书馆（Chicago Public Library）从 2003 年开始,就在日常工作中推行节能环保计划,其中,使用节能环保产品是重要管理举措,对于要经常购买的办公用品,该馆从环保角度出发,进行严格的规定:必须购买由回收材料（回收材料成分至少占 30%）制成的纸张;购买以植物为原料的打印机墨粉,因为这样的墨粉可以降解回归大自然;购买可重复使用或耐用的物品,尽量不买一次性用品。比如,该馆停止给读者发放塑料袋,如果读者需要袋子装借阅图书,需要向图书馆付费购买布质袋子,这样的袋子可重复使用且能回收;将部分图书馆公车更换为新能源汽车。

## （三）回收或再利用废旧物品

图书馆每年有大量下架的图书、报刊,废弃的纸张、纸板,有时还有多余不用的办公用品,如何处理这些物品,美国图书馆采取了多种办法,对于多余的办公用品和报刊书籍,有些馆采取交换再利用的方法。例如,亚利桑那州的皮马县公共图书馆（Pima County Public Library）在分馆之间建立了一项多余物品交换制度,某个分馆不需要的书刊或办公用品可以转送给另一个分馆,达到节省资源和降低管理成本的目的。对于已经报废的纸张、纸板、办公用品以及生活、工作产生的废旧物品,图书馆一般采取回收的办法,减少资源的浪费。例如,美国芝加哥公共图书馆（Chicago Public Library）每年回收纸张 307565 磅（约 139.5 吨）,相当于少砍伐 2533 棵树。又比如,弗吉尼亚州的阿灵顿公共图书馆（Arlington Public Library）在大楼门口设立分类回收箱,居民可将废弃的纸张、饮料瓶、眼镜、手机、灯泡等放入回收箱,既培养了居民的环保意识,又减少了对环境的污染和破坏。

## （四）引导馆员养成节能的行为习惯

鼓励馆员选择节能出行方式,培养馆员节能的行为习惯。例如,明尼苏达州的大河地区图书馆埃尔克河分馆(Elk River Library),鼓励图书馆工作人员骑自行车或者坐公交车上班,减少开私家车次数,降低因汽油燃烧对空气的污染(崔旭,2015)。

# 三、培养读者节能环保意识

## (一)环境素养教育

美国图书馆通过各种形式,开展环境素养教育,包括阅读推广、专题讲座、展览、物品交换等活动。

## (二)协助政府宣传节能环保政策

在节能环保建设中,美国政府一般通过制定环保法律和政策规章推进本地区节能环保和可持续发展,但是在实际工作中,政府颁布的政策不一定都能被公众理解和接受。一个原因是,政策内容比较抽象、笼统,不容易被理解,另一原因是,公众觉得节能环保政策与我没有直接的关系,是政府的事情。美国图书馆人认为,图书馆特别是公共图书馆,是地方政府的一个公共服务部门,在承担文献信息服务职能的同时,还要承担环保政策宣传这一社会责任,图书馆要在政府与公众之间搭建一座桥梁,使政府的节能环保政策能够贯彻执行。

例如,2007 年,弗吉尼亚州阿灵顿县政府推出了《阿灵顿主动减排计划》(Arlington Initiativeto Reduce Emissions),图书馆积极配合政府的减排计划,通过环保书籍的阅读推介、开设专题讲座等活动,诠释、分析政策内容,特别是该计划包含一个"阿灵顿自行车"(Bike Arlington)倡议活动,其目的是鼓励公众骑自行车出行。为了响应政府号召,阿灵顿中心图书馆和各分馆的许多馆员放弃开车,改为骑车或乘公交上下班,带领居民参加由该县政府举办的自行车之旅。另外,图书馆定期举办"星期二阿灵顿自行车讲座"(Bike Arlington's Two Wheel Tuesday),讲解自行车安全、设备维护等内容。阿灵顿中心图书馆还设立了自行车出借点,方便居民骑自行车出行。另一个例子是,佛罗里达州的杰克逊维尔市电力局计划推行家庭能耗评估计划,帮助人们了解居家耗能的主要内容,掌握节能方法,降低家庭用电用水量。杰克逊维尔公共图书馆(Jacksonville Public Library)主动要求协助电力局推行这一计划,起初是在其中心图书馆和三个分馆进行试点,后来扩大到所有 21个分馆。这个计划的主要工作是给居民发放"家庭能耗测量工具包",每个工具包包括红外温度计、电度表、温湿度计、计算器、卷尺、直尺和水流测量表,以及使用说明书、一本《降低能耗方法指南》、一张介绍最佳节能方法的 CD。电力局给每个馆配备 6 套工具包,读者可以凭图书馆借阅证,将工具包借回家,在家里进行能耗测量,截至 2012 年 3 月,图书馆用户已经用这些工具在家里测试了 1373 次。杰克逊维尔公共图书馆对于电力局计划的推行起到了促进作用(崔旭,2015)。

# 四、其他绿色推行工作

除了各图书馆开展绿色图书馆建设,联邦和各州的图书馆协会也采取多种形式倡导和推行绿色图书馆运动,主要形式有建立工作小组、召开学术谈论会、倡导节能环保生活方式等。

## (一) 建立工作小组

美国图书馆协会(American Library Association)对于推进美国图书馆界的环境保护运动起到积极作用。1989 年,在美国图书馆协会的社会责任圆桌会议(Social Responsibilities Round Table)之下成立了一个环境工作小组(Task Force on the Environment),成员包括各类型图书馆代表、出版商、数据库供应商、政府机构、非政府组织和其他有关各方代表,其职责是促进图书馆界关注环保问题,促成图书馆员与信息专家的合作与交流。

## (二) 召开学术讨论会

最早开展节能环保主题讨论的是纽约图书馆协会(New York Library Association)。1999 年,纽约图书馆协会在水牛城召开了一个专题会议,会议主题是"我的图书馆如何做到节能环保?"会议围绕图书馆节能环保方法、绿色图书馆建筑等议题展开讨论。

## (三) 倡导节能环保生活方式

美国图书馆协会环境工作小组从理论和实践等方面倡导节能理念,他们曾做过一次估算,每年冬季的 ALA 年会有 10000 多名参会者,每次年会要举办 2000 多场商务会议、分组学术讨论和其他活动,假设每人平均参加 6.5 次活动,每人每参加一次活动用一个纸杯的话,到会议结束时,将会用掉 65000 个纸杯,相当于耗费 2018 磅纸张,需要砍伐 178 棵树。为此,在 2008 年 ALA 年会召开之前,环境工作小组向参会者发出倡议:"为了我们的地球,请自带水杯。"在此倡议下,所有参会人员都自备饮水杯,节省了大量的一次性纸杯(Monika A,2014)。环保行动对社会产生了积极的影响(崔旭,2015)。

# 参考文献

1. 陈妍,岳欣,2010. 美国绿色建筑政策体系对我国绿色建筑的启示[J]. 环境与可持续发展,04:43-45.

2. 崔旭,2015. 美国绿色图书馆建设的理论、实践及启示[J]. 中国图书馆学报,01:38-49.

3. 李晔,张红军,2005. 美国交通发展政策评析与借鉴[J]. 国际城市规划,20(3):46-49.

4. 罗巧灵,David Martineau,2010. 美国交通政策"绿色"转型、实践及其启示[J]. 规划师,09:5-10.

5. 张庭伟,2010. 1950-2050 年美国城市变化的因素分析及借鉴(上)[J]. 城市规划,(8):39-47.

6. 郑芬芸,2009. 美国绿色供应链管理实践及借鉴[J]. 商业研究,12:196-199.

7. 郑立,2009. 美国的"绿色经济"计划及其启示[J]. 中国商界(上半月),07:52-53.

8. 郑迎飞,周欣华,赵旭,2001. 国外企业绿色供应链管理及其对我国的启示[J]. 外国经济与管理,12:30-34.

9. 周江评,2006. 美国交通立法和最新的交通授权法[J]. 城市交通,4(1):80-85.

10. 朱庆华,2003. 绿色供应链管理[M]. 北京:化学工业出版社.

11. Altshuler A, Luberoff D,2003. Mega-projects:The Changing Politics of Urban Public Investment[R]. Washington DC:Brookings Institution.

12. American Public Transportation Association, 2016.Historical Ridership Trends[EB/OL]. http://www.apta.com/research/stats/ridershp/ridetrnd.Cfm[02-14].

13. Arlington Public Library,2014. Bikes, buildings and broccoli:integrating arlington county′s smart growth and fresh aire principles into who we are and all we do[EB / OL].http:// www. urbanlibraries. org / bikes-buildings-and-broccoli-integrating-arlington-countys-smart-growth-and-fresh-aire-principles-into-who-we-are-and-all-we-do-innovation-161. php? page_id = 39[03-25].

14. Cevero R, Murphy S,Ferrell C,2004. Transit-oriented Development in the United States:Experiences, Challenges and Prospects[R]. Washington,DC:Transit Cooperative Research Program.

15. Chicago Public Library, 2014.[EB/OL]. http://www.chipublib.org[03-24].

16. Dill Jennifer,2018. Sustainable Transportation Planning in the Portland Region[EB/OL]. http://www.china.cupa.pdx.edu/archives/dill07_mohurd.pp[06-19].

17. Don H Pickrell,1992. A Desire Named Streetcar Fantasy and Fact in Rail TransitPlanning[J]. Journal of the American Planning Association,58(2):158-176.

18. Fogelson R M,2001. Downtown:Its Rise andFall, 1880-1950[M]. New Haven, CT:Yale University Press,

19. Francine F,2014. LJ design institute held at arlington public central Library[EB/OL].http://lj.libraryjournal.com /2009 /05 / events /[01-15].

20. Grand Rapids Public Library,2014. Looks better on you clothing swap[EB/OL].http://www.urbanlibraries. org / looks-better-on-you-clothing-swap-innovation-335. php? page_id = 104[03-23].

21. Greensboro Public Library,2014.Environmental education center[EB/OL]. http:// www. urbanlibraries. org / environmental-education-center-innovation-336. php? page_id = 104[03-23].

22. Jacksonville Public Library, 2014.[EB/OL].http://jpl.coj.net/welcome.html[03-23].

23. Jones D W,1985. Urban Transit Policy:An Economic and Political History[M]. Englewood Cliffs,NJ:Prentice Hall.

24. Kain J F,1988. Choosing the wrong technology:Or how to spend billions and reduce transituse[J]. Journal of Advanced Transportation,21(3):197-213.

25. Karen G,2014. Pima county public library[EB/OL]. http:// www. urbanlibraries. org/freecycle—the-library-

innovation-444. php? page_id = 104[03-27].

26. Kirby R F,1992. Public transportation[M]. Englewood Cliffs, NJ：Prentice Hall.

27. Libbie M,2008. Going green[EB/OL].http：//auburnpub.com/lifestyles/going-green/article _60955395-29f0-5b33-838f-8928db7637a3.html[08-01].

28. Lowry S,2010. A Brief Portrait of Multimodal Transportation Planning in Oregon and the Path toAchieving it, 1890-1974[R]. Portland：Oregon Transportation Research and Education Consortium(OTREC).

29. Metro Regional Government,2014. Timeline and History[EB/OL]. http://www.oregonmetro.gov/index.cfm/go/by.web/id=2935[04-10].

30. Monika A,Fred S,Elaine H,2014. Cup by cup：librarians raise their cups for planet earth[EB/OL].http://wikis. ala. org / midwinter2008 / index. php / Cup_by_Cup[02-11].

31. National Research Council,2009. Driving and the BuiltEnvironment[M]. USA:Transportation Research Board.

32. New Elk River Public Library,2013. New elk river public library makes history[EB /OL].http：//www. griver. org / library-news / new-elk-river-public-library-makes-history-0[12-23].

33. Pickrell D H,1985. Rising Deficits and the Uses of Transit Subsidies in the UnitedStates[J]. Journal of Transport Economics & Policy,19(3):281-298.

34. Polly S,Scott B,2013. LEED-platinum white tank library harmonizes with desert environment[EB /OL].http：//southwest. construction. com/southwest _ construction _ projects /2011 /1114 - sustainablelibraryfitswith-indesertlandscape. Asp[12-10].

35. Research and Innovative Technology Administration, Bureau of Transportation Statistics, 2005. Public Road Length, Miles by Functional System. [EB/OL].http://www.bts.gov/publications state_transportation_statistics/state_transportation_ statistics_2006/html/table_01_01. Html[12-01].

36. San Francisco Public Library,2014. Award-winning san francisco public library recognized nationally for its green stacks initiative and fine amnesty program[EB / OL]. http：/ / sfpl. org / index. php? pg = 2000273601[03-25].

37. Sarkis J,1998. Evaluating environmentally conscious businesspractices[J]. European Journal of Operational Research,107(107):159-174.

38. Task Force on the Environment,2013.[EB /OL]. http://www.ala.org/srrt/tfoe/taskforceenvironment[12-20].

39. United States Department of Transportation, Federal Highway Administration.1999. Summary of Travel Trends：1995 Nation-wide Personal Transport Survey[R]. Draft.

40. United States Department of Transportation. Bureau of Transportation Statistics,1997.American Travel Survey data [R].

41. Vuchic V R,1999. Transportation for LivableCities[M]. USA：Center for Urban Policy Research.

42. Wachs M U s,1989. Transit subsidy policy：in need ofreform[J]. Science,244(4912):1545-1549.

43. Walton S V, Handfield R B, Melnyk S A,1998. The Green Supply Chain：Integrating Suppliers into Environmental ManagementProcesses[J]. Journal of Supply Chain Management,34(1):2-11.

44. West Valley Branch Library,2013.[EB /OL]. http：/ /sjpl.org/westvalley[12-10].

45. Whitt J A, Yago G,1985. Corporate Strategies and the Decline of Transit in U.S.Cities[J]. Urban Affairs Review,21(21):37-65.

# 第十四章

## 日本绿色生活实践

　　自 2008 年世界金融危机以来,世界各国纷纷顺应国际社会节能环保趋向,倡导"低碳社会"理念,希望通过贯彻低碳绿色发展战略,提高社会生活质量,建立一个环境负荷量轻的社会。日本建设"低碳社会"不仅是一种新的尝试,也是一场新的国民运动(彭近新,2011)。日本政府所推行的低碳政策和相关对策,正在促进日本传统经济向"低碳绿色发展"转变,并推动日本传统社会向"新型低碳社会"转变。日本政府很早就颁布了一系列低碳政策以及与此相关的远景和目标。2007 年安倍晋三率先提出"清凉地球 50"理念;2008 年福田康夫开始倡导"清凉地球促进构想""指向低碳社会的日本"(又名"福田远景")、"经济财政改革基本方针 2008";2009 年麻生太郎继而构想了"未来开拓战略"。其中,"福田远景"具有重大意义,因为它最先提出了日本旨在促进低碳社会的更为具体的目标。如今日本低碳政策基于两个基本目标:第一,引爆"低碳绿色革命";第二,创造"低碳绿色世界"(董立延,2012)。

## 第一节　日本绿色消费补贴与绿色采购制度

### 一、绿色消费补贴制度

#### (一)绿色汽车购买补贴制度

　　日本政府于 2011 年 12 月 20 日通过第 4 次补充预算案,其中列支了 3000 亿日元的补充预算,对环境友好型的新车购买提供补助。补贴对象为 2011 年 12 月 20 日之后新上牌照车辆,并对轻型车与重型车根据载重量给予不同程度的补助。其中,轻型车的节能环保要求为,达到 2015 年汽车燃油效率标准,或比 2010 年汽车燃油效率标准高 25% 的新购置车辆,包括电动汽车、混合动力汽车、天然气汽车、燃料电池汽车、清洁柴油汽车,以及符合上述燃油效率标准的、定员在 10 人以下的巴士及 3.5 吨以下的货车。补贴标准为,普通新上牌照车辆 10 万日元,轻型汽车 7 万日元(崔成,2012)。

重型车的节能环保要求为,达到 2015 年汽车燃油效率标准,包括电动汽车、混合动力汽车、天然气汽车、燃料电池汽车。补贴标准为,3.5~7.5 吨以下的小型货车或 3.5~8 吨以下的小型巴士,20 万日元;7.5~12 吨以下的中型货车或 8~17 吨以下的中型巴士,40 万日元;12 吨及以上的大型货车或大型巴士,90 万日元。

日本汽车销售联合会的相关数据显示,在绿色汽车购买补贴制度等因素影响下,国内小轿车的新车销售量已由 2011 年 12 月的 34.9 万辆,增加到 2012 年 1、2 月的 41.6 万辆和 52 万辆,与地震前的 2011 年 1、2 月份相比,分别同比增长 36.4% 和 29.7%。其中混合动力等新一代汽车的占比,也由 2011 年 8~12 月的约 17% 提高至 2012 年 1、2 月份 23% 左右的水平,丰田生产的混合动力汽车普瑞斯已连续 9 个月居月销售榜第 1 位(崔成,2012)。

此外,2009 年 4 月 1 日开始实施的绿色汽车减税政策与同时开始的第 1 期绿色汽车购买补贴制度一道,使混合动力汽车等新一代汽车的新车销售占比,由之前 2% 的低水平,在几个月内就跃升至 12% 左右。在 2012 年度财政预算中,日本政府计划自 4 月 1 日起进一步加大对绿色汽车购置的减税力度,除一律要求比 2015 年尾气排放标准减少 75% 及以上(即达到 4 星标准)之外,还根据能效的不同采取不同程度的税收优惠措施。对汽车税(根据排量大小按年征收,私家车 2.5 升及以下 2.95 万~4.5 万日元/年,2.5~4 升及以下 5.1 万~6.65 万日元/年,4 升以上 7.65 万~11.1 万日元/年)的优惠措施为,电动汽车、燃料电池汽车、插入式混合动力汽车、2009 年尾气排放标准 90% 及以下的天然气汽车以及比 2015 年燃油效率标准高 10% 及以上的普通汽车,均享受 50% 的减税优惠;达到 2015 年燃油效率标准的普通汽车享受 25% 的减税优惠,政策的截止时间为 2013 年年底。

对汽车购置税(私家车为购置价格的 5%)的优惠措施为:电动汽车、燃料电池汽车、插入式混合动力汽车、达到 2009 年尾气排放标准的清洁柴油汽车、2009 年尾气排放标准 90% 及以下的天然气汽车以及比 2015 年燃油效率标准高 20% 及以上的混合动力汽车与普通汽车,免交汽车购置税;比 2015 年燃油效率标准高 10% 及以上的普通汽车,享受 75% 的减税优惠;达到 2015 年燃油效率标准的普通汽车,享受 50% 的减税优惠,政策的截止时间为 2015 年 3 月 31 日。

对汽车重量税(私家车按重量征收,5000 日元/0.5 吨·年)的优惠措施为:电动汽车、燃料电池汽车、插入式混合动力汽车、达到 2009 年尾气排放标准的清洁柴油汽车、2009 年尾气排放标准 90% 及以下的天然气汽车以及比 2015 年燃油效率标准高 20% 及以上的混合动力汽车与普通汽车,免交第 1~3 年的汽车重量税,第 4 和第 5 年享受 50% 的减税优惠;比 2015 年燃油效率标准高 10% 及以上的普通汽车,第 1~3 年享受 75% 的减税优惠;达到 2015 年燃油效率标准的普通汽车,第 1~3 年享受 50% 的减税优惠,政策的截止时间为 2015 年 4 月 30 日。

对高能效及低排放二手车的转让,同样也给予了一定程度的税收优惠(崔成,2012)。

## (二)太阳能发电剩余电力收购制度

太阳能发电剩余电力收购制度始于 2009 年 11 月,主要针对住宅等太阳能发电设备,对家用消费量之外的剩余电量,按一定的价格在 10 年之内由电力公司全部收购。日本经产省 3 月 1 日公布了 2012 年 4~6 月期太阳能发电剩余电力收购价格,其中,10 千瓦以下的住宅用太阳能发电 42 日元/度,包含其他发电设备的 34 日元/度;10 千瓦及以上住宅用与非住宅用太阳能发电 40 日元/度,包含其他发电设备的 32 日元/度,对 2010 年以前的太阳能发电设备给予 24 日元/度的收购价格,包含其他发电设备的为 20 日元/度。

包括太阳能发电在内的可再生能源发电剩余电量收购制度也将于 2012 年 7 月开始实施,对象扩大至风电、水电、地热发电、生物质发电等可再生能源领域,日本政府将规定相应的价格、收购时间期限,电力公司则必须据此予以全部收购。

## (三)绿色住宅生态返点制度

日本国土交通省于 2011 年 12 月发布《2012 年度绿色住宅生态返点制度实施计划》,分新建住宅和住宅改造两个部分。新建住宅生态返点对象为 2011 年 10 月 21 日至 2012 年 10 月 31 日之间开始打地基的住宅,标准为节能法所规定最高标准或与之相当的住宅,以及满足 2011 年节能标准的木质住宅。生态返点额为,灾区 30 万点/户,其他地区 15 万点/户,安装太阳能利用设施的另加 2 万点(1 点相当于 1 日元,可兑换商品券用于消费)。

住宅改造生态返点对象为 2011 年 10 月 21 日至 2012 年 10 月 31 日之间对有生态返点项目开始进行整体施工的住宅,内容包括窗、外墙、屋顶、天井、地板等的隔热改造等。生态返点额为,最高 30 万点/户,如果进行抗震改造可进一步加算。

住宅改造生态返点申请时间为,新建住宅,单户住宅至 2013 年 4 月 30 日,共同住宅至 2013 年 10 月 31 日,其中 11 层以上住宅至 2014 年 10 月 31 日;住宅改造,2013 年 1 月 31 日,10 层以下共用住宅抗震改造至 2014 年 10 月 31 日,11 层以上的至 2015 年 10 月 31 日。生态返点交换期限,至 2016 年 1 月 31 日。

## 二、政府绿色采购制度

### (一)目的与基本方针

为降低环境负荷,构筑面向可持续发展的社会体系,日本政府于 2000 年 5 月颁布《绿色采购法》。通过法律形式使绿色采购成为日本各级政府与独立行政法人的义务,地方公共团体有义务参照执行,其对各级政府及独立行政法人具有强制性。《绿色采购法》的基本方针与框架在 2001 年内阁会议确定后,每年修订一次,其涵盖领域也从 2001 年的 14 个领域 101 个品种,扩展为 2012 年的 19 个领域 261 个品种,并自 2010 年起每年颁布《绿色采购用户指南》。

绿色采购的基本原则为:不仅要考虑购入的必要性及价格,还要考虑环境影响等因素,购买环境负荷尽可能小的产品与服务,并以降低环境负荷的生产经营者为先。基本方针为:购入环境负荷小的产品及由努力降低环境负荷的生产经营者购入,从全生命周期影响的角度来考虑产品的购入(包括资源开采、生产、流通、使用、再利用、废弃物处理等),以及以减量化为最优先考虑(以减量化、再利用、资源化、能量回收为先后顺序)。

### (二)涵盖范围与采用标准

2012 版的绿色采购产品种类包括:复印纸,印刷纸(带涂料与不带涂料),复印机(复印机、一体化复印机、数字复印机),计算机,打印与复印配件(硒鼓、墨盒),投影仪,移动电话(手机、小灵通),冰箱(冰箱、冷柜),电视机,空调机,照明器具(荧光灯照明器具、LED 灯照明器具、LED 内置照明器具),灯(荧光灯、球形灯),汽车,轮胎,制服及工作服,太阳能发电设备,可调整太阳能薄膜,印刷,配送,饮料自动销售机等。

是否为绿色采购产品的判别标准既要考虑全生命周期各种环境负荷的降低,也考虑判别标准基本数值的确定性,以及绿色采购对象产品的明确性。相应的判别标准为:

纸类(复印纸等 7 种用品)——日本环境协会的绿色生态标志。

文具类(铅笔等 83 种用品)——日本环境协会的绿色生态标志。

办公家具类(椅子等 10 种用品)——日本办公家具协会绿色标志、日本环境协会的绿色生态标志。

办公自动化设备:其中,复印机等 6 种设备——经产省国际能源之星标志、日本环境协会的绿色生态标志;传真机与扫描仪——经产省国际能源之星标志;计算机与磁盘设备——经产省节能制度标识;数字印刷机等 6 种设备——日本环境协会的绿色生态标志;

碎纸机等3种设备——无。

移动电话类(手机和小灵通)——日本电信事业者协会手机循环利用网络标识。

家电制品:冰箱等5种产品——经产省统一节能标识;微波炉——经产省节能制度标识。

空调等:空调——经产省统一节能标识;燃气冷热泵——无;炉灶——经产省节能制度标识;热水器等:热泵式热水器——无。

燃气热水器等3种产品——经产省节能制度标识。

照明:荧光灯照明器具与球形荧光灯——经产省节能制度标识;LED荧光灯——日本环境协会的绿色生态标志;LED照明器具等3种产品——无。

汽车等:汽车——国土交通省汽车燃油效率性能评价及公示、国土交通省低排放气体认证标志;ETC等车载设备与GPS导航仪——无;轮胎——日本汽车轮胎协会低油耗轮胎统一标识;冲程发动机机油——日本环境协会的绿色生态标志。

灭火器——日本环境协会的绿色生态标志;制服与工作服(制服、工作服)——日本环境协会的绿色生态标志、日本被服工业组合联合会生态统一标志、PET塑料瓶回收推进协议会标识。

室内与床上用品:窗帘等8种用品——日本环境协会的绿色生态标志、PET塑料瓶回收推进协议会标识;床——全日本床工业会绿色标志;床垫——全日本床工业会绿色床垫标识。

工业手套——日本环境协会的绿色生态标志。

其他纤维制品(帐篷等7种产品)——日本环境协会的绿色生态标志、PET塑料瓶回收推进协议会标识。

设备:节水器——日本环境协会的绿色生态标志;可调整太阳能薄膜——日本窗膜工业会生态标识。

防灾储备用品:毛巾等4种用品——日本环境协会的绿色生态标志、PET塑料瓶回收推进协议会标识;电池等7种用品——无。

服务:印刷——日本印刷产业联合会绿色印刷标识、印刷油墨工业联合会植物油墨标志与NL标志、日本环境协会的绿色生态标志;货物配送与旅客输送——交通物流生态移动财团绿色经营认证;饮料制动售货机提供等4种服务——无。

此外,在2012年《绿色采购用户指南》中,还对各类绿色采购产品标志与标识认证标准等进行了详细的说明。

### (三)政府绿色采购制度

对相关产品推广的促进作用日本政府的相关统计显示,各级政府绿色采购的产品比重已经由2001年的44.4%,提高至2011年的96.2%,并且通过政府的绿色采购,使相关产品的市场占有率有了明显的提高。如,绿色记号笔的国内市场占有率由 2000 年的 16.3% 上升至 2011 年的 34.8%;绿色订书机的产量比由 2000 年的 15.6% 上升至 2011 年的 93.3%;绿色荧光灯的产量比由 2000 年的 37% 上升至 2011 年的 76.5%,绿色汽车的市场占有率也由 2000 年的 20% 上升至 2011 年的近 90%。此外,绿色塑料黏合剂、绿色文件夹、可换芯铅笔与再生铅笔等产品的市场占有率也有大幅提高(崔成,2012)。

# 第二节　日本生活垃圾分类治理

## 一、公民参与是日本垃圾分类协同治理机制的核心

以公民参与为中心的治理机制垃圾分类,是治理垃圾公害、促进循环经济发展最有效的方式。垃圾分类也在考验公民对其社会责任的担当。历史上的经验教训使日本公民认识到自己抛弃的垃圾,总有一天会反噬自己和社群,因而公民个人在追求环境权利的同时,也应该积极承担环境责任。目前,公众已经成为日本"三元"(政府、企业、公众)环境管理结构中的一员,作为最广泛、最有力的一股社会力量发挥着巨大的作用。生活垃圾分类处理和每一个公民的日常生活是息息相关的,日本在长期实践中逐步形成了以公民参与为核心的垃圾分类协同治理机制(吕维霞,2016)。

公民参与垃圾分类包括如下三个方面(吕维霞,2016):

最基础的参与方式是指居民的自我监督与投入,表现在公民将家庭产生的各类生活垃圾按照政府和社区的规定,做到准确的分类以及投放。例如,日本公民按照地方政府规定将厨余垃圾、家电、其他废弃物等有效分类,并依据不同日期将垃圾置入指定地点。

公民参与的第二种方式是参与垃圾回收管理过程,例如,每一户家庭平均一年要参与垃圾回收地点相关工作三次左右,负责给每家每户投放出来的垃圾袋上蒙网罩,以保持垃圾堆放地点的清洁。

第三个公民参与垃圾分类方面指公民对他人的监督,具体表现为如下几点:监督他人正确分类及投放垃圾;监督法律及政策的执行;参加地方居民团体和环保组织;参加听证会、座谈会与公民会议等。

由于日本实行地方自治制度,公民参与垃圾分类主要通过居民自治和团体自治实现。以横滨市为例,主要存在着三种参与模式。"首先是以市民监察专员组织为代表的抵抗型公众参与;其次是以横滨垃圾问题联络会为代表的适应性公众参与;最后是以横滨市资源循环事业协同组织为代表的政策参与型公众参与。"日本的垃圾分类管理中,处于基层的市、町、村的自治体、自治会等民间自发组织发挥重要作用。自治会的会员很多是地区居

民,利用休假时间自发参加相关的活动,和当地的政府、学校、商人联合起来,为地区生活服务。自治会对循环利用的意义进行宣传,会定期向周围的居民发宣传册,和地方政府一起举办说明会。居民开展的上访请愿和法律维权等居民运动也已经扩展到垃圾焚烧厂的选址、促进循环利用等方面,由市民参与的社会力量发挥着举足轻重的作用。日本公民参与垃圾分类是日常生活中很重要的一环,他们积极投身于垃圾科学回收的全过程中。日本公民参与垃圾细分已经有三十多年的历史了,垃圾分类也改变了他们的生活方式,即尽可能减少垃圾产生、减少浪费及注重保护环境(吕维霞,2016)。

# 二、多样化垃圾分类宣传教育是促进公民参与垃圾分类管理的基础性工作

为了促进教育公民积极参与垃圾分类,日本形成了政府带头社会各界积极响应的宣传教育体系,对全体公民进行系统而细致的环保和垃圾分类宣传与教育。多样化、常态化的宣传教育工作是促使公民参与的基础性工作,既教育了公民要积极参与垃圾分类,也教育公民如何科学分类,同时还形成一个良好的垃圾分类管理的舆论环境,给公民以压力和动力,内化为他们的日常生活习惯(吕维霞,2016)。

日本垃圾分类宣传的多样化体现为(吕维霞,2016):

(1)宣传教育的主体多样化。日本垃圾分类宣传工作主体涵盖了政府、社区、居民团体、企业、家庭、学校和志愿者等。日本社会把是否按照规定对垃圾进行分类、投放、正确使用垃圾袋等作为评判公民道德和社会责任感的重要标准。家庭教育在日本的垃圾分类和环保宣传教育中起到重要作用。日本公民认真学习垃圾分类知识,提高环保意识,家长以身作则从小教导孩子垃圾分类,孩子在家庭的熏陶下培养了垃圾分类意识,达到"润物细无声"的效果。学校也是垃圾分类教育的重要主体。垃圾焚烧厂也是一个现身说法的教育场所,很多垃圾焚烧厂设计得非常漂亮,集旅游、高科技和教育场所为一体,学生、游客和附近居民可以到垃圾焚烧厂参观、旅游,教育公民美好的环境来之不易。日本有专门的垃圾分类从业者,如废弃物减少指导员。居民、垃圾从业者和市政展开合作成为垃圾分类宣传的重要力量。川崎市设立废弃物减少指导员这一地区志愿者角色,充当居民与市政府之间的沟通渠道。由废弃物减少指导员、居民、相关居民活动团体、行政人员等组成的居民会议,积极探讨居民、垃圾处理从业者与市行政之间的合作关系并开展主题活动。为减少塑料购物袋的使用,居民团体、垃圾处理从业者也与行政展开合作。与此同时,市行政人员、居民、废弃物减少指导员和街道会等居民团体组织合作,展开宣传活动。

（2）宣传的内容多样化。日本垃圾分类宣传既包括了对正面的垃圾分类处理的教育，也包括对不文明垃圾分类行为的宣传，目的是强调公民正确分类方法。对正确进行垃圾分类的方法也会有详细的宣传，例如，日本商品外包装上会印有分类标记及材料成分，牛奶盒上甚至会提示包装盒处理的正确步骤：要洗净、拆开、晾干、折叠以后再扔等；一些超市和医院等场所也会设置垃圾桶，且详细标上塑料瓶、易拉罐、玻璃瓶等分类标志，以便消费者分类投放。

（3）宣传的方式多样化。日本政府的宣传工作主要分为大众宣传、社会活动、专题宣传和环境教育四类。在大众宣传方面，为了普及垃圾分类知识，日本政府分发宣传册，举办恳谈会，或者利用市政府信息、电视公益广告等进行宣传，发行宣传光盘、海报，举行大型公益活动等。例如：川崎市政府灵活运用市政通讯、市政府主页以及各种传单等多种媒介，通过散发《川崎市垃圾与资源物分类和丢弃方法》手册进行垃圾分类和排放的普及宣传。在社会活动宣传方面，川崎市积极推进以居民为主题的垃圾减量和再生利用的社会活动。为促进资源集体回收工作，发行再生利用物品交换信息杂志，对购买普通垃圾处理器等进行补助，派遣普通垃圾再生利用指导员，设立自由市场等。专题宣传表现为日本不同地方都有自己的专题宣传时间段，通过在特定的日子宣传垃圾分类，强化垃圾分类的重要性。这些专项宣传活动也体现了宣传的常态化。日本还将环境教育与环境法律相结合配套实施，规定每年的 10 月为"再循环推进月"，每个推进月都进行广泛的普及教育活动。在环境教育方面的工作表现为，日本各地方政府重视环保教育学习与环保人才培养。北九州市以北九州博物馆为基地推进环保教育学习，通过本市儿童自主成立的北九州市儿童环保俱乐部来推进环境知识学习活动。为了培养环保人才，开办环境技术开发道场，培养环境学习志愿者、自然环境志愿者。川崎市向小学校提供社会课程课本《生活与垃圾》，举行 3R 促进讲演会、垃圾再生利用讲习会，建立生活环境学习室。

总体来说，日本的垃圾分类宣传既做到了多样化，又做到了常态化，几十年不间断的宣传对公民的环保意识和责任感的培养起着决定性作用；而宣传又做到了细致入微，这又帮助公民在责任感的驱动下，能够身体力行去按照政府要求的分类方法去做，知行合一，让日本垃圾分类管理真正落到实处。

# 三、责任明晰的垃圾分类管理法律体系和严格的惩罚监督是促使公民参与垃圾分类管理的外在压力

宣传、教育是促进公民参与垃圾分类的"软性"管理对策，除此之外，还需要健全的法

律和严格的执法来作为"硬性"对策,以对公民的垃圾处理行为进行约束,只有软硬结合才是最有效的管理。

(1)责任明晰的垃圾分类管理法律是日本垃圾分类管理成功的基础。环境保护法律体系成果介入经济体系和城市生活体系是日本垃圾分类成功的主要原因。日本政府针对各个时期的社会现状以及垃圾问题的特点,与时俱进地制定法律法规,并不断修订和完善。日本垃圾处理法律体系的变迁分为三个阶段,分别对应日本垃圾管理体制的三个时期,这种演变体现了日本垃圾"对策视点"的转移。1900~1954年,这一时期垃圾管理着重于末端垃圾的合理处置,日本政府先后颁布了以提高公共卫生水平为目的的《污物扫除法》和《清扫法》。20世纪70年代进入经济高速增长期后,产业活动增加导致废弃物剧增,对环境的影响越来越大,因而制定了针对企业排污问题的《废弃物处理法》,对产业废弃物进行界定,明确了企业责任。80年代末期以来,垃圾处理厂严重短缺和资源枯竭问题产生,日本政府针对资源浪费制定了《促进容器与包装分类回收法》《家用电器回收法》《建筑及材料回收法》《食品回收法》《汽车再循环法》等多部法律,强化了不同类型商品生产者、销售者和消费者的责任和义务。2000年,日本政府制定了《循环型社会形成推进基本法》,作为推动日本构建循环型社会的基本法律,它确立了循环型社会的基本原则,提出了减少废弃物的产生(reduce)、再使用(ruse)和再资源化(recycle)的"3R"观点,对国家、地方、企业和个人应履行的责任分别做出了规定,这部法律对日本城市居民树立环境保护的公共意识发挥了重要作用。2000年至今,日本政府把建立循环经济型社会作为基本国策之一,以"环境立国"为发展战略思想,制定并不断完善法律法规,形成了健全的垃圾分类处理的法律体系,真正做到了使垃圾分类处理立法完备、有法可依。国家、地方公共团体、企业和国民分别承担责任的垃圾处理法律体系完全形成。

除去中央政府各阶段制定的法律,日本地方政府会根据自身情况制定相应的垃圾分类与回收方法。在由中央到地方的法律法规的指导下,国家、各地方政府、企业、非政府组织和公民等各个相关主体,根据明确的各自责任和义务划分,切实履行各自的职责并相互协作,形成了官、产、学良好的合作伙伴关系,共同推动垃圾分类政策目标的实现。另外,日本的垃圾处理法律十分注重细节,具有很强的可操作性,使法律能够有效地落实到位。例如,北九州市法律明确规定瓶罐之类的垃圾每周回收一次,使用政府规定的垃圾袋(每个约合人民币0.7元)。如此清晰明了、事无巨细的规定和安排,使法律和配套办法能够得到确实的执行而非流于形式,也利于民众理解和参与。

(2)严格的惩罚措施与监督机制是日本垃圾分类管理成功的保障。日本相关法律中对违反垃圾分类规定的惩罚措施十分严格。同时,以建立评价惩罚机制为核心,对《废弃物处理法》进行了多次修订,修订后的法律增加了国家责任并强化了对废弃物不当处理的处罚等措施。具体表现在彻底追究排放者的责任,强化管理票制度。扩大都道府县的调查权限和指示权限,创立非法投弃未遂罪和非法投弃目的罪,取消恶劣企业的资质和经营许可证,法律还要求公民如发现胡乱丢弃废弃物者请立即举报。在监管方面,日本各地各社区遍布着由志愿者组成的督察队,他们的职责是检查垃圾袋中的垃圾分类是否合法,并提醒那些没按规定进行垃圾分类的民众采用正确的方法处理垃圾。如果有民众没有按规定分类垃圾,会受到周围舆论的压力。"日本垃圾焚烧厂一般采取政府派员监管、对外委托运营的方式管理。"对于生活垃圾的分类投放,一些地方政府要求居民购买特制的半透明分类垃圾袋,很多地区还实行实名制,实名制既可以追究乱丢弃垃圾公民和企业的责任,也可以在不听劝告、不改正的情况下给予处罚。川崎市防止非法丢弃垃圾的对策包括:设置非法丢弃废弃物和指导员监事制度,清除废弃物非法丢弃并防止再次发生,加强本市防止非法丢弃废弃物联络协议会的合作,利用监视装置进行监督并加强巡逻,要求市内企业及个人出租车经营者协助提供非法丢弃废弃物的信息,其他对策等。

## 四、实施有效的扶持与激励政策是促进公民积极参与垃圾分类的动力

垃圾分类流程中利益相关方众多,若缺少激励和协调机制,难以形成合力。在日本的垃圾分类实施的过程中,通过中央政府和各地方政府的扶持和激励政策的制定和实施,有力地推动了垃圾分类管理。日本政府通过财政预算、税收优惠政策、政府奖励政策、产业倾斜政策和各类基金等经济措施扶持垃圾分类事业和环保科技。对发展循环经济有成就的企业,日本政府给予税收方面的优惠政策。"对于将循环经济 3R 技术实用化、技术开发期在两年以内的新产业,政府补助率最高可达费用的三分之二。"与此同时,日本采取了一系列经济政策以促进循环经济的发展,生态工业园区补偿金制度是其中的典型。日本政府自身也作为消费者,采取绿色采购行动,带头采购再生环保产品。

日本各地方政府推出各种调控、激励垃圾减量排放和垃圾分类的政策措施,充分调动了市民的积极性。日本上野原市为鼓励市民减少垃圾和分类处理,对家庭购置电动垃圾桶设立了补助金制度,为鼓励企业节约资源,减少垃圾和对垃圾进行分类回收建立了回收奖励金制度。"在一些比较大的新建社区,还制定了垃圾回收奖励制度,回收人员每月统计一次,对将垃圾分类、按时准确投放的居民户,给予 250～300 日元的奖励。"奖励虽然不多,但日本民众都非常重视,将其视为体现个人良好道德修养和遵守社会规范的象征。

综上所述,在日本垃圾分类管理中,以公民参与为中心的治理机制是一个动态的系

统。法律制约、宣传教育、监督惩罚与扶持激励机制共同作用于这个系统,从不同的方面促使公民与公民团体发挥能动作用。这就使得利益各不相同的各个主体采取联合行动,促使整个治理体系持续的运转(吕维霞,2016)。

# 第三节　日本绿色建筑

## 一、政策措施

面对能源和资源匮乏的困境,尤其是全球气候变暖的形势日益严峻,日本通过不断完善的政策法规和制度措施大力引导绿色建筑的推广和应用,形成了一套较为完善的体系。日本绿色建筑发展起步较早,1979 年《节能法》的颁布为节能管理工作奠定了基础,该项法律包括工厂企业节能、交通运输节能、住宅建筑节能、机械设备节能。《节能法》先后共经历了 8次修订,最新一次修订在 2013 年的日本内阁会议上通过,主要修改两项内容:一是作为领跑者制度的对象,增加了有助于住宅和大厦节能的窗户和隔热材料等建材;二是修改了能源消费量的计算方法。这是日本为节能管理工作制定的强制政策(郑古蕊,2014)。

此外,日本还制定了一系列的引导政策和激励政策来推动绿色建筑发展。引导政策主要有提高新建住宅节能性能措施的制度、提高节能性能和性能标识的指导建议制度,前者是针对新建特定住宅的建造和销售商,后者是针对建筑物的销售和租赁者。激励政策的形式主要是发放补助金,对先进住宅或建筑物在建设中有助于二氧化碳减排的技术应用进行资金补助,对住宅或建筑物的节能改造事业也进行资金补助。另外在税赋方面的激励政策还有免除住宅节能改造相关所得税和固定资产税、促进能源供求结构改革投资税制等。

2001 年,由产、政、学联合组成的日本可持续建筑协会 JSBC 研究开发了建筑物综合环境性能评价体系 CASBEE(comprehensive assessment system for building environmental efficiency),针对各类建筑物从环境效率的角度制定评价标准,在特定环境性能下评价建筑物运用措施降低地球环境负荷的程度。应用 CASBEE 评估体系可以进行"建筑物环境效率评价"和"LCCO2"评价,评价结果从高到低均分为五个等级:S、Λ、B+、B−、C,B+以上为绿色建筑(郑古蕊,2014)。

## 二、具体实践案例

日本兵库县建成了一栋实验型"健康住宅",整个住宅不采用对人体健康有害的建材。

其墙体为双重结构,每个房间建有通风口,整个房屋系统的空气采用全热交换器和除湿机进行循环。全热交换器能够有效地回收热量并加以再次利用,其过滤网可有效地收集空气中细小的尘埃。这种住宅能够抑制霉菌等生物的繁殖。其建筑费用比普通住宅增加约2成左右。

九州市新建了一幢环境生态高层住宅,这幢住宅是综合利用自然环境的尝试,其电力由风车提供,温热水由太阳能加热。这种太阳能收集器在晴天可使储水箱中的水加热至沸腾,即使下雨天也能使水加热到55℃。每户都装有垃圾处理机,将生活垃圾处理成植物的肥料。公寓外停车场的地面混凝土具有良好的透水性能,使雨水存留于地下,与停车场地内的树林形成一种供水循环系统。分隔房间的墙隔上留有通风口,并配置有通风设备,使每个住房形成良好的通风效果。在大楼前装有风车,由风力发电为公共场所提供辅助电源(郑古蕊,2014)。

## 参考文献

1. 陈爱民,2007. 垃圾分类在日本[J]. 21 世纪,(7):40-43.

2. 崔成,牛建国,2012. 日本绿色消费与绿色采购促进政策[J]. 中国能源,34(06):22-25.

3. 韩霞,2009. 城市治理中的公众参与研究——日本横滨市生活垃圾管理个案分析[D]. 上海:复旦大学.

4. 吕维霞,杜娟,2016. 日本垃圾分类管理经验及其对中国的启示[J]. 华中师范大学学报(人文社会科学版),55(01):39-53.

5. 吕颖,2007. 日本循环经济的发展模式及其对中国的启示[D]. 西安:西北大学.

6. 孟健军,2014. 城镇化过程中的环境政策实践:日本的经验教训[M]. 北京:商务印书馆.

7. 彭近新,2011. 全球低碳经济发展状况与趋势(低碳经济蓝皮书)[M]. 北京:社会科学文献出版社.

8. 秋文,2012. 家电新政需鼓励节能环保[N]. 中国电子报,01-17.

9. 王子彦,丁旭,周丹,2008. 中国城市生活垃圾分类回收问题研究——对日本城市垃圾分类经验的借鉴[J]. 东北大学学报(社会科学版),06:501-504.

10. 吴玉萍,董锁成,2001. 当代城市生活垃圾处理技术现状与展望——兼论中国城市生活垃圾对策视点的调整[J]. 城市环境与城市生态,01:15-17.

11. 张嫄,2013. 日本垃圾分类和焚烧发电对我国的启示[J]. 现代城市研究,04:76-81.

12. 郑古蕊,2014. 日本、澳大利亚绿色建筑政策实践对我国的启示[J]. 建筑经济,35(06):73-75.

# 第十五章

## 德国绿色生活实践

第二次世界大战结束后,整个德国的工业都陷入了瘫痪状态,百业待兴。由于德国是工业国家,因此恢复工业、发展工业成为重新振兴德国经济的首要任务。而在美国的帮助下,德国的工业发展迅速,冶金业与化学工业尤其突出,出现了举世闻名的鲁尔工业区。鲁尔河两岸的多特蒙德、波鸿、埃森、杜依思堡等城市依据优越的自然地理条件,采煤、机械制造业蓬勃发展,但是当大多数德国人都怀着希望和自豪感关注着经济奇迹般地发展时,他们的生活环境却悄悄发生着变化。自20世纪60年代末到70年代初,经济的发展对土壤、空气、水的污染日益严重,70年代初环境问题最为突出。工厂林立,高大的烟囱冒着浓烟,二氧化碳的排放量达到每年770万吨;工业污水横流,环境质量急剧恶化,河流、湖海等水域中的生物多样性急剧减少。以莱茵河水为例,原来水中有200多种鱼类,可是到了70年代初只剩下80多种;矿山过量开采,地面植被严重破坏,废渣、尾矿堆积成山,垃圾堆放场的垃圾滤液对周围土壤、地下水造成了污染。严酷的现实,震惊了德国人。他们不得承认,经济的腾飞所花费的环境代价太过巨大。

而自20世纪60年代起,保护环境的呼声日渐高涨,随之而来的是各种与环境有关的法律法规相继出台,并日趋完善。在科技界与企业界的共同努力下,受到严重创伤的环境逐步得到恢复与改善。今日的德国,是世界上环境最好的国家之一,空气洁净、河水清澈,各种水、动物又恢复了往日的生机。在环保技术领域中,也是最先进的国家之一,它充分地体现在水与空气的污染控制、消除中。例如,1990~1994年,二氧化碳的排放量减少了9.5%,这在整个欧洲是最佳的成效,其减少的原因部分是在工业生产系统中消除燃烧褐煤,使其排放量得到减少;而更重要的是将燃煤电站改为燃烧天然气,这使日常家庭生活与商业活动中的排放量进一步减少了。

同时德国也是世界上对环境污染治理最早且成绩显著的国家之一。在德国的8000多万人口中,直接与间接从事环境保护工作的大约有200万人,德国的环境高新技术产品在全世界领先,德国环保产业在其国际贸易中的比重约占18%以上。

# 第一节　德国绿色建筑

德国倡导大力发展绿色建筑。德国绿色建筑紧紧围绕"建筑节能、提高建筑功能和品质、增强居住和工作的舒适感",真正体现节能、环保、绿色的概念。德国绿色建筑在建筑物的规划、设计、建造和使用过程中,严格执行绿色建筑系列标准,采用高质量新型建筑材料和建筑新技术、新工艺、新设备、新产品,提高建筑围护结构的保温隔热性能和建筑物能源利用效率,在保证建筑物室内热环境和空气环境质量的前提下,减少供热采暖、空调、照明、热水供应的能耗,并与可再生能源利用、保护生态平衡和改善人居环境紧密结合(张彦林,2012)。

德国冬天一般气温在-10℃左右,最冷时-20℃,因此德国把绿色建筑的能耗放在首位。德国《EnEv2002》规定:新建住宅能源消耗不超过70度/(平方米・年),旧住宅不超过110度/(平方米・年)。而我国住宅耗能一般超过180度/(平方米・年),有的甚至更高。德国绿色建筑除了强调能源节约以外,还注重室内空气质量、新能源利用及污水回收利用等。

## 一、新风热回收系统

室内空气是能量的载体,如果热量不回收,会造成很大的能源浪费,因此,德国鼓励建筑上安装新风热回收系统,现已在新建建筑和既有改造建筑中大量使用。柏林绿色建筑示范项目、Potsdam既有建筑节能改造项目等均安装有此类系统。德国新风热回收系统空气热量回收效率一般在85%左右,同时还可确保室内空气新鲜,该系统的置换效率一般在0.4/小时(小时置换效率)左右。

新风热回收系统通过外墙上的进气装置输入新风,在进气装置上有消音器、防虫过滤器及强风下的逆止门,还可过滤花粉,在保证室内新风交换的同时可保证室内外湿度平衡。不仅能解决冷暖问题,还具有过滤空气和杀死病菌的功能。

新风热回收系统有独立式和集中式两种。独立式新风热回收系统一般应用于独栋居民建筑、别墅及既有建筑改造的独立单元住户;集中式新风热回收系统一般应用于新建整栋绿色建筑,作为整个建筑的空气热回收循环系统。

## 二、新能源利用

### 1. 太阳能利用

在德国,太阳能在新建建筑和既有建筑改造上应用较为普遍。德国建筑上太阳能利用主要有两个方面：一是太阳能热利用；二是太阳能光伏发电。太阳能热利用依靠安装于建筑顶层的集热器对太阳能进行采集，通过加热水或空气将太阳能转换成热能，用于热水和采暖。太阳能光伏技术是以光电效应作为基本原理，依靠光伏装置把光直接转换成电能，建筑用电供给率可以达到60%以上。在德国，许多普通住宅也已安装有太阳能光伏发电装备，他们以自用为主，或将电输送到附近电网，可以得到政府的奖励。

### 2. 生物质能源利用

生物质能是能源中除了太阳能、风能、水电和核能以外，还具备大规模发展潜力的可再生能源。它的原料通常包括以下几个方面：一是木材及森林工业废弃物；二是农业废弃物；三是水生植物；四是油料植物；五是城市和工业有机废弃物；六是动物粪便等。

德国一般把生物质材料制成颗粒燃料，这样可以提高生物质燃料的热利用效率。据了解，经技术处理成型的生物质颗粒燃料用途广泛，可以用于家庭炊事、取暖，也可以作为工业锅炉和电厂燃料。

德国的生物质利用已经成熟，已形成比较完整的装备制造产业。另外，德国在税收、价格、投资等方面给予生物质发电优惠政策，现在生物质发电项目已进入商业化发展阶段。

### 3. 地下浅层能量利用

德国许多绿色节能小区均利用地源热泵技术提供供暖和生活热水，夏天时还可为小区提供冷源。德国的热泵技术非常先进，充分利用地下冬暖夏凉特点，使其成为理想的能源。当热泵运行时，不但实现供热或供冷，还将伴随冷量或热量交替蓄存于地下。夏蓄热、冬回取、冬蓄冷、夏回取，将地下分别作为冬季热库和夏季冷库，实现可再生能源的循环再生利用，实施主动地下蓄能。

# 三、水回收利用

（1）雨水回收。德国绿色建筑十分重视雨水的回收利用。建筑上的雨水回收系统包括三个部分：雨水的收集、雨水的处理和加工后的雨水供应。一般模式是将屋顶雨水通过雨漏管收集，通过集中过滤除去雨水中颗粒物质，然后将水引入蓄水池贮蓄，再通过水泵输送至用水单元。一般用于冲洗厕所或灌溉绿地等。

（2）中水循环。德国绿色建筑的生活污水处理是其亮点之一。在绿色建筑中独立安装污水回收和供应管网系统，整栋建筑所有排放的污水经管网汇聚到污水处理系统，经处理后达到一定的水质标准，可在一定范围内作为非饮用水重复使用。中水循环利用一方面可减少城市市政供水压力;另一方面大幅度降低水消耗量,减少环境污染,降低对城市污水的处理压力。中水可用于冲洗厕所、园林灌溉、道路保洁、洗车等。

## 四、建筑围护体系

德国政府认为在绿色建筑的各项措施中,改善保温隔热性能是最基本和最主要的措施之一。在德国,热能消耗占到建筑总能耗的75%,电耗占25%,因此使用高效保温建筑材料成为建筑围护结构的首选。它主要以导热系数 $\lambda \leqslant 0.2$ 瓦/(米·开尔文)的保温材料来建造建筑围护结构,从而起到良好的节能效果。德国的建筑墙体围护体系要求供应商只能销售整个保温系统,而不能销售单一部分或单一材料。

德国大部分建筑为外保温体系,占总建筑量的80%以上。德国的外保温体系所使用的保温材料较厚,一般采用10~12厘米厚度,有的用到20厘米以上厚度。而我国在实施节能50%的地区,外保温材料的厚度普遍为5厘米,实行节能65%的城市,保温材料厚度增加至8厘米,最终节能效果与德国相比差异较大。

德国的外保温体系与国内体系在材料、构造和施工程序上大致相同,但在很多具体施工工艺、专用配件上存在着明显的差距,特别是在体系的细节部分节点构造的处理上。例如:特别使用一些专门的节点元件,如包角、托架、窗台板等,在门、窗、阳台等建筑物节点处进行防水、防热、防裂处理等(张彦林,2012)。

## 第二节 德国绿色消费

### (一)大力培育环境标志产品,鼓励绿色消费

"蓝色天使"是在1978年由德国创立的环境标志,它开创了世界环境标志的先河,同时也是截至目前,世界上最严格、最成功的绿色标志制度。它在创立之初便明确了引导消费者绿色购买、鼓励企业绿色生产和以环境政策引导绿色市场的目标。

在管理方式上,"蓝色天使"标志由民间和官方共同管理,由德国联邦环境自然保护和核安全部作为标志持有者,联邦环境保护署负责评审产品种类的建议、起草技术报告和标准草案,并参与相关审批工作。而那些组织相关领域专家对技术报告和标准草案进行听证和拟定"蓝色天使"环境标志产品标准,以及与通过了该环境标志产品认证的企业签订合同并负责日后管理的工作则由作为民间机构的德国环境标志评审委员会和质量与标牌研究会负责。为了确保决策能够充分反映民意,该组织的成员主要来自民间各行各业

人员。

"蓝色天使"具有绝对的权威性并赢得了国民的认同。2004年,据德国《环保意识》杂志的相关调查数据显示,已有83%的德国民众认同"蓝色天使"标志产品。49%的德国民众愿意支付更高的价格购买"蓝色天使"标志产品,且每一个填写调查问卷的人都表示购买"蓝色天使"标志产品是科学正确的选择(高辉清,2006)。

## (二)利用财政补贴,促进节能环保和鼓励新能源消费

德国于2000年初制定能源转型目标,预计在短短几十年内以绿色新能源替代3/4的传统能源(谭焕新,2012)。为了实现这一目标,德国政府一直在通过立法和补贴等多种方式推动绿色能源的发展。在立法方面,德国于1990年颁布实施了一项强制电力运营商购买由自己供电范围内的居民生产的可再生能源电力的法律——《电力输送法》。这就从法律上保证了每度绿色电力都能进入电网。2000年,德国又颁布实施《可再生能源优先法》,并出台一系列的生物燃料、地热能等有关可再生能源发展的联邦法规,促进可再生能源的发展(BMU,2000)。截至2011年,德国已超过美国成为世界第二大清洁能源投资国(高辉清,2006)。

## (三)实行产品责任制度,扩大生产者环保责任

绿色消费要求产品及其包装符合环保要求,无害于生态平衡、无害于人类健康,并遵循重复使用、多次利用、分类回收和循环再生的原则。德国发展绿色消费的重要手段之一就是实行产品责任制,扩大产品生产者环保责任,并出台相应法规规定企业的绿色生产责任。

联邦政府于1991年6月开始施行《包装品条例》,该条例规定由生产者和包装商共同承担包装废弃物的收集、分选和处理费用,这在世界上是首例。1996年,联邦政府又颁布了《循环经济与废弃物管理法》,强制生产者从在包装环节承担环保责任拓展到最大化减少废弃物,致使生产者对自身产品的环保责任延伸至产品的整个生命周期。此外,生产企业还必须在产品出厂时事先承担所有相关费用(郎芳,2008)。事实证明,以上所有法规都起到了敦促生产者优先使用再处理后的废料或再生原材料,并尽量减少废料产生的作用。

## (四)制定相关政策,敦促消费者履行环保责任

德国绿色消费的促进政策中除了垃圾分类之外,还有垃圾处理费征收和抵押金返还两项专门针对消费者的政策,且都取得了明显的成效。

在德国,任何垃圾,包括生活垃圾在内都不能随意排放,居民在丢弃垃圾之前必须缴

纳相关的费用。垃圾处理费的征收主要有按户收费、以垃圾处理税或固定费率计算、按垃圾排放量计算三项标准。在此项收费政策实施后，德国每年能够减少大约 65% 的厨余垃圾。

此外，德国政府为最大程度回收商品包装还制定并实施了抵押金返还政策，强制顾客在购买一次性包装回收率低于 72% 的产品时再额外缴纳抵押金，且当包装或容器容量超过一定标准时还需要支付双倍抵押金，只有顾客按相应要求返还容器，才能收回押金（高辉清，2006）。

### （五）发挥市场调节作用，实现废弃物处理产业化

德国以市场化和产业化的运作方式对废弃物进行处理，目前已形成了 WEEE（废旧电子电器）回收处理和 DSD 包装废弃物二元回收两个完备的垃圾回收组织管理体系。

在废旧电子电器产品的回收处理方面，德国实行 WEEE 处理基金制度。该国国内有 500 多家 WEEE 回收处理企业，提供对废旧电子电器的分类、翻修或简单拆解业务。同时，开展比较综合业务及对危险废物或特殊废物进行专业处理。在具体运作方式上，废旧电子电器的收集和循环体系采取集体竞争模式。废弃物由市政府负责收集，由生产者负责运输、处置和质量保证，并由专业的回收商提供遍布整个国家的回收网络。

DSD 包装废弃物二元回收系统又名绿点公司，是从事包装废弃物回收的专项处理公司。它以收费经营的方式使回收工作顺利进行，由包装产品制造商把包装卖给生产企业进行包装或罐装，生产企业在向 DSD 缴纳绿点费后将绿点标志印在其一次性包装产品上并送往商店销售。消费者消费后的废弃包装由 DSD 投资制作的垃圾收集箱回收，回收后由 DSD 或与其签约的回收商对其分类并用于再生产（孙育红，2010）。据相关资料显示，德国在 1990 年的包装材料回收利用率为 13.6%，但在实行上述废弃物处理产业化模式的情况下，德国在 2009 年的包装材料回收利用率上升到了 91%（高辉清，2006；於素兰，2016）。

# 第三节　德国其他绿色生活实践

## 一、绿色水泥

德国卡尔斯鲁厄技术研究所开发出一种"绿色"水泥生产工艺，既可大大降低能耗，也可明显减少水泥生产过程中的温室气体排放。

水泥生产属于高能耗行业。全球水泥生产企业每年排放的二氧化碳超过 10 亿吨，相当于全球航空业二氧化碳排放量的 3~4 倍。而该研究所开发的这种基于水合硅酸钙技术

的水泥生产工艺,相比传统水泥生产工艺可减少50%的二氧化碳排放量。此外,采用这种新工艺,生产水泥所需的原料用量大为减少,且生产过程中所需的温度低于300℃,大幅降低了能耗。而传统水泥生产通常需要1450℃左右的高温环境(王楠,2010)。

## 二、绿色养猪

一种野外放养肉猪的养猪新法,最近正在德国塞尔大学生态农业系的实验农庄中试验。其目的是改善牲畜的饲养条件,为人们提供质量更好、味道更佳的"绿色猪肉",同时进一步改善生态环境。

这种方法是将以往的几十头猪集中在一个较小空间圈养的传统方法,改变为野外放养,饲养密度限制为每公顷土地只养10头肉猪,这10头猪的吃、喝、拉、撒全在这片土地上进行。饲养者还必须经常驾驶着拖拉机,拉着"活动猪圈"换地方,以便让猪粪较为均匀地分布在这片土地上。这等于是在给这片土地施肥,而不是污染地下水。

饲养者还可以给猪提供一些运动、玩耍的设施,比如在地里插木桩,在上面装上一条链子、一个旧轮胎或一块木头,以便吸引猪来玩耍。然后,每隔两到三个星期,再把这些设施挪到其他的地方。

这种野外放养的新方法,其好处是不用盖昂贵的猪圈,只要搭个棚,架个饲料罐,再加上一些简陋的"运动设施"就行,而且清理粪便、打扫猪圈等又脏又累的活,也一并被省略了(王大农,2009)。

## 三、绿色服装

德国的环保和废物回收再生法律的严格程度是举世闻名的。现在它的回炉的物品单子又增加一个新的品种:衣服。那些含有化纤物的衣服是不能回炉的。

一名欧洲最大服装制造商的女儿开的一家公司几年前推出了第一批绿色内衣。这些对环境不会造成污染的内衣的腐败分解的时间正好是七周。

这名女企业家名叫斯泰尔曼。她决心用事实来证明制造既不污染环境又能盈利的衣服是可能的。她说,衣服在七周内分解,说明这些内衣不含化学成分,不含会引起身体过敏的东西,不含有会影响健康的材料。

斯泰尔曼女士给公司取的名字很特别:"只有一个世界"。斯泰尔曼女士预期她的系列产品——植物染色的织物、有机物内衣、有机棉牛仔裤——将在1995年达到640万美元的销售额。1994 年的销售额约 400 万美元。

专家们认为生态问题已成为 20 世纪的主题,绿色服装前途无量。当然,也有人对此并不十分乐观。他们认为,零售业更关心的是利润,而不是世界。一份名为《纺织经济》的刊物所进行的调查表明,尽管 60% 的德国消费者表示愿意购买绿色衣服,甚至宁肯多花钱,但是真正买了这种衣服的人才 5%。但是绿色服装的销售量确实在不断上升,1994 年超过了 2.5 亿德国马克。

虽然经营绿色衣服的公司有好几家,但是在杜塞尔多夫这个曾经一度是生机勃勃的纺织州注意力集中在斯泰尔曼的经营了多年的公司身上。她是在 1992 年推出她的服装系列的。她规定了一些在服装业看来最严格的生态标准。比如,她只采用经国际有机农业运动联盟认为合格的种植园的棉花。她的服装不经过漂白、不经过化学处理、不上胶,收缩是由一种不用树脂和氨的系统来控制的。斯泰尔曼说,她对产品的追踪从种植直到回收,确保制造的全过程正确无误。她自己穿的所有衣服也是尽量做到不含任何化学合成材料。衣服扣子是用木头、动物角、骨、贝壳做的,线是棉质的,拉链是用不含镍的铜和锌制造的,松紧带是用天然橡胶制造的。她说,她的内衣扔到废物堆里两月后就会腐败、分解,但是在干燥的抽屉里是不会的。她说:"我们进行过试验,这也是一种质量控制"(小石,1995)。

# 四、包装垃圾"绿点"系统

大量包装废弃物造成了资源浪费和环境污染,而德国通过政府立法很好地控制了包装垃圾,促进了包装工业的可持续发展。仅仅通过实行包装条例,1992 年和 1993 年就避免了 100 万吨的包装;1993~1995 年,通过此系统利用的商品包装废料约 1300 万吨。

1992 年,德国开始实行一种更系统的包装废料回收方"绿点"回收系统方就是在商品包装上印上统一的"绿点"标志。这一商品生产商已为该商品的回收付了费。由使用"绿点"标志的生产商付费用,建立一套回收、分类和再利用系统,经营这一系统的公司是非盈利性质的。

所有"绿点"标志的商品,居民用完后,就将它们放到特制的黄塑料袋子中,经营"绿点"系统的公司有专人定时来各家各户收取。通常,有"绿点"的包装物原料是铝、铁、白铁皮、塑料等。需要注意的是,"绿点"并不意味着商品是"绿色产品"。相反,德国搞生态食品的公司和商店一直都没买"绿点"。因为他们一直以避免为主,用的包装是环保的。"绿点"不能保证可回收的垃圾真正被回收、被分类、被利用。德国不少地方仍然把所有的垃圾都送到垃圾场或废料焚化场,特别是人与商店拥挤的地方。

"绿点"系统的根本意义在于,通过商品包装条例,产品责任原则首次在法律上被确定下来。根据该条例的规定,商品包装的生产和经营者有义务收回和利用使用过的产品。

在绿党的推动下,德国2003年初颁布了对瓶装饮料实行收押金政策,即购买饮料时要交25欧分的押金,以保证大部分瓶子能被回收而不是随处乱扔污染环境。这项规定虽经过重重阻力,尤其是经济界的阻力,但最终得以通过。人们在抱怨退瓶子麻烦的同时,环保却得到了进一步保障。表面上,押金制度是为了促进顾客退还空饮料雄,以提高回收率,实际上,德国环境部的用意是让德国人改掉使用一次性饮料包装的消费习惯,转向更有利于环保的可多次使用的包装。如勃兰登堡州理工大学科特布斯生态学教授维格雷博就说:"到底是买易拉罐饮料,还是买玻璃瓶饮料,这是一个人的环境意识问题,我已经五六年没有买易拉罐饮料了。"

另外,减少一次性包装以实现包装业的可持续发展。据统计,全球仅塑料包装用量就达3000多万吨。美国一年内城市固体废弃物约1.5亿吨;日本一年内固体废弃物约5000万吨。我国是世界上第四大塑料生产国,年产量达1500万吨,其中用于包装的占总量的30%。这些塑料包装物有70%属于一次性使用后被抛弃的。

# 五、环保杂志

德国是一个十分注重环保、环境很优美的国家。环保意识深入人心,也要归功于各种环保类出版物的推动。例如:你只要随便上网搜寻信息,就能轻而易举地发现种种有影响的环保杂志网站,而且它们都有免费赠阅杂志的服务,只要你填好网上申请表,第二天,邮箱里就放着最新一期的杂志。

德国环保类杂志种类很多。按地区分,有全国性和地方性的;按领域分,则有垃圾处理、污水处理等专门领域的杂志;许多环保组织还出版自己的杂志。《环境杂志》是德国环保领域最有影响力的专业杂志,有72年的历史。该杂志最近进行的一个问卷调查表明,读者对杂志评价很积极,认为该杂志对他们进行环保方面的决策提供了很大帮助。

在德国,环保组织的杂志发行量很大。如《今日自然保护》是德国自然保护联合会的会刊,每季度发行一期,每期发行5万份。它依靠该联合会39万名成员,成为德国读者群最大的环保类杂志。该杂志的主题是动植物保护尤其是珍稀动植物保护。翻开杂志,色彩斑斓,读者像是参观一个巨大的自然保护区,里面有各种稀有的动植物的图片;文章包括濒危物种的介绍、动植物保护的建议、环保人物的访谈等。

　　环保组织创办的杂志中比较重要的还有《绿色和平杂志》，它是绿色和平组织德国分部的刊物。该杂志涉及面很广，政治、经济、社会几乎无所不有。道理很简单，只要是人类的活动，就必然会对环境产生影响，因此也就都在环保组织的关心之列。德国还有一些特别专业的环保杂志，比如《水处理》《垃圾处理》等。这些杂志的读者对象是专业人士或有关的环保企业，一般读者自然并无兴趣。

　　德国的环保组织非常活跃，也常常到处举行各种宣传活动。在这些活动中为了宣传自己的环保理念，工作人员会免费派发本组织的环保刊这种类型的环保杂志的订户基本都是环保组织的成员。办的环保杂志，内容紧扣本州特有的环保方面问题，主要在本州内发行，比如南部巴伐利亚州的《自然与环境》杂志（王致诚，2008）。

## 参考文献

1. 蔡芳，2008. 环境保护的金融手段研究[D]. 青岛：中国海洋大学.

2. 高辉清，钱敏泽，郝彦菲，2006. 建立促进绿色消费的政策体系——日、德经验与中国借鉴[J]. 中国改革，08：44-46.

3. 韩雪萌，2008. 绿色信贷重在机制转变[N]. 金融时报，02-29.

4. 郎芳，尹建中，2008. 德日两国循环经济立法的比较研究及其对我国的启示[J]. 经济论坛，24：135-137.

5. 新快网，2013. 民间组织篇：德国规定产品包装材料必须由专门公司回收[EB/OL]. http://news. xkb. com. cn/guangzhou/2013/1029/290089. html[10-28].

6. 孙琳，林云莲，2013. 绿色之都——德国小城弗莱堡[J]. 园林，10：52-54.

7. 孙育红，2010. 循环经济引论：可持续发展的路径选择[M]. 长春：吉林大学出版社.

8. 谭焕新，2012. 德国绿色政策和"最昂贵的错误"[N]. 学习时报，06-11.

9. 王大农，2009. 德国试验"绿色养猪法"[J]. 农家参谋，07：27.

10. 王楠，2010. 德国开发出"绿色"水泥生产工艺[N]. 中国建材报，01-05.

11. 王致诚，2008. 走在时代前沿的绿色德国[J]. 资源与人居环境，03：44-47.

12. 夏少敏，2008. 绿色信贷政策需要法律化[J]. 世界环境，03：32-34.

13. 小石，1995. 德国兴起绿色服装[J]. 首都经济，10：48.

14. 於素兰，孙育红，2016. 德国日本的绿色消费：理念与实践[J]. 学术界，03：221-230.

15. 张彦林，曾令荣，吴雪樵，2012. 德国绿色建筑发展的几点思考[J]. 居业，06：102-104.

16. 张耀泽，2012. 德国绿色信贷政策介评及借鉴——以德国银行实践政策为视角[J]. 东方企业文化，05：65-66.

17. 张晔，1998. 德国的"绿色证书"职业培训[J]. 世界农业，09：50-51.

18. BMU Salje P. 2009. Erneuerbare-Energien-Gesetz：Gesetz für den Vorrang erneuerbarer Energien（EEG）：Kommentar[M]. Heymann.

# 第十六章

## 澳大利亚绿色生活实践

### 第一节　澳大利亚绿色建筑

#### 一、绿色建筑政策

澳大利亚为完成 2020 年温室气体排放比 2000 年下降 5%～15% 的规划目标,政府推出了一系列政策措施推动全社会的碳减排工作,绿色建筑得到高度推崇,相关法律法规及评价体系也日趋完善。包括商业建筑信息公开(CBD)、澳大利亚建筑规范(BCA)、最小化能源性能标准(MEPS)等在内的强制性政策取得了一定效果。其中商业建筑信息公开要求 2000 平方米或以上的办公建筑在处置之前,要公开最新的建筑能源效率认证(BEEC);建筑规范规定了新建居住建筑和商业建筑在能源效率方面的要求;最小化能源性能标准则是各州政府在建筑方面的法律法规中的强制项目。

澳大利亚绿色建筑发展的相关配套政策有可再生能源目标(RET)、能源效率机会(EEO)、全国温室气体以及能源报告(NGER)等。其中可再生能源目标(RET)从 2009 年 8 月颁布实施,2011 年 1 月 1 日起分割为大额可再生能源目标(LRET)和小额可再生能源目标(SRET),为 2020 年澳大利亚电力供应提供更多的再生能源。澳大利亚发展绿色建筑的激励措施主要是减税,建立绿色建筑基金、国家太阳能学校项目和基于太阳能热水补贴的可再生能源补贴制度。

澳大利亚绿色建筑评估体系有建筑温室效益评估、澳大利亚国家建筑环境评估和绿色之星认证。其中绿色之星评估系统针对不同的建筑类别,从室内环境、能源、节材、创新等 9 个方面分别评分,每个评价系统根据不同权重计算分值。项目得分 45～59 分的为四星,60～74 分为五星,75～100 分为六星,六星是绿色之星最高级别的评价认证,意味着该项目的环境可持续设计或建造达到了世界领先水平（郑古蕊，2014）。

# 二、绿色建筑实践

墨尔本市政府 2 号办公楼（以下简称 CH2）位于墨尔本市中心，2004 年初开始建设，2006 年 8 月正式启用，可容纳 540 名政府职员办公。总建筑面积 1.25 万平方米，包括 1995 平方米的地下室、一层 500 平方米的零售面积，标准层的建筑面积为 1064 平方米。建筑正南朝向，办公室南北通透，东端是咖啡室、卫生间、会客室、设备室，西端是大门、会客室、电梯间和资料室（韩继红，2008）。

该建筑经澳大利亚绿色建筑理事会评定，成为澳大利亚第一幢六星级绿色建筑，被澳方称为"澳大利亚最为绿色、健康的办公大楼，为未来的高层建筑树立了典范，为可持续建筑的设计和施工树立了标准"。

该建筑以"营造健康、舒适和高效的办公环境"为设计目标，将被动式的绿色建筑技术应用放在首位进行概念设计，突出适应当地气候环境、具有当地特色乃至朴实的被动式技术策略的整体应用。

设计以"节资减排"为技术目标，达到节电 85%，节气 87%，减少 87% 的温室气体排放，节水 72%，并减少 80% 的污水排放。

## （一）建筑立面凸显绿色特征

作为澳大利亚首个六星级绿色办公大楼，该建筑在外形设计上注重绿色建筑技术应用的一体化设计，4 个立面分别采用不同的实用技术符号，如西面外墙采用旧木材再生遮阳百叶立面，南北外墙采用色彩迥异的自然通风塔。建筑北立面建有 10 个深色抽风管道，用以吸收太阳的热量，提升室内的热空气，并通过屋顶涡轮风机将其带出建筑物；建筑南立面建有 10 个浅色管道，从屋面吸进新鲜空气，向下送进建筑物各层。南部的管道负责向全楼输送新风，而建筑底部的管道只提供几个楼层的新风。东立面的穿孔金属板使卫生间能自然通风，同时给阳台提供了栏杆，并将电梯间隐蔽起来。

这些技术符号本身并没有削弱建筑的整体美感，反而丰富了建筑立面，赋予建筑外形以鲜明的绿色特征和时代感，体现了绿色设计理念、方法和手段的升华和凝聚。

## （二）被动式技术优先

该建筑以被动式技术为主，除了关注节能、节水、节材外，对营造"健康、舒适、高效"的办公环境给予充分的关注和思考，通过合理运用各种适应气候和环境特征的被动式技术策略,达到了项目的设计目标。

设计在应用具体技术时并不局限在突出技术本身的亮点,而是关注技术所能带来的直接效果,如设计者采用了一系列增强室内通风、采光和室内空气质量控制的技术理念和策略,采用的技术并不是最新的,但却取得了良好的使用效果。

### 1. 自然通风

自然通风设计是该建筑的一大亮点,由于澳大利亚位于南半球,大楼的南面属于阴面,有 10 个从底楼到顶楼的浅色管道与每层办公室的地板相连,将来自顶层的新鲜空气输送到地板下的管道中,输送管的直径从上到下逐渐变小。而大楼北面外墙有 10 个从底楼到顶楼的黑色管道,分别与各层办公室的天花板相连,在吸收太阳热量时将室内空气抽出,而排气所需的能量则由屋顶的涡轮风机提供,排气管道是从下到上逐渐变宽,在外观上形成错落有致的立面效果,与南面的管道遥相呼应。

在传统的空调房间内,大部分空气是循环对流使用的,新风量低必定造成室内空气质量的下降,给使用者的健康带来不利影响。而在该建筑内采用 100% 循环新风,新风从南墙管道向下输送,排风通过北墙往外抽出,采用置换送新风方式,同时装有风速传感器,在夜间打开北墙和南墙的窗户让空气进入。该建筑的新风量达到 22.5 升/(秒·人),远高于 7.5 升/(秒·人)的澳大利亚国家标准要求。

### 2. 自然采光

办公室的自然光主要由北面和南面的窗户获得,每层楼的窗户大小不一,较低楼层的窗户比高楼层的窗户大。室内和室外采用穿孔钢板制成的反光板,提高自然采光效果。每层楼的办公区都有自动的光线强度感应器,能根据自然光的强度来调节照度,最大限度地节约照明能耗。

## (三)系统考虑全寿命周期

该项目的设计符合绿色建筑全寿命周期设计理念,通过整合设计和系统思考将建筑在运营过程中的节能减排放在首位,在节能方面突出设备系统节能和可再生能源利用等,在减排上除了关注二氧化碳的减排,还采用废水综合回用、回收再利用建筑办公废弃物和杜绝臭氧层消耗物质的制冷剂等手段,减少建筑在使用运营过程中对环境的影响。

该项目的可再生能源利用具有显著的特点,利用可再生能源补偿绿色技术运营能耗。可再生能源和建筑的结合是绿色建筑发展的趋势,但在结合的过程中需要借鉴该项目的做法,从项目的实际需求出发,充分考虑后期的使用和维护,真正将可再生能源的利用和建筑进行一体化的结合。

### 1. 外遮阳

该项目采用了再生木材制作的活动百叶遮阳、垂直绿化遮阳等手段增强围护结构系统的节能效果,一方面可以显著遮挡夏季日照,同时采用垂直绿化丰富建筑立面和改善微气候。北面每层楼的阳台上用特制花盆种植了绿色的攀援植物,这些植物沿阳台上的钢网蔓生、层层相接,从一层到顶层再到楼顶形成一个垂直的空中花园。它们不但遮挡了夏季的阳光,还能有效过滤眩光。

用再生木材制成的百叶窗覆盖大楼的西面,能随太阳的位置而自动转向,在保证室内光线的同时避免了西晒,窗户转动的电能来自太阳能光电系统。

**2. 设备节能**

屋顶上的燃气热电联产装置用来发电和产生热量,满足了建筑30%的用电需求。联产装置产生的热能(约100千瓦)可用于建筑的空调设备系统或用来直接供热,也可用于吸收式制冷机来降温。对办公室排出的热空气进行热回收,经过简单的热交换过程,利用办公室排出的空气可加热或冷却要送的新风。

**3. 可再生能源**

该建筑采用面积为48平方米的太阳能集热器满足该楼的植物浇灌、卫生间冲洗和大楼内循环冷却等用途,多余的水还可用于其他市政大楼、城市喷泉、街道清洗和植物浇灌等,同时对消防用水进行了回收利用,处理后可提供25%的大楼饮用水。

该建筑采用回收后再利用的木材制作外遮阳材料,并对办公废弃物进行分类回收再利用,在施工建造过程中尽量减少PVC材料的使用,同时使用经过认证的环保木材(韩继红,2008)。

# 第二节　澳大利亚绿色教育

澳大利亚人口高度都市化,近一半国民居住在悉尼和墨尔本两大城市,全国多个城市曾被评为世界上最适宜居住的地方之一。其第二大城市墨尔本曾多次被评为世界上最适宜居住的城市。澳大利亚良好的生态环境是客观因素,但是其环境的可持续性则是得益于澳大利亚把环境保护与可持续发展教育渗透在中小学、高校、公园、自然保护区、企业和社区教育中,从而营造出一个全方位的绿生生活(李金玉,2014)。

(1)将环境教育纳入教育体系内。澳大利亚于1989年公布了幼儿园至12年级环境教育教育课程,所有公立学校必须使用该声明进行环境教育,并将环境与可持续发展教育渗透到中、小学沉重的课程教学与大纲中,在科学课上,教育学生了解维持生命的过程,以尊重的态度看待大气、海洋、土壤、农业与城市,以及这些方面如何互相作用形成了地球以及我们生活的地区;在地理课上让学生了解为什么某种族生活在一起可以繁荣发展,有些种族生活在某地区却生活困苦,甚至灭绝等。在学校的课堂中,更是通过演讲、调查实践等形式进行讲解进行环境教育,通过学校和家庭用水、用电调查,让学生懂得节水节能的重要性等。澳大利亚的中学环境还强调人类对大自然所承担的保护责任,环境教育的目标拓展到国际化和全球化的保护环境,不只限于本国的水危机、森林大火、物种的减少这样的环境危机。

(2)澳大利亚高校把环境与可持续发展的相关内容课程纳入学生的必选课或选修课中。悉尼大学还有环境教育研究生课程设置。澳大利亚在重视学校环境与可持续发展的教育中,还注意学生们的户外体验。在澳大利亚,几乎每个公园、植物园、动物园、自然保护区、水处理厂等都有环境教育基地,这些基地会根据学校的教学大纲组织各种各样的野外生活,通过废品回收、垃圾分类、雨水收集等,让学生直接参加到环境保护的过程中,体验到人与自然环境的关系,强化环境保护意识。澳大利亚的中、小学教学大纲规定:学生每年要到国家公园、自然保护区的教育中心至少实习两个星期,通过各种的直观形式,为学生亲身体验到学习环保知识的乐趣,从各方面激发对环保的情感与责任感。

(3)澳大利亚社区也是环境保护教育的重要组成部分。社区会定期或不定期地组织植物活动、社会自行车棚建造、雨水和生物多样性的参观等项目,通过参观、讨论和讲解提高公众的环境意识以及解决方案。非政府组织也在环境与可持续发展中发挥着重要的作用。成立于1975年的"保持美丽的澳大利亚"就是一个非政府组织,该组织致力于保护完善新州独特及多样化环境,定期进行清洁城镇、清理沙滩、清除涂鸦行动日、废弃物监督等活动。活动中通过多种形式进行环境保护宣传,提高公众的环保意识。

(4)澳大利亚政府在环境保护中也发挥重要的作用。澳大利亚是世界上最早设立政府环保部门的国家之一,在联邦政府、州政府、地方政府三个层次都设有专门的环保机构。在澳大利亚,只要违反了环保法律法规,不论是个人、企业还是政府机构都要受到严肃的查处。澳大利亚是一个缺水型的国家,许多城市都出台了严厉的节水措施,在时间上严格地限制洗车、浇草坪等耗水性活动,任何人违反都要受到处罚,健全的法律约束是培养公民环境意识,实现绿色生活的重要保障(李金玉,2014)。

# 第三节  澳大利亚其他绿色生活实践

## 一、绿色能源

澳大利亚是世界上主要的能源生产国和出口国。在2007~2008财政年度,能源生产量占世界能源总量2.4%。国土所赋存的自然资源为澳大利亚的再生能源发展提供了重要的物质基础,这些可再生能源包括水能、风能、太阳能、核能及生物质能。澳大利亚的可再生能源主要应用于电力领域,在最近几年,风电与水电也呈现出了强劲之势。由此可见,未来澳大利亚的可再生能源的电力将会有增长。

澳大利亚可再生能源的法律制度主要内容,第一是澳大利亚可再生能源发展规划。在"碳限制"的多边政策环境下,既能减少温室气体的排放,又能满足日益增长的能源需求,澳大利亚提出了可再生能源发展的总体规划——可再生能源目标。在 2001 年出台了《强制性可再生能源目标》,在这一目标的推动下,澳大利亚的可再生能源特别是风电、太阳能热水得到有史以来最快的发展。在 2004 年 6 月,约翰·霍华德总理签发了能源白皮书——《确保澳大利亚的能源未来》。在某种意义来说,能源白皮书是对《强制性可再生能源目标》运行效果的一种评估。第二是澳大利亚能源创新机制。澳大利亚将能源创新确立为一项长期重要的优先考虑的事项,其 2001 年《提升澳大利亚的国力》和 2004 年《提升澳大利亚的国力:科学创新,成就未来》是两大基本政策文件;《可再生能源目标》及其配套法律、《国家能源效率框架》《最低能源利用效率标准》和《能源效率机会法》等文件中能源创新的具体规定十分详尽。第三是可再生能源证书制度。作为可再生能源配额制的一项政策工具,可再生能源证书是指认证的"绿色"或"可再生"能源生产商所生产电力的环境属性的一种电子或纸质表现形式,可再生能源证书既能跟踪和核实配额义务的履行情况,又能够帮助配额义务主体完成可再生能源配额义务。第四是财政税收激励政策。实践证明,资金补贴、税收减免和信贷等财政税收激励政策是鼓励可再生能源开发和利用的有效手段,澳大利亚的财政税收激励政策广泛应用于可再生能源发展的各个领域与环境。

# 二、绿色港口

澳大利亚四面环海,是世界上唯一一个国土覆盖整个大陆的国家。澳大利亚近 99% 的外贸货物都需要通过海洋运输。在全球能源危机和环境恶化的形势下,绿色港口也成为了澳大利亚的重要发展战略。悉尼港位于澳大利亚新南威尔士州,是澳大利亚的第二大集装箱港口。悉尼港将绿色港口理论融入其发展过程中,取得了巨大的成就。在解决港口水体的污染的措施上,通过在船舶加油过程中采用防漏技术、派专业的人员对危险品作业进行现场监督等,最大限制降低了对港口水体的污染;针对陆地水与废水,悉尼港安装了雨水收集处理装置,雨水通过处理后能够达到澳大利亚饮用水的标准,然后再用于花园浇灌和卫浴冲洗,节水可达 45%;为了减少港口废气的排放,悉尼港积极积极配合 NSW 州政府的政策实施,配合州环保局实施"空气政策的政府行动";配合州交通局实施"交通运输的政府行动 2010";悉尼港降噪声的措施有开设噪声投诉热线、成立噪声管理委员会、制定噪声管理计划,悉尼港开设了 24 小时的噪声投诉热线,认真对待对每一起投诉电话。悉尼港垃圾主要有 3 类:建拆垃圾、港口生产垃圾和办公室垃圾。为了减少垃圾生成,悉尼港实施减少废物和采购计划,不同的垃圾制定不同的处理方法。针对办公室的垃圾,依据计划,努力降低办公耗材的使用,并优先采购环保办公用品,包括纸张、笔支和桌椅等(卢勇、胡昊,2009)。

# 三、绿色法律体系

澳大利亚具有十分完善的环境保护法律法规体系,先后出台了《环境保护法》《臭氧层保护法》《资源评价委员会法》《全国环境保护委员会法》等 50 多部环境法制法规,还有20 多部行政法规,在州层面则多达有百余部。健全的法制、严格的执行是澳大利亚环境保护的重要特征。澳大利亚环境法的主要特点,其一是注意预防;其二是法律条规很细,可操作性很强,避免了执法的随意性,减少了执法过程的问题,提高了执法的公正性和权威性;其三是处罚面广且处置严厉;其四是鼓励公众参与;其五是重视运用经济手段,政府在节约资源、能源、保护生态环境等方面制定了一系列积极的鼓励措施。

健全的环保机构、充足的人员编制和环境资金使得澳大利亚的环境保护法得到顺利的实施。在澳大利亚,环境法主要通过行政执法、法院司法予以实施,主要是由州级地方政府负责环境法的执行。澳大利亚在强化环境监督管理的基础上,各州都有环保局组建的"环保警察",专门进行环境执法工作,具有很大的权威。为了及时处理解决环境问题的纠纷,一些州还成立了专门的环境法庭,从司法诉讼方面加强环境法的实施(慎先进,2012)。

**参考文献**

1. 韩继红,安宇,2008. 澳大利亚 CH2 绿色办公大楼的启示[J]. 城市建筑,04:18-19.
2. 李金玉,2014. 澳大利亚全方位的环境教育体系对我国的启示[J]. 教育教学论坛,50:86-87.
3. 卢勇,胡昊,2009. 悉尼港绿色港口实践及其对我国的启示[J]. 中国航海,01:72-7
4. 孟令义,陆洪波,2008. 澳大利亚森林可持续经营与森林认证对我国的启示[J]. 中国林副特产,05:85-86.
5. 慎先进,王海琴,2012. 澳大利亚可再生能源法律制度及其对我国的启示[J]. 湖北经济学院学报:人文社会科学版,12:96-97.
6. 张威,2004. 澳大利亚环保史上的三个著名案例[J]. 世界环境,06:86-89.
7. 郑古蕊,2014. 日本、澳大利亚绿色建筑政策实践对我国的启示[J]. 建筑经济,06:73-75.